マグネシウム合金の先端的基盤技術とその応用展開

Advanced Magnesium Technologies and their Applications

《普及版／Popular Edition》

監修 鎌土重晴，小原　久

シーエムシー出版

はじめに

マグネシウムは構造用実用金属材料の中で最も密度が小さく，アルミニウム合金とほぼ同程度の強度を有し，かつリサイクルが容易であることから，環境に優しい21世紀のキーマテリアルとして期待されている。その歴史をみると，アルミニウムとほぼ同時期に発見され，かつ純金属への製錬にも成功しながら，アルミニウムは自動車，建築，航空機等へと大きく羽ばたいているのに対して，マグネシウムは他金属，特にアルミニウム合金への添加剤，還元剤あるいは脱硫剤など非構造物的用途が主であった。その理由として，燃えやすく，腐食しやすいという先入観があったことが大きい。そのため，1990年以前には防衛庁向け航空機およびヘリコプター部品，自動車用シリンダーヘッドカバー，業務用ビデオカメラの筐体等の特殊な部材にしか使用されていなかった。今日では，不純物としてのFe，Cu，Ni等をppmオーダーまで少なくすることにより耐食性が大幅に改善され，自動車エンジン部品として使用されているダイカスト用アルミニウム合金を上回る耐食性を示すことが認知され，1990年代初頭から国内では電子機器の筐体へ，欧米では大型自動車部品など，民生用部品への適用が伸びてきた。最近では国内でも欧米と同様にインスツルメントパネル，シートフレーム，トランスミッションケース等の大型マグネシウム部品が自動車へ応用されつつある。さらに国内メーカーが世界で初めてマグネシウム高真空ダイカストに成功し，重要保安部品でもある二輪車のシートフレームに初めて採用し，脚光を浴びている。一方では，展伸材の製造技術の高度化に伴い，高性能な押出材や圧延材の製造も可能となり，ノートパソコンや機能性を生かしたスピーカー振動板にも採用されるに至っている。特にスピーカー振動板は厚さ50 μm以下にまで圧延した箔を熱間プレスにてコーン状にプレス成形するもので，既に量産技術として確立されている。

その需要増に対応するように，より高性能な部材創製を目指した研究開発も産業界，大学等の研究機関で積極的に進められている。ドイツでは欧州全体からの支援のもとにマグネシウム合金開発，素材製造プロセス，ダイカスト技術，塑性加工プロセス，接合，切削加工，表面処理に至る実用化・事業化を目指した広範囲な産学官連携研究開発プロジェクトが進められてきた。一方，米国ではカナダ，中国，オーストラリア，イスラエルの企業も参画し，エンジン周りの部品への応用に絞り込み，強力な連携のもとに研究開発を推進している。最近では，韓国が国策としてマグネシウム製錬から合金開発，製造技術の確立に向けた10年間の大型プロジェクトを立ち上げ，さらには，中国もマグネシウムの本質的理解に立ち返るための基礎研究を，今年度から5年間のプロジェクトとして立ち上げ，そのバックアップを企業が連携して進めることになっている。

国内でも，世界に先駆けて1991年に日本マグネシウム協会を設立するとともに法人化し，業界への地道な支援活動を続けてきた。さらに文部科学省科学研究費による大型基盤的研究の推進とともに，その成果を生かすべく，文部科学省，経済産業省，新エネルギー・産業技術総合開発機構，中小企業総合事業団，科学技術振興機構等の産学官連携による開発研究のための競争的資金を数多く獲得し，世界最高レベルの合金開発から，ダイカスト技術，連続鋳造を含めた各種塑性加工技術，機械加工技術，接合技術，表面処理技術に至るまで，広がりのある展開研究がなされてきた。それらの成果が現在の応用部品の高度化と広がりに繋がっている。さらに，現在進められているプロジェクトは基礎研究からのシーズを基に計画されており，その成果は十分達成されるものと予測され，その実用化は今後の低炭素社会構築に貢献するものと期待されている。

シーエムシー出版では21世紀を見据え，2001年には「マグネシウム合金の応用と成形加工技術」，2005年にはその改訂版を「マグネシウム合金の応用と成形加工技術の最前線」と題して発刊した。その内容はそれまでの時代背景を反映し，合金開発・評価，各種加工プロセス，応用・需要動向について広範囲に記述されている。前述したように，ここ5年間で産学官連携プロジェクトや実用化を目指したメーカーの努力の結晶として世界最高レベルの高性能なマグネシウム合金の開発，製造プロセス技術の高度化が達成されてきた。今後，部品の高品質化とともに，量産化に伴うコスト低減を図れば，その相乗効果により電子機器筐体や輸送機器産業への需要増も高望みではないと思える状況になりつつある。

以上のようなことを踏まえ，本書「マグネシウム合金の先端的基盤技術とその応用展開」では，ここ5年間における研究開発成果を反映させることに重点を置いた。我が国の研究機関，材料メーカー，加工メーカー，ユーザーの第一線の研究者および技術者がそれぞれの専門分野を担当し，材料，成形プロセス，設計という基礎から応用，国内外における応用動向，需要動向に至る多面的な角度から執筆いただいた。これを機にマグネシウム合金に関する研究開発がさらに活性化し，応用範囲が一層拡大することを期待する。

終わりに，お忙しい中，ご協力いただいた執筆者各位に厚く御礼申し上げるとともに，企画，編集，出版にあたり，ご尽力いただいたシーエムシー出版の各位に感謝する。

2012年9月

長岡技術科学大学

鎌土重晴

普及版の刊行にあたって

本書は2012年に『マグネシウム合金の先端的基盤技術とその応用展開』として刊行されました。普及版の刊行にあたり，内容は当時のままであり加筆・訂正などの手は加えておりませんので，ご了承ください。

2018年11月

シーエムシー出版　編集部

執筆者一覧（執筆順）

鎌 土 重 晴	長岡技術科学大学　機械系　教授，高性能マグネシウム工学研究センター　センター長
小 原 　 久	(一社)日本マグネシウム協会　専務理事
河 村 能 人	熊本大学　先進マグネシウム国際研究センター　センター長
榊 原 勝 弥	㈱アーレスティ栃木　鋳造２課　課長
豊 島 敏 雄	エムジープレシジョン㈱　技術部　技術課　課長
清 水 和 紀	三協立山㈱　三協マテリアル社　技術開発統括室　マグネシウム推進部　用途開発課　課長
吉 田 　 雄	日本金属㈱　技術研究所
権 田 源 太 郎	権田金属工業㈱　代表取締役社長
高 橋 　 泰	(元)三協マテリアル㈱　マグネシウム統括部　用途開発課　副主事 (現) ㈱パイオラックスメディカルデバイス　商品開発部　開発グループ　係長
西 野 創 一 郎	茨城大学　大学院理工学研究科　応用粒子線科学専攻　准教授
坂 本 　 満	㈱産業技術総合研究所　生産計測技術研究センター　研究センター長
斎 藤 尚 文	㈱産業技術総合研究所　サステナブルマテリアル研究部門　主任研究員
近 藤 勝 義	大阪大学　接合科学研究所　教授
宮 下 幸 雄	長岡技術科学大学　工学部　機械系　准教授
小 川 　 誠	芝浦工業大学　名誉教授

山崎倫昭	熊本大学　先進マグネシウム国際研究センター　准教授
小野幸子	工学院大学　工学部　応用化学科　教授
松村健樹	ミリオン化学㈱　製品本部　部長
部谷森康親	大日本塗料㈱　技術開発部門　開発部　技術開発第2グループ　グループ長
石附久継	㈱アーレスティ　製造本部　技術部　技術開発課
才川清二	富山大学　工学部　材料機能工学科　准教授
伊藤茂	伊藤技術士事務所　技術士
板倉浩二	日産自動車㈱　材料技術部　車両プロジェクト材料開発グループ
黒木康徳	㈱IHI　技術開発本部　基盤技術研究所　材料研究部　部長
森久史	(公財)鉄道総合技術研究所　材料技術研究部　主任研究員
船見国男	千葉工業大学　工学部　機械サイエンス学科　教授
野田雅史	千葉工業大学　工学部　機械サイエンス学科　研究員
樋口和夫	㈱K-Tech　代表取締役
日野実	岡山工業技術センター　技術支援部　部長
三戸部邦男	東北パイオニア㈱
佐藤政敏	東北パイオニア㈱
朝倉美智仁	東北パイオニア㈱
富山博之	東北パイオニア㈱
高橋宣章	東北パイオニア㈱
虫明守行	森村商事㈱　金属事業部　テクニカルマネージャ

執筆者の所属表記は，2012年当時のものを使用しております。

目　次

〔第1編　合金材料〕

第1章　レアアースフリー合金　鎌土重晴

第2章　希土類金属添加合金　河村能人

〔第2編　成形加工／塑性加工／プロセス技術〕

第3章　ダイカスト法　榊原勝弥

第4章　射出成形技術　豊島敏雄

第5章　塑性加工技術

第6章 接合技術 宮下幸雄

第7章 切削技術 小川 誠

〔第３編 表面処理技術〕

第8章 マグネシウムの腐食 山崎倫昭

第 9 章　陽極酸化処理　　小野幸子

第 10 章　マグネシウム合金の化成処理　　松村健樹

第 11 章　マグネシウム合金用塗料と塗装　　部谷森康親

〔第4編　リサイクル技術〕

第12章　インハウスリサイクル　石附久継，才川清二

第13章　リターン材リサイクル　伊藤　蒧

〔第5編　輸送体への応用〕

第14章　自動車への適用　板倉浩二

第15章　航空機部材への応用　黒木康徳

第16章　鉄道への応用　森　久史，船見国男，野田雅史

〔第6編　エレクトロニクスへの応用〕

第17章　電子機器(主にノートパソコン)への応用　樋口和夫

第18章　電子機器(主に携帯機器)への応用　日野　実

第19章　スピーカ振動板およびヘッドホン筐体への応用

三戸部邦男，佐藤政敏，朝倉美智仁，富山博之，高橋宣章

〔第7編　市場動向〕

第20章　国内市場動向　小原　久

第21章　アジア市場動向　小原　久

第22章　欧米市場動向　虫明守行

第１章　レアアースフリー合金

鎌土重晴*

1　はじめに

マグネシウムは構造用実用金属材料の中で比強度が高く，かつリサイクルが容易であることから，環境に優しい21世紀のキーマテリアルとして期待されている。既に，国内では電子機器の筐体を中心として，欧米では大型自動車部品など，民生用部品への適用が伸びてきている。国内でも自動車部品として，オイルパン，トランスミッションケース等のエンジン回り，ステアリングホイール，シートフレーム，インスツルメントパネル等の内装品への応用が始まっている。その背景には，欧州ではCO_2排出量の削減が厳しく規制され，2020年には95 g/kmまで低減させるような動きもある。国内でも2020年にはCO_2排出量を25％低減すると公約していることから，さらなる燃費改善が必要になると予測されている。このような規制がマグネシウム合金使用の機運に拍車を駆けている。一方では，スピーカーの振動板のように，マグネシウム合金の振動減衰能のような機能性を生かした応用も拡大しつつある。本稿では，今後のさらなる応用拡大に際して参考となるレアアースフリーマグネシウム合金の種類および用途例について概説する。

2　マグネシウム合金の種類，特徴と用途

構造用途としてのマグネシウム合金は，鋳造，圧延，押出し，鍛造などの加工法により成形されているが，主流はダイカスト法である。また，最近板材・押出し材などの展伸用マグネシウム合金の新たな用途として，電子機器筐体，建造物等への展開も始まっている。本節では砂型鋳造用合金，ダイカスト用合金および展伸用合金について概説する。

マグネシウム合金の呼称は，合金系と合金組成を容易に判別できるということで，市場ではASTM規格による合金名がよく用いられる。これは，最初の１文字あるいは２文字が主要合金元素を示し，その後にそれらの合金元素の質量パーセント（mass%）が続くというものである。例えば，AZ91Dはアルミニウムを９％，亜鉛を１％含むことを表わし，最後のＤは制定された順番（アルファベット順，Ｄは４番目を示す）を示している。実用マグネシウム合金中の合金元素を示すアルファベットは以下のとおりである．本稿でもASTM規格に準じた合金名を用いることとする。

---

*　Shigeharu Kamado　長岡技術科学大学　機械系　教授，高性能マグネシウム工学研究センター　センター長

A：Al　C：Cu　E：希土類元素（RE）　J：Sr　K：Zr
M：Mn　Q：Ag　S：Si　T：錫　W：Y
X：Ca　Z：Zn

2.1　砂型鋳造用マグネシウム合金

代表的なレアアースフリー鋳造用マグネシウム合金の記号，標準化学組成，機械的性質の例を表1に示す。鋳造用合金の添加元素としては，強度と鋳造性を得るための基本元素Al，Zn，結晶微細化のためのZr，耐食性改善のためのMnがある。

2.1.1　Mg-Al系合金

Mg-Al系合金はマグネシウム合金の基礎となる合金で，一般に機械的性質は良い。Mg-Al系では，850～900℃に10～30 min保持し，注湯温度まで速く冷却し，鋳造するという過熱処理

表1　鋳造用マグネシウム合金の化学組成と機械的性質

種類		標準化学組成 (mass%)	質別	引張強さ (MPa)	耐力 (MPa)	伸び (%)
ASTM	JIS					
AM100A	MC5	Al 10.0, Mn 0.1	F	140	70	-
			T4	240	70	6
			T6	240	110	2
AM60B*	MDC2B	Al 6.0, Mn 0.13（AM60B:Cu<100 ppm, Ni<20 ppm, Fe<50 ppm）	F	220	130	8
AM50A*	MDC4	Al 5.0, Mn0.13（Cu<100 ppm, Ni<20 ppm, Fe<40 ppm）	F	210	125	10
AZ63A	MC1	Al 6.0, Zn 3.0, Mn 0.15	F	180	70	4
			T4	240	70	7
			T5	180	80	2
			T6	240	110	3
AZ91C AZ91E	MC2C MC2E	Al 8.7, Zn 0.7, Mn 0.13 （AZ91E：Cu<150 ppm, Ni<10 ppm, Fe<50 ppm）	F	160	70	
			T4	240	70	7
			T5	160	80	2
			T6	240	110	3
AZ91B* AZ91D*	MDC1B MDC1D	Al 9.0, Zn 0.7, Mn 0.13 （AZ91D：Cu<300 ppm, Ni<20 ppm, Fe<50 ppm）	F	230	160	3
AZ92A	MC3	Al 9.0, Zn 2.0, Mn 0.10	F	160	70	-
			T4	240	70	6
			T5	160	80	-
			T6	240	130	-
AS41B*	MDC3B	Al 4.3, Si 1.0, Mn 0.35 （AS41B: Cu<200 ppm, Ni<20 ppm, Fe<35 ppm）	F	210	140	6
ZK51A	MC6	Zn 4.6, Zr 0.7	T5	240	140	5
ZK61A	MC7	Zn 6.0, Zr 0.7	T5	270	180	5
			T6	270	180	5
ZC63A	MC11	Zn 6.0, Cu 2.7, Mn 0.5	T6	210	125	4

注）*はダイカスト用合金である。機械的性質は鋳物材では最低値，ダイカスト材では標準的な値を示している。REは希土類元素である。AM60B，AM50A，AZ91D，AZ91E，AS41B，WE43A，WE54A合金は，耐食性の向上を目的として不純物Fe，Ni，Cuを極力少なくした高純度合金である。

(Super Heating) を施し，結晶粒微細化を図る。

(1)　**Mg-Al 系合金（AM100A など）**

Mg-Al 系は，α-Mg 固溶体と β-$Mg_{17}Al_{12}$化合物の共晶系で，最大固溶度 12.7 mass%（437 ℃）である。Mg-10 %Al 合金である AM100A は高温では α 単相組成であるが，as-cast 状態では非平衡 β 相が多量に晶出するので十分な溶体化処理を施す必要がある。

(2)　**Mg-Al-Zn 系合金（AZ63A，AZ91C，AZ91E）**

Al を 9 %，Zn を 1 %含む AZ91 は機械的性質や鋳造性などバランスの取れた代表的なマグネシウム合金で最も多く使用されている。特に，AZ91E 合金は，高純度耐食性合金として，ホイール等の自動車部品，各種ハウジング類，スポーツ用品などに使用されている。Mg-Al-Zn 系では，Al と Zn の含有量によって異なるが，α 固溶体と β-$Mg_{17}Al_{12}$化合物が共晶として晶出する。Zn 含有量が多くなると，さらに Mg_{32}（Al, Zn)$_{49}$化合物も晶出するようになる。溶体化処理・時効により，粒内への均一析出に加え，粒界反応型析出も生じ，強度が向上する。

2.1.2　Mg-Zr 系合金

(1)　**Mg-Zn 系合金（ZK51A，ZK61A）**

341 ℃で Zn は 8.4 %固溶し，温度の低下とともに減少し，150 ℃で 1.4 %となる。引張強さは Zn が 4 %付近で最大となり，それ以上添加量が増えても減少する。伸びは Zn が 2 %付近で最大を示す。Mg-Zn 系合金は Zn の固溶硬化と MgZn の中間相の析出硬化により強さが増すが，さらに機械的性質を向上させるために，Zr 添加により結晶粒微細化を図る。Mg-Zr は，包晶反応系で，Zr を添加すると，α 相中央部に Zr に富んだコア組織が形成される。Zr 添加による結晶粒微細化効果は，Al，Mn を含む合金系ではみられない。ZK61A は実用鋳造用マグネシウム合金で最大の比強度を持つ合金の一つであり，この合金系は常温での強度と靭性に優れた高力合金で，ホイール等の自動車部品，航空機部品等に使用されている。

2.2　ダイカスト用マグネシウム合金

各合金系とも機械的性質，鋳造性および耐食性を高めるため，それぞれ Al および Mn を含む。その他の合金元素として，Zn，Si が添加され，それぞれの合金系の特性が付与されている。ダイカスト用マグネシウム合金はそれらの合金成分から，① Mg-Al-Zn 系（AZ91D），② Mg-Al-Mn 系（AM60，AM50，AM20），③ Mg-Al-Si 系（AS41，AS21）の 3 種類に分類される。アルミニウム含有量が多い合金ほど熱伝導率および電気伝導率は低くなり，液相線温度が高くなるとともに，急速冷却により非平衡凝固となるため，凝固温度範囲が広くなる。そのため，アルミニウム含有量の少ない合金ほど成形温度およびダイカスト温度を高くしなければならず，鋳造性も悪くなる。その結果，金型寿命が短くなる可能性がある。

各種ダイカスト用マグネシウム合金の特性を図 1 ～ 4[1]に示す。これらのデータをもとに各ダイカスト用マグネシウム合金の特徴と用途をまとめると以下のようになる。

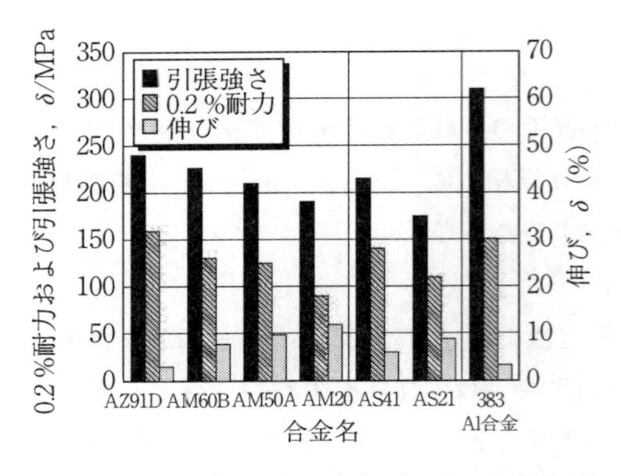

図1　各種マグネシウム合金ダイカスト材の引張特性

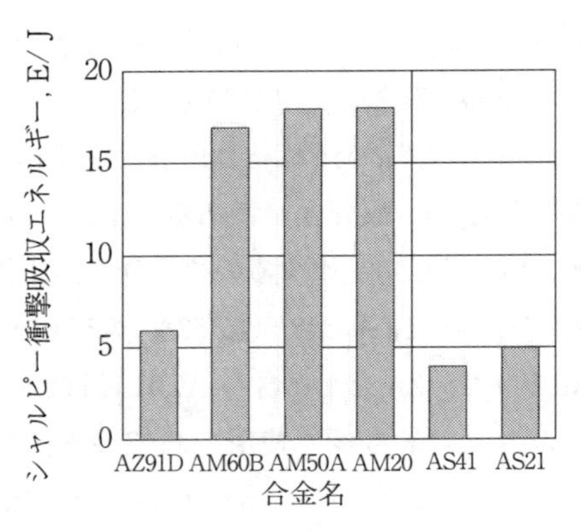

図2　各種マグネシウム合金ダイカスト材の衝撃特性

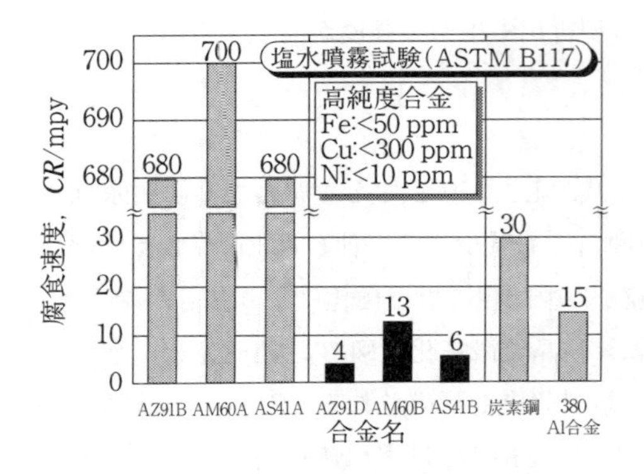

図3　各種マグネシウム合金ダイカスト材の耐食性

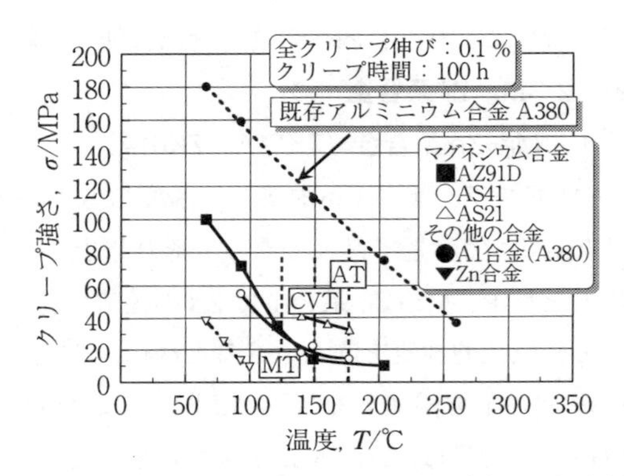

図4　各種マグネシウム合金のクリープ強さの温度依存性と各種パワートレイン系部品の要求特性
AT：自動変速機，CVT：ベルト式無段変速機，MT：マニュアル式変速機

2.2.1　Mg-Al-Zn 系合金（AZ91D）

AZ91D 合金は，図1～3に示すように機械的性質および鋳造性ともに優れ，さらに Fe，Cu，Ni 等の不純物を従来より厳しく制限し，耐食性を改善した合金で，バランスのとれた代表的な汎用合金である。自動車，コンピュータ，携帯電話，各種ハウジング類，スポーツ用品など多岐にわたって最もよく使用されている[1)]。

2.2.2　Mg-Al-Mn 系合金（AM60B，AM50，AM20）

図1および図2に示すように，アルミニウム含有量が少ないほど鋳造性，静的な機械的強度は低下するが，伸びは逆に増加し，衝撃吸収エネルギーは最も大きくなる。実用化されている Mg-Al-Mn 系合金は $Mg_{17}Al_{12}$を形成するアルミニウムの含有量を少なくし，延性，耐衝撃性を向上させた合金[2)]である。AM60B は車の衝突時のエネルギー吸収性を要求される部品，例えばインスツルメントパネル，ステアリングホイール芯金，ステアリングコラム，シートフレーム等

に利用されている。

2.2.3　Mg-Al-Si 系合金（AS41，AS21）

図4に示すように，本合金系では粒界へ Mg_2Si 金属間化合物を晶出させ，150℃までの耐クリープ性を向上させている。アルミニウム含有量の少ない AS21 は，AS41 より鋳造性および常温強度の面では若干劣るが，耐クリープ性および延びの面では上回る。現在，ヨーロッパの自動車メーカーが AS31 合金をオートマチック車のトランスミッションケースに使用している。

2.2.4　新規ダイカスト用耐熱マグネシウム合金

2.2.3 に記述した耐熱ダイカスト用合金は自動車のエンジン回りへの応用が期待されているが，図4に示すように，オートマチック車のパワートレイン系部品へ応用するには耐熱性，ダイカスト性とも不十分であるため，現在，さらに Ca，Sr 等を添加し，オートマチック車のトランスミッションケースの使用温度，約 175℃でも使用可能な耐熱マグネシウム合金の開発が積極的に進められている。表2[3~5]にこれまでに発表されている国内外で開発された耐熱マグネシウム合金の組成を示す。AS21X 合金は AS21 合金をベースとして希土類元素（RE）を極少量加えた合金で，ベース合金よりクリープ特性は改善されているものの，ダイカスト性は必ずしも改善されていない。耐熱性向上のため，Mg-5％Al-0.3％Mn（AM50）合金をベース合金として，Sr を大量に添加した AJ52 合金も 150～175℃の温度範囲におけるクリープ特性は良好であるが，ダイカスト性を維持するためには，溶湯温度 720℃，金型温度 300～350℃まで上げる必要がある。AJ52 合金の Sr を少なくし，その代替元素として Ca を少量添加した N 合金でも AJ52 合金と同様にダイカスト性に問題点を抱えている。現在，同様な合金系である AJ62 合金がアルミニウム合金とのハイブリッド構造でシリンダブロックに使用されている。MRI-153 合金もクリープ特性が大幅に改善され，鋳造性も良好であることから，米国の Magnesium Powertrain Cast Components（MPCC）プロジェクトにおけるオイルパンの候補材として取り上げられている。最近では，自動車用オイルパンに Al 添加量を多くし，ダイカスト性を重視した Mg-Al-Ca-Sr 系の MRI-153 合金が用いられている。

表2　最近開発された汎用型耐熱マグネシウム合金の組成

（mass%）

合金名	Al	Zn	Mn	Si	Ca	RE	Sr
AS21X	1.9-2.5	-	0.05-0.08	0.7-1.2	-	0.06-0.25	-
AJ52	4.53	0.018	0.27	0.010	-	-	1.75
N	4.55	0.001	0.25	<0.010	0.19	-	0.53
MRI-153	4.5-10	-	0.15-1.0	-	0.5-1.2	-	0.01-0.2

2.3　展伸用合金[6,7]

展伸用合金には Mg-Al-Zn 系，Mg-Zn-Zr 系および Mg-Mn 系があり，加工性への配慮から，

表3　展伸用マグネシウム合金の化学組成と機械的性質

区分	種類		標準化学組成 (mass%)	質別	引張強さ (MPa)	引張耐力 (MPa)	伸び (%)
	ASTM	JIS					
圧延板材	AZ31C	MP1	Al 3.0, Zn 1.0, Mn 0.15	O	220	105	11
				H14	260	200	4
	-	MP4	Zn 1.2, Zr 0.6	H112	240	160	5
	-	MP5	Zn 3.3, Zr 0.6	H112	250	160	6
	-	MP7	Al 2.0, Zn 1.0, Mn 0.05	O	190	90	13
継目無管	AZ31C	MT1	Al 3.0, Zn 1.0, Mn 0.15	H112	230	140	6
	AZ61A	MT2	Al 6.4, Zn 1.0, Mn 0.28	H112	260	150	6
	-	MT4	Zn 1.2, Zr 0.6	H112	250	170	5
押出し棒材	AZ31C	MB1	Al 3.0, Zn 1.0, Mn 0.15	H112	230	140	6
	AZ61A	MB2	Al 6.4, Zn 1.0, Mn 0.28	H112	260	150	6
	AZ80A	MB3	Al 8.4, Zn 0.6, Mn 0.25	H112	280	190	5
	-	MB4	Zn 1.2, Zr 0.6	H112	260	185	8
	-	MB5	Zn 3.3, Zr 0.6	H112	300	225	8
	ZK60A	MB6	Zn 5.5, Zr 0.6	H112	300	210	5
				T5	310	230	5
押出し形材	AZ31C	MS1	Al 3.0, Zn 1.0, Mn 0.15	H112	230	140	6
	AZ61A	MS2	Al 6.4, Zn 1.0, Mn 0.28	H112	260	160	6
	AZ80A	MS3	Al 8.4, Zn 0.6, Mn 0.25	H112	280	190	5
	-	MS4	Zn 1.2, Zr 0.6	H112	260	185	8
	-	MS5	Zn 3.3, Zr 0.6	H112	300	225	8
	ZK60A	MS6	Zn 5.5, Zr 0.6	H112	300	210	5
				T5	310	230	5

合金元素の添加量が少なくなっている。表3に展伸用マグネシウム合金の化学組成と機械的性質を示す。以下に主な合金系の特徴と用途を述べる。

2.3.1　Mg-Al-Zn 系合金（AZ31B, AZ61A, AZ80A）

マグネシウムに Al や Zn を単独，あるいは両元素をともに添加すると機械的性質が向上し，加工性も良くなる。図5[8]に Mg-Al および Mg-Zn 二元系のマグネシウムリッチ側の状態図および二元系マグネシウム合金圧延材の機械的性質と Al, Zn 添加量の関係を示す。両元素とも固溶限は大きく，温度低下に伴い顕著に減少する。そのため，両元素の添加により固溶強化および析出強化を図ることが可能で，図5の右図に示すように，両元素の添加量が多いほど引張強さは向上する。しかし，伴びは約3％の添加量で最大値を示し，延性が低下する。これは鋳塊組織に第二相（アルミニウム添加合金では $Mg_{17}Al_{12}$, Zn 添加合金では MgZn）が晶出するためであり，加工性を重視する AZ31B でのアルミニウムの添加量3％は，この関係から決められている。また，板材でアルミニウム量の多い合金が用いられないのは，加工性が悪いことの他に，3％以上のアルミニウムを添加すると，応力腐食割れを起こしやすくなるためでもある。

本合金系の実用合金としては，AZ31B, AZ61A, AZ80A がある。表3に示すように，AZ31B

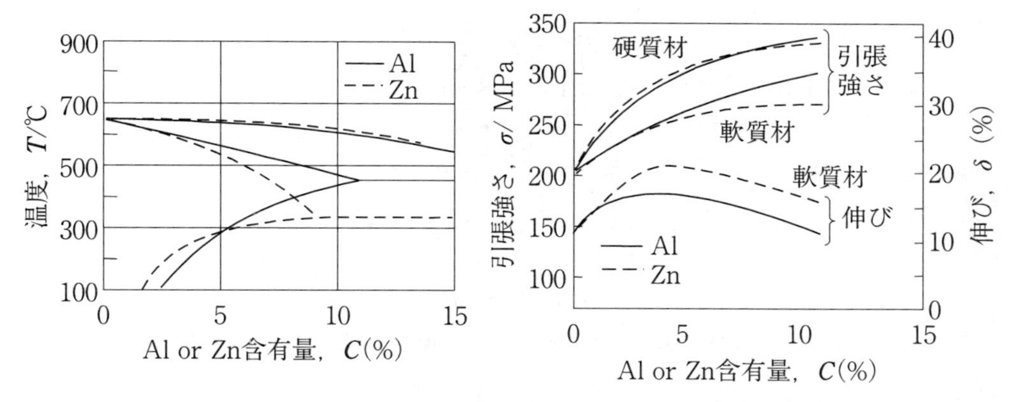

図5　マグネシウム圧延板の機械的性質とアルミニウム，亜鉛添加量の関係

は引張強さ220～260MPaで実用合金の中では強さは比較的低いが，加工性が良いので，Mg-Al-Zn系合金の中では最も広く使用されている。現在携帯機器の筐体に使用されているプレス成形用合金はすべてこの合金である。AZ31合金は熱処理しても機械的性質の向上が期待できないので，板材では冷間加工による加工硬化で強さを改善する。AZ80A合金はZK60A合金とともに時効硬化能を有し，T6処理材の引張強さは350～380MPaに達する。マグネシウム合金中では高強度材としてレーシング用あるいはアフターマーケット用の鍛造ホイール素材に用いられる。しかし，加工性が良くないので，一般的には圧延材には用いられない。AZ61A合金は，AZ31BとAZ80Aの中間組成の合金で，機械的性質も中程度である。

2.3.2　Mg-Zn-Zr系合金（ZK60A）

この合金系は，亜鉛を添加し，時効硬化により機械的性質を改善する。亜鉛はアルミニウムのように耐応力腐食割れを劣化させることはないが，添加量が多くなると溶融開始温度が低下するために，熱間割れを起こしやすくなる。このため，熱間加工時や溶接入熱による亀裂が問題となる。この点を改善するため，結晶粒微細化剤として1％以下のジルコニウム（Zr）を添加する。

本合金系の中ではZK60A合金が代表的な合金で，T5またはT6処理により高強度となる。同じ高強度材のAZ80Aと比較すると，加工性に優れているので，種々の製造法に適用され，実用合金の中では鍛造用として使用されている。特にレース用ホイールとしての使用実績が多い。

2.3.3　Mg-Mn系合金（M1A）

この合金系はM1Aに代表され，Mnを1～2％添加している。低強度ではあるが，加工性はAZ31合金を上回り，耐食性も良い。本合金の常温での圧縮耐力は他の合金より低く，他の既存合金の圧縮耐力／引張耐力の比が約0.7であるのに対して，M1Aはさらに小さい。このように，マグネシウム合金の圧縮耐力が引張耐力に比べて低いのは集合組織に起因し，圧縮時に引張双晶が低応力で生じるためである。なお，図6[9]に示すように，圧縮耐力／引張耐力の比は結晶粒径が小さくなるほど1.0に近づく。

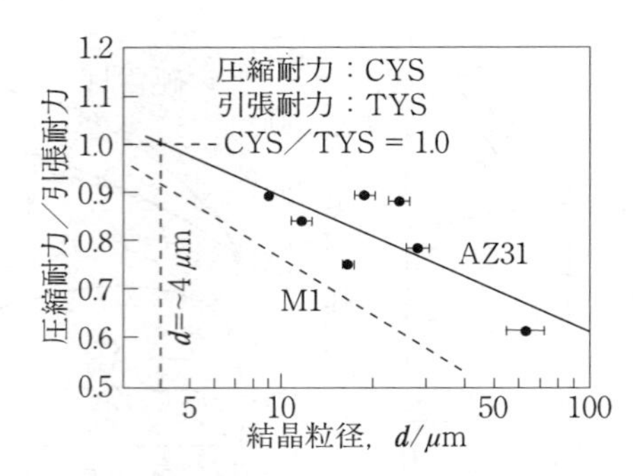

図6　M1A および AZ31 合金の圧縮耐力／引張耐力比に及ぼす結晶粒径の影響

3　新規汎用型マグネシウム合金に関する研究動向

近年，輸送機器の軽量化による燃費改善を目指して，金属材料中で最も密度の小さいマグネシウム合金を構造部材として応用しようとする機運が高まっている。しかしながら，既に使用されている既存の鉄鋼材料やアルミニウム合金と比較すると強度，耐熱性等がまだ不十分で，そのため予想されるような軽量化効果を発現させることが困難な場合が多い。マグネシウムに Gd や Y のような希土類元素を添加することにより大きな時効硬化が発現し，ジュラルミン並みの強度[10]，さらには耐熱性を得られるものの，非常に高価となる。そのため，産業界からは容易に入手可能で，かつ安価な合金元素のみから構成される汎用型のマグネシウム合金が切望されている。最近，Mg-Zn-RE 系で析出する規則 GP ゾーンが，汎用型合金となり得る Mg-Zn-Ca 系[11]および Mg-Al-Ca 系[12]でも析出し，時効硬化を発現することが報告され，注目を集めている。例えば，Mg-Al-Ca 系合金では図7に示すように Al と Ca が底面に沿って濃化した板状の単層規則 GP ゾーンが析出し，200℃という比較的高温でも1～2時間の短時間でピーク時効硬さに達する。さらに，高強度化および耐熱性の改善を目指して，Mg-Al 系合金に Ca および Mn を

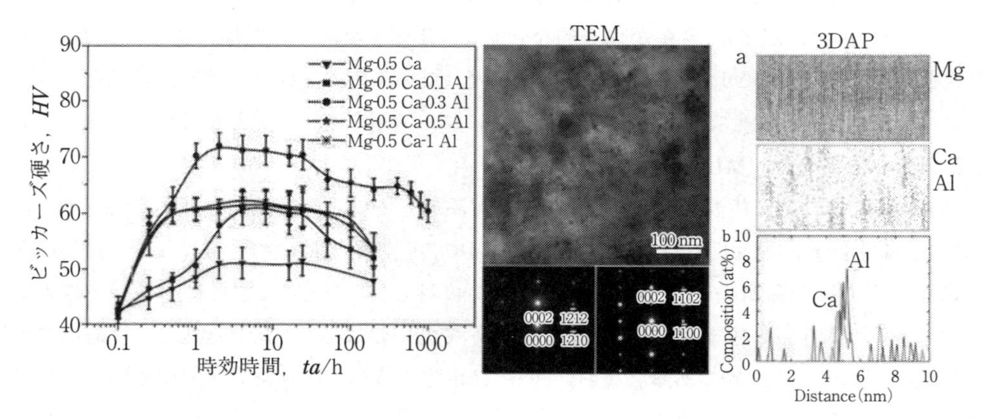

図7　Mg-Al-Ca 系合金の時効硬化曲線と，Mg-0.5Ca-0.3Al（wt%）合金のピーク時効材で観察された規則 GP ゾーンの TEM 像，制限視野回折図形および 3DAP 解析結果

添加した合金の鋳造材および展伸材のミクロ組織変化を光学顕微鏡，SEM，TEM等を用いてマルチスケールにて解析し，得られる機械的性質との関係について系統的に検討されている[4~6]。本節では，鋳造材の耐熱性に及ぼす粒界晶出物および粒内のナノ析出物の影響，さらには押出し材の強度特性および耐熱性に及ぼすバイモーダル組織，再結晶粒径，集合組織，粒内のナノ析出物の影響を中心に述べる。

3.1　汎用型Mg-Al-Ca-Mn系鋳造用合金[13,14]

Mg-Al系合金にCaを添加すると粒界にC36型の（Mg,Al)$_2$CaおよびC14型のMg_2Ca化合物が晶出し，耐熱性が改善されると言われてきた。最近では，図8に示すように，これまで耐食性改善のために添加されていたMnも耐熱性向上に寄与することが明らかになってきた。これは図9のTEM像および制限視野回折図形に示すようにMg-Al-Ca系合金ではクリープ試験中に粒内にもナノスケールの規則GPゾーンが底面に沿って析出すること，さらに図10の三次元アトムプローブ（3DAP）による元素マッピングに示すようにMg-Al-Ca系合金に少量のMnを添加するとAl，CaおよびMnが濃化した粒内の規則GPゾーンの数密度が1桁以上も大きくなり，その結果，最小クリープ速度が1桁以上も改善されることが明らかにされてきた。同様にAZ91合金にCaを1％以上添加すると，粒界化合物のほとんどは$Mg_{17}Al_{12}$からC36型の(Mg,Al)$_2$CaおよびC14型のMg_2Ca系化合物に変化し，さらに粒内には規則GPゾーンが形成され，その数密度がCa添加量の増加とともに大きくなり，クリープ特性が顕著に改善されることも明らかになっている。これらの結果から，耐熱性改善のために従来希土類元素が添加されてきたが，汎用的な元素であるCaとMnを同時に添加するだけでも，エンジン周りの部品に要求される耐熱性を満足させ，コストパフォーマンスに優れるマグネシウム合金ダイカスト部品を応用できる可能性が見出されている。

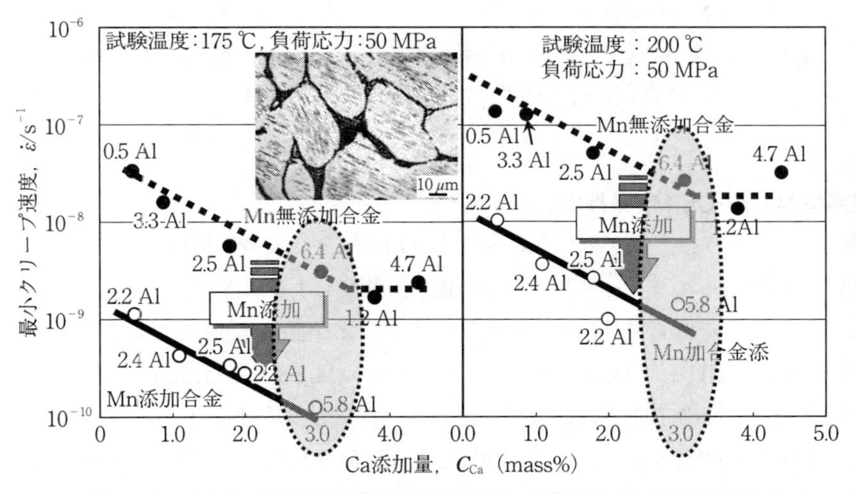

図8　Mg-Al-Ca系合金の耐熱性に及ぼすCa添加量とMn添加の影響

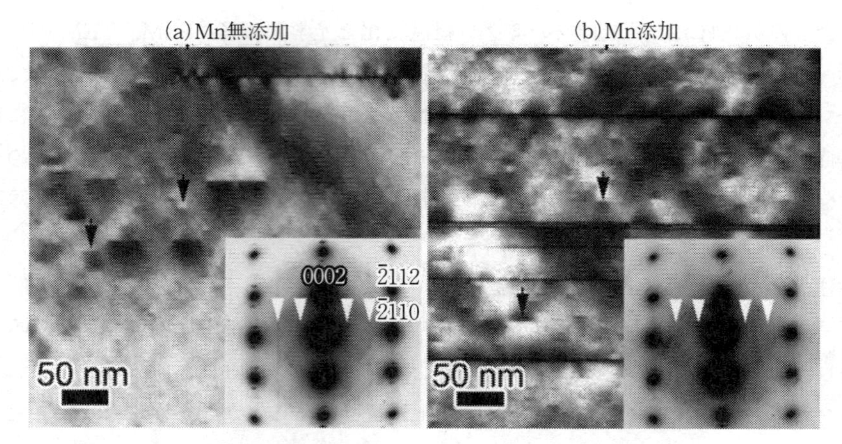

図9　Mg-2Al-2Ca 合金鋳造材の 175 ℃，2051 h のクリープ試験後の TEM 像および制限視野回折パターン。黒矢印で示す板状ナノ析出相は制限視野回折パターンに白矢印で示すようにストリークが認められることから，規則 GP ゾーンである。

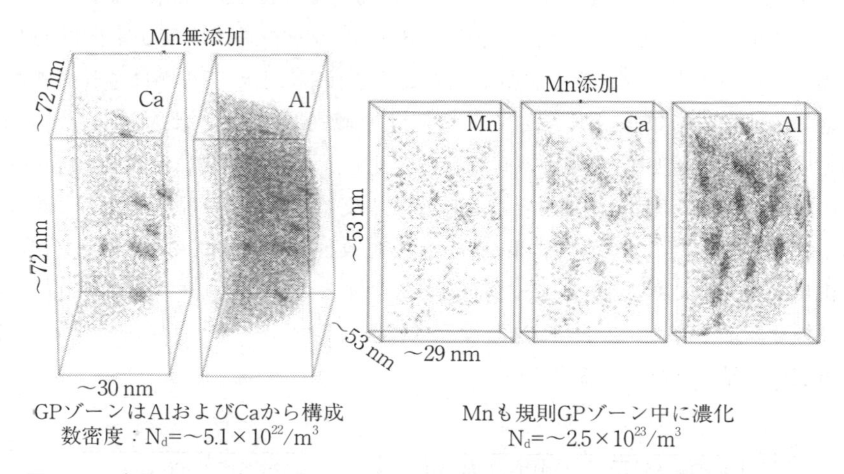

図10　三次元アトムプローブにより得られた Mg-Al-Ca 系合金の長時間クリープ試験後に観察される規則 GP ゾーンの構成元素と数密度

3.2　汎用型 Mg-Al-Ca-Mn 系押出し用合金[15)]

3.1 項で述べたように，マグネシウムへの Al および Ca の同時添加は，粒内への規則 GP ゾーンの析出および粒界へのラーベス相の晶出を促し，強度および耐熱性の改善に有効であることがわかってきている。それらに押出しを施すことでさらなる強度の向上を図ることも可能と予想される。たとえば，図 11 に実験結果をまとめて示すが，Mg-3.6Al-3.3Ca-0.4Mn（wt.%）（以下 AXM4304 と略す）合金 DC 連続鋳造棒を用いて，押出しラム速度 0.1 mm/s，押出し温度 350 ℃と低温・低速で押出しすると，一部に押出し方向に伸張した未再結晶領域が残留し，バイモーダルな組織を形成する。その再結晶粒の粒界には，DC 鋳造時に粒界および DAS 間に晶出していた Al-Ca 系化合物が押出し中に破砕されたと考えられる微細な粒状の化合物となって分散する。これらの粒状化合物が粒界ピン止め効果を発現し，動的再結晶粒の粗大化を顕著に抑制し，約 1 μm の微細な動的再結晶粒が形成される。また，未再結晶領域は円周方向に平行に（0001）底面が配向した強い集合組織を形成する。一方，微細な動的再結晶粒は比較的ランダム配向し，集合組織を形成しない。その結果，押出し方向に引張荷重を負荷した場合の底面すべりに関連する平均的な底面すべりの Schmid 因子は 0.13 と小さい値を示す。一方，粒内には，350 ℃という高温で押出ししたにも関わらず，板状ナノ析出物とともに，ナノスケールの球状析出物も形成される。それらのナノスケール析出物の 3DAP 解析から，板状析出物は Al および Ca，球状析出物は Al および少量の Mn および Ca から構成され，後者は押出し前の加熱中および押出し中に析出する。すなわち，これらのナノ析出物は 350 ℃という高温でも熱的安定性を有する。そのような組織変化に伴い，押出しままの状態でも，引張強さ 420 MPa，引張耐力 410 MPa，伸び 5.6 %と，既存の展伸用マグネシウム合金と比較しても非常に高い強度を示す。さらに，比較材として示した AZ31 マグネシウム合金押出し材のように，既存単相合金では低応力で生じる引張双晶の発現により圧縮耐力が引張耐力より大きく下回るという問題があるが，本合金の圧縮耐力は引張耐力よりは低いものの，その値は 350 MPa と，AZ31 合金の約 3 倍の値を示し，圧縮特性についても十分な強度が得られている。さらに，室温および 150 ℃における回転曲げ疲労強度 240 MPa および 160 MPa と耐熱 Al 合金を大きく上回る力学特性が得られている。なお，室温における疲労強度は超々ジュラルミンの疲労強度をも上回る。これらの合金は高強度および耐熱性

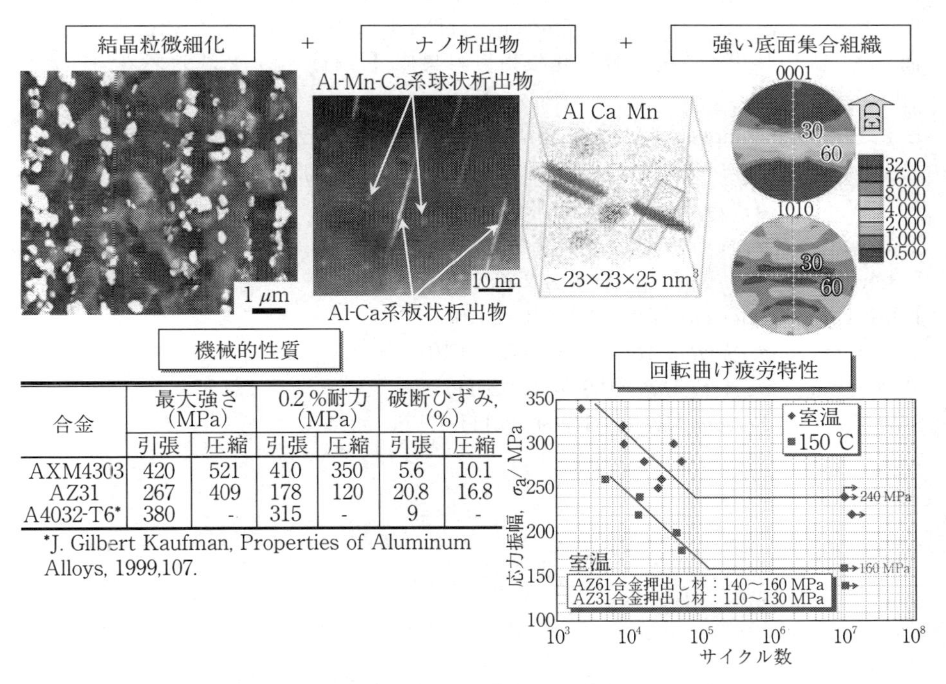

合金	最大強さ (MPa)		0.2 %耐力 (MPa)		破断ひずみ, (%)	
	引張	圧縮	引張	圧縮	引張	圧縮
AXM4303	420	521	410	350	5.6	10.1
AZ31	267	409	178	120	20.8	16.8
A4032-T6*	380	-	315	-	9	-

*J. Gilbert Kaufman, Properties of Aluminum Alloys, 1999,107.

図 11　規則 G.P.ゾーンを利用した高性能 Mg 合金の開発例：Mg-Al-Ca 系

を要求されるエンジン周りの往復運動部品等への応用が期待されている。

一方では，産業界からはアルミサッシのように高速押出しができ，かつその後の時効処理のみで強度アップが可能なマグネシウム合金の開発が切望されている。上記の合金を希薄化し，低融点化合物でもある粒界晶出物をなくすことによって高速押出しも可能になると予測される。事実，同じ合金系の合金元素の希薄化により，アルミニウム合金サッシの押出し速度に匹敵する50 m/min 以上の高速押出しも可能となることが見出され，その後の時効のみで単層規則 GP ゾーンが析出し，新幹線のダブルスキン構体に使用されている 6N01 アルミニウム合金に匹敵する強度が得られることも明らかにされている。本合金は自動車ボディの骨格構造部品や新幹線構体への応用が期待されている。

文　献

1) Hydro Magnesium Data Sheet (1995)
2) Avedesian M. M. & Baker H. eds., ASM Specialty Handbook "Magnesium and Magnesium Alloys", ASM International, 82 (1999)
3) A. P. Druschitz *et al.*, Magnesium Technology 2002, ed. by H. I. Kaplan, TMS, 117 (2002)
4) D. Argo *et al.*, Magnesium Technology 2002, ed. by H. I. Kaplan, TMS, 87 (2002)
5) F. V. Buch *et al.*, Magnesium Technology 2002, ed. by H. I. Kaplan, TMS, 61 (2002)
6) 佃　誠，高田与男，自動車軽量化技術資料集成【材料】編，フジテクノシステム，334 (1980)
7) E. F. Emley, Principles of Magnesium Technology, Pergamon Press, 945 (1966)
8) 原田雅行，マグネシウム技術便覧，カロス出版，256 (2000)
9) J. T. Wang *et al.*, *Scripta Mater.*, **59**, 63 (2008)
10) T. Homma *et al.*, *Scripta Mater.*, **61**, 644 (2009)
11) K. Oh-ishi *et al.*, *Mater. Sci. Eng. A*, **526**, 177 (2009)
12) J. Jayaraj *et al.*, *Scripta Mater.*, **63**, 831 (2010)
13) T. Homma *et al.*, *Scripta Mater.*, **63**, 1173 (2010)
14) T. Homma *et al.*, *Acta Mater.*, **59**, 7662 (2011)
15) S.W. Xu *et al.*, *Scripta Mater.*, **65**, 269 (2011)

第2章　希土類金属添加合金

河村能人*

1　はじめに

希土類金属（RE：Rare Earth）は，マグネシウム合金の耐熱性を向上させる添加元素として知られていたが[1,2]，最近では新しいタイプの合金が開発されている。その主なものとして，化合物相や中間相で強化した化合物型合金，長周期積層構造（LPSO：Long Period Stacking Order）相で強化した高強度・高耐熱合金（LPSO型合金）[3~6]，準結晶を微細分散させた高強度合金（準結晶型合金）[7,8]などがあげられる[9,10]。ここでは，希土類金属の特徴について述べるとともに，化合物型合金，LPSO型合金，準結晶型合金などの希土類金属添加マグネシウム合金，ならびに再結晶粒のランダム配向化（RE-Texture），耐食化，耐クリープ化，難燃化などの希土類金属添加の効果について概説する。

2　希土類金属

希土類金属（RE）は，広義にはSc，YおよびLa～Luの17元素に対する総称として広く用いられており，狭義に解する場合にはランタニドと呼ばれるLa～Luの15元素を対象にして用いられるが[11]，本稿では前者を用いる。表1に，希土類金属の結晶構造と原子半径ならびにMg中の最大固溶限を示す。マグネシウム合金は，ASTM（米国材料試験協会）による表示が国際的に通用しており，希土類金属の表示方法では，Yを「W」で，その他の希土類金属を「E」で示す。規格化されている希土類金属添加合金として，ZE系（Mg-Zn-RE），EZ系（Mg-RE-Zn），AE系（Mg-Al-RE），QE系（Mg-Ag-RE），WE系（Mg-Y-RE）等がある[1]。これらの合金におけるREはMgへの固溶限が小さいLa，Ce，Nd，Prであり，LaやCeを多く含む混合希土類金属であるミッシュメタル（Misch Metal）あるいはNdやPrを多く含む混合希土類金属であるジジム（Didymium）が市販合金に用いられる。

＊　Yoshihito Kawamura　熊本大学　先進マグネシウム国際研究センター　センター長

表1　希土類金属（RE）の特徴ならびにLPSO相や準結晶相の形成効果

RE	Mg中の最大固溶限 (at%)	原子半径 (Å)	結晶構造	相の形成の有無 Mg-Zn-RE	
				LPSO相	準結晶相
Sc	15	1.6406	hcp	—	—
Y	3.6	1.8012	hcp	○	○
La	0.04	1.8791	hex	×	×
Ce	0.13	1.8247	fcc	×	×
Pr	0.31	1.8279	hex	×	×
Nd	0.63	1.8214	hex	×	×
Pm	0.78	1.8110	hex	×	×
Sm	0.99	1.8041	rhomb	×	×
Eu	0	2.0418	bcc	×	×
Gd	4.5	1.8013	hcp	○	○
Tb	4.6	1.7833	hcp	○	○
Dy	4.9	1.7740	hcp	○	○
Ho	5.4	1.7661	hcp	○	○
Er	6.6	1.7566	hcp	○	○
Tm	6.3	1.7462	hcp	○	×
Yb	0.48	1.9392	fcc	×	×
Lu	8.8	1.7349	hcp	×	×

3　希土類金属添加マグネシウム合金

3.1　化合物型マグネシウム合金

化合物型マグネシウム合金は，図1(a)に示すように，熱的に安定で高温強度に優れるMg_xRE化合物がα-Mg相のセル界面に網目状に晶出して粒界すべりを抑制するので耐熱性に優れる。特に，473 K～523 Kでの強度が高く，クリープ特性に優れている[1]。表1に示したように，Mgにある程度固溶するREを添加した合金では，250 ℃以下の温度で顕著な時効硬化を示す場合が多い。時効析出過程は，一般的に$\alpha \rightarrow \beta'' \rightarrow \beta' \rightarrow \beta$であり，準安定相である$\beta''$や$\beta'$相の析出により硬化する。時効初期に六方晶の規則構造である$D0_{19}$型構造（Mg_3RE型構造）をもつβ''相が形成され，母相と整合性の高いβ'相（Mg_7RE構造）の析出により最高強度が得られるが，安定相であるβ_1相が析出すると，その周辺にβ'相析出物が消滅する領域が出現して大きな機械的特性の減少をもたらす[12]。

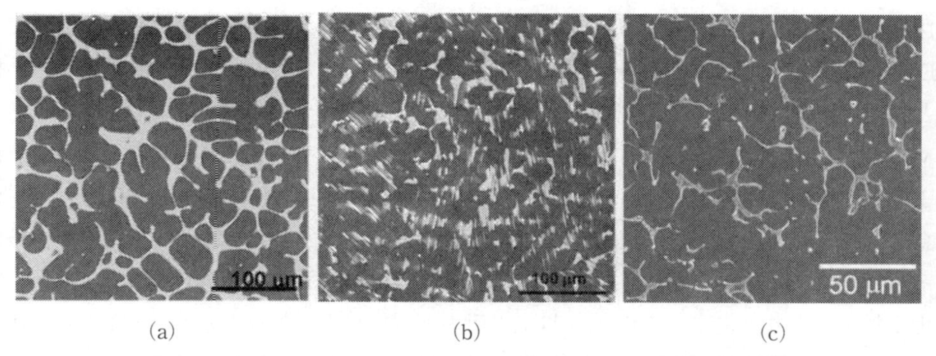

図1　(a)化合物型合金，(b)LPSO 型合金，(c)準結晶型合金の鋳造材の断面 SEM 写真
黒い領域が α-Mg 相，白い領域が金属間化合物，LPSO 相あるいは準結晶相

3.2　LPSO 型マグネシウム合金

LPSO 型マグネシウム合金は，LPSO 相と α-Mg 相の二相合金であり，α-Mg 相と整合性が良い LPSO 相がセル界面にラメラ状に晶出する（図 1 (b)）。LPSO 型マグネシウム合金は，マグネシウムに特定の遷移金属 TM と希土類金属 RE を複合添加したものであり，TM は Co，Ni，Cu，Zn で，RE は Y，Gd，Tb，Dy，Ho，Er，Tm である[4]。LPSO 型マグネシウム合金は，凝固時に LPSO 相が晶出タイプⅠと，凝固後の熱処理によって LPSO 相が析出するタイプⅡの 2 種類がある。タイプⅠ合金は RE が Y，Dy，Ho，Er，Tm の場合であり，タイプⅡ合金は RE が Gd と Tb の場合である。タイプⅡ合金の場合，LPSO 相は 600 K 以上の高温で析出するが，その前駆体として濃度偏析を伴った積層欠陥が形成される[13]。図 2 の Mg-Zn-Y 系三元状態図に示すように[14,15]，LPSO 相は $Mg_{12}Zn_1Y_1$ 組成であり，その比重は他の Mg-RE 系化合物相や準結晶相に比べても小さい。LPSO 構造として，10H，14H，18R，24R という 4 種類が見出されてい

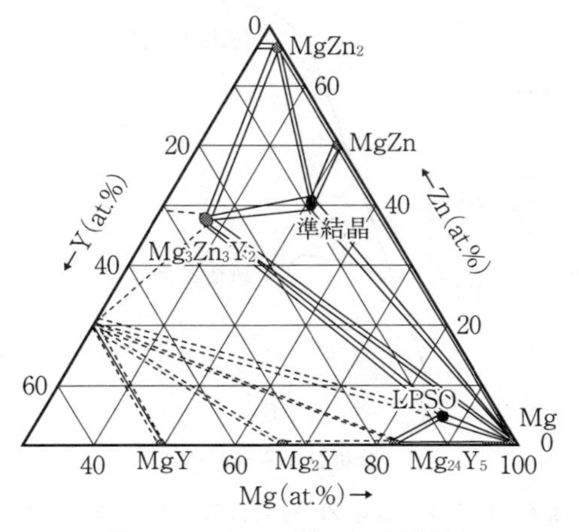

図2　Mg-Zn-Y 系三元系状態図

る。図3の18R型LPSO構造のHAADF-STEM写真に示すように[16]，積層欠陥を挟む形でTMとREが濃化した2～4原子層が5～8周期毎に最密面に存在するという共通の特徴を持ち，構造変調と濃度変調が同期したLPSO構造という意味でシンクロ型LPSO構造と呼ばれる。

α-Mg相は双晶変形を起こすが，LPSO相は双晶変形せずにキンク変形を起こし，熱間塑性加工によりキンク変形させると著しく強化するという特徴を持つ（図4）[6,17]。LPSO型マグネシウム合金は，図5に示すように，室温から高温にわたり，マグネシウム合金の中で最高の機械的強度を示し，その比耐力は，高強度アルミニウム合金や耐熱性アルミニウム合金よりも高い。鋳造材の押出加工により，室温で500 MPa以上の耐力と9％以上の伸びを示し，523 Kで250 MPa以上の耐力を示す材料が開発されており（図6），超々ジュラルミンなどの高性能アルミニウム

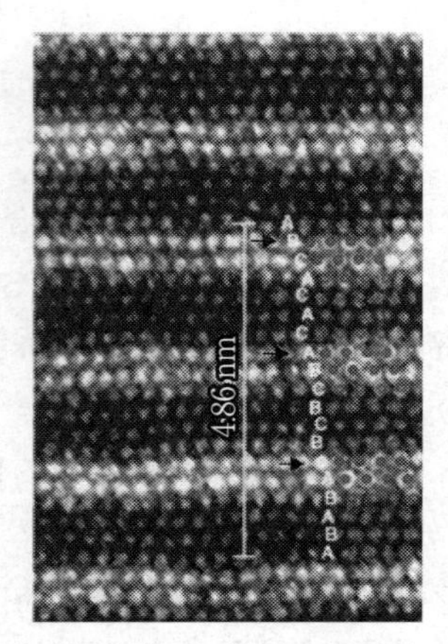

図3　LPSO型$Mg_{97}Zn_1Y_2$合金で観察されたLPSO相のHAADF-STEM写真[16]

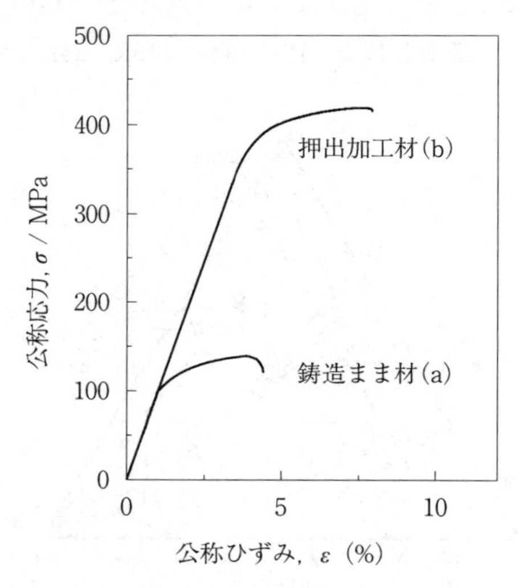

図4　LPSO型$Mg_{97}Zn_1Y_2$合金の応力-ひずみ曲線
(a)鋳造まま材，(b)押出加工材

合金に匹敵する機械的特性が達成されている。また，塑性加工によって強化したLPSO型マグネシウム合金に時効処理を施すことによってβ'相を析出させることにより，延性は低下するが強度が向上することも報告されている[18]。

3.3　準結晶型マグネシウム合金

準結晶型マグネシウム合金は，準結晶相とα-Mg相の二相合金であり，準結晶相は化合物型マグネシウム合金の化合物相と同様にセル界面にネットワーク状に晶出する（図1 (c)）[7,8]。準結晶型マグネシウム合金は，マグネシウムにZnと特定の希土類金属REを複合添加したものであり，REはY，Gd，Tb，Dy，Ho，Erである。Tm以外はLPSO相を形成するREと一致す

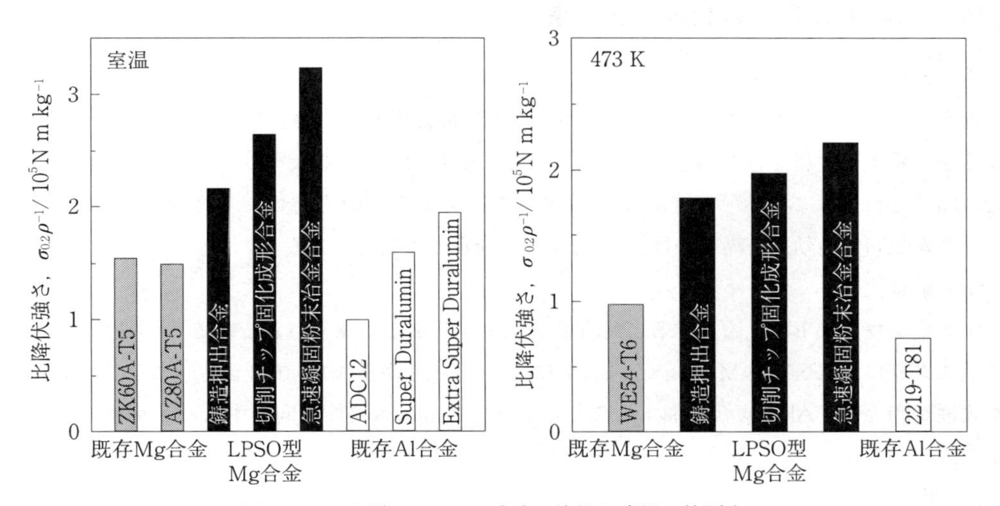

図5　LPSO型$Mg_{97}Zn_1Y_2$合金の室温と高温の比耐力

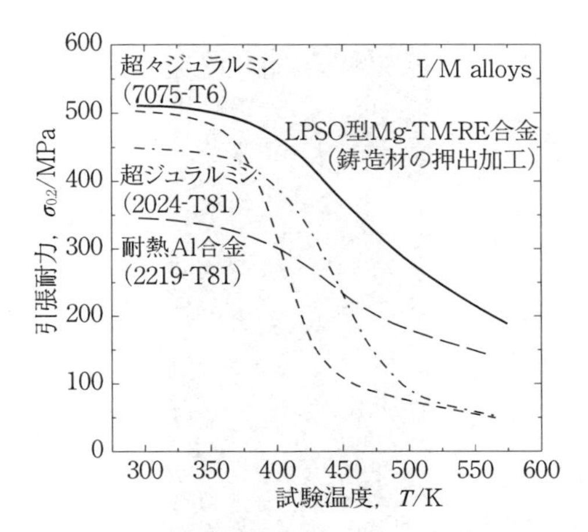

図6　超々ジュラルミンと同等の室温耐力を有するLPSO型Mg-TM-RE合金の高温特性
鋳造材の押出加工により作製

る[19~21]。図2の Mg-Zn-Y 系三元状態図に示すように[14,15]，準結晶相は $Mg_{42}Zn_{50}Y_8$ 組成であり，Zn が Y に比べ多く，その比重は LPSO 相の約2倍である。Mg-Zn-RE 系の準結晶は，Frank-Kasper 型の正20面体構造を有している。

準結晶相は硬さが高くて熱的に安定であるが，極めて脆いという性質を持つ。押出しや圧延加工することにより，準結晶相が微細に分散されるとともに，微細に分散された準結晶粒が動的再結晶で微細化した α-Mg 粒の成長を抑制するので強化されるとともに高い延性を示す[7,8]。原理的には金属間化合物を分散した合金と同じであるので，その強度と耐熱性は LPSO 型マグネシウム合金には及ばない。

4　その他の希土類金属添加効果

① 再結晶粒のランダム配向化

押出加工や圧延加工を施したマグネシウム合金は底面配向した集合組織を持つので延性が低くなるが，希土類金属を極微量添加して得られる RE Texture（図7）によって延性を改善した合金の開発も行われている[9,10]。希土類金属の種類によって，RE Texture の効果が異なっており，ランダム配向化の効果が高いのは Ce や La 等の軽希土類金属である。

② 耐食化

マグネシウムに RE を添加すると耐食性が向上することが報告されている[1]。最近では，図8に示すように，LPSO 型 Mg-Zn-Y 系合金に La や Ce を微量添加（0.1 at%）することによって耐食性が向上し，Al と複合添加することによってさらに耐食性が向上することが報告されている[22]。

③ 耐クリープ化

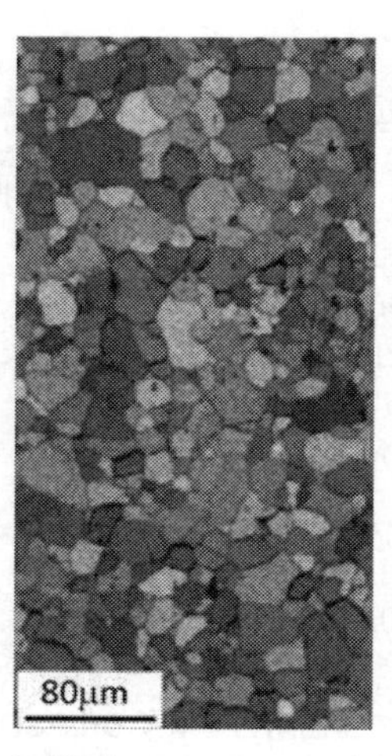

図7　Mg-1.5Zn-0.2Ce 圧延材の RE Texture を示す EBSD 方位マップ[10]

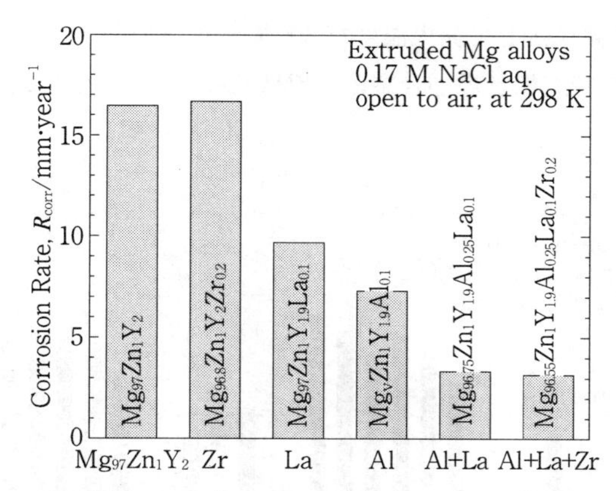

図8　La と Al の単独微量添加と複合微量添加による LPSO 型合金の耐食性の向上

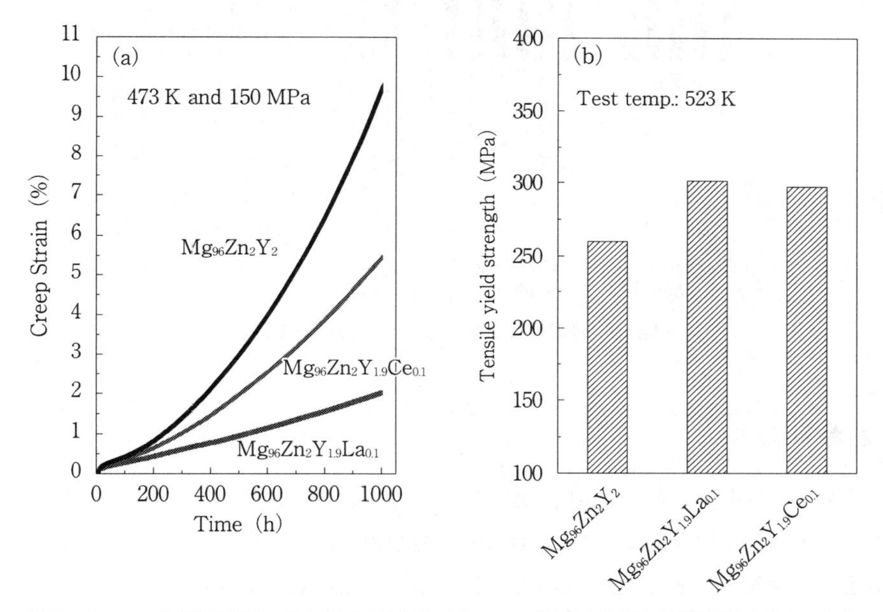

図9　La, Ce 微量添加による LPSO 型合金のクリープ特性(a)と高温降伏強さ(b)の向上

マグネシウムに Ce や Y 等を微量添加することによって積層欠陥の形成が促進され，クリープ特性が向上することが報告されている[23]。また，LPSO 型 Mg-Zn-Y 系合金に La を微量添加（0.1 at%）することによって微細な金属間化合物が形成され，図9に示すように高温での耐力や耐クリープ性が向上することも報告されている[24]。

④　難燃化

マグネシウム合金は溶融すると発火するという問題があったが，図10に示すように，1〜3 wt% の Ca や 0.3〜1 wt% の CaO を添加して発火温度を向上させた難燃性マグネシウム合金が開発されている[25,26]。RE も発火温度の向上に効果があることが報告されていたが，最近，市販合金にCaとYを複合微量添加して発火温度を800℃程度まで向上させた難燃性合金が報告された（図10）[27]。CaとYの複合微量添加合金は，機械的強さが10％程度向上し耐食性も向上するようである。

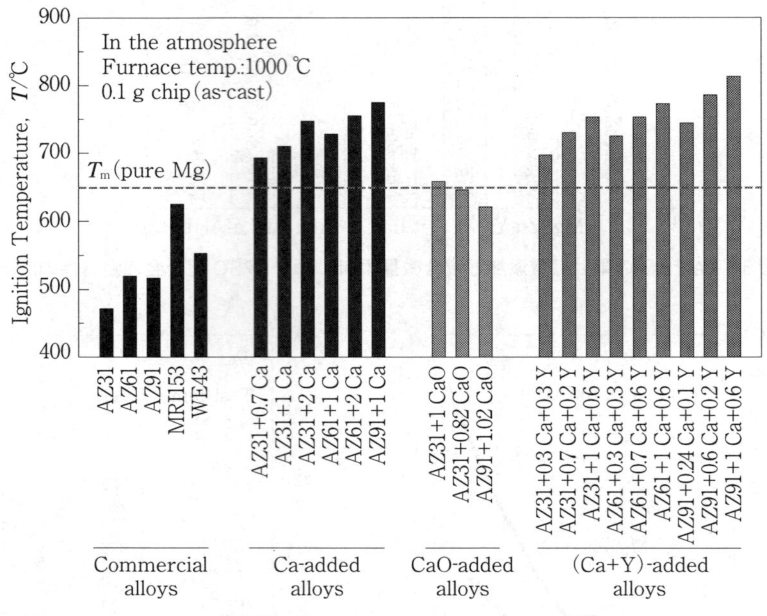

図10　難燃性マグネシウム合金の発火温度[27]

5　おわりに

優れた機械的特性を持つ希土類金属添加マグネシウム合金が数多く開発されており，特に耐熱性に関しては希土類添加合金に勝るものはなく，今後の進展が期待できる。本稿で述べた希土類添加合金も，急速凝固粉末冶金法や強歪加工法による結晶粒微細化技術を適用すれば，さらなる高性能化が可能であることは言うまでもない。希土類金属添加マグネシウム合金を実用化するためには，これらの合金開発と併行して，溶解・鋳造，塑性加工，接合，表面処理，リサイクル等の製造基盤技術を確立する必要がある。その一方で，希土類金属の安定確保も重要である。YやLaはZnやCoと同程度の埋蔵量があるように，希土類金属は決して「希少」なものではないが，地球上に偏在していることが問題であるので，品質の良い希土類金属を環境に負荷をかけることなく低コストで安定的に確保するための取組みも必要である。さらに，ASTMによる表示では，La～LuのREを全て「E」で表しているが，LPSO相や準結晶を形成するREは，Y以外ではあるが規格化されているRE添加マグネシウム合金とは異なっているので，今後は細分化して表記することが必要である。

文　　献

1）日本マグネシウム協会編，“マグネシウム技術便覧”，カロス出版（2000）
2）L.L. Rokhlin, “Magnesium Alloys Containing Rare Earth Metals”, Taylor & Francis Inc.（2003）
3）Y. Kawamura, K. Hayashi, A. Inoue and T. Masumoto, *Mater. Trans.*, **42**, 1172（2001）
4）河村能人，アルトピア，2，15（2010）
5）Y. Kawamura and S. Yoshimoto, Magnesium Technology 2005, p. 499, TMS（2005）
6）S. Yoshimoto, M. Yamasaki, Y. Kawamura, *Mater. Trans.*, **47**（4）, 959（2006）
7）D.H. Bae, S.H. Kim, W.T. Kim and D.H. Kim, *Mater. Trans.*, **42**, 2144（2001）
8）H. Taniuchi, H. Watanabe, H. Okumura, S. Kamado, Y. Kojima and Y. Kawamura, *Materials Science Forum*, **419-422**, 255（2003）
9）N. Stanford, M.R. Barnett, *Materials Science and Engineering A*, **496**, 399（2008）
10）Y. Chino, K. Sassa, M. Mabuchi, *Materials Transactions*, **49**, 1710（2008）
11）N.E. Topp 著，“希土類元素の化学”，化学同人（1974）
12）平賀賢二，西嶋雅彦，まてりあ，**40**，161（2010）
13）M. Yamasaki, M. Sasaki, M. Nishijima, K. Hiraga, Y. Kawamura, *Acta Materialia*, **55**, 6798（2007）
14）G. Effenberg and F. Aldinge eds., “ Magnesium-Yttrium-Zinc”, *Ternary Alloys*, **18**, p. 702, MSI（2001）
15）E.M. Padeshnova, E.V. Mel'nik, R.A. Miliyevskiy, T.V. Dobatkina and V.V. Kinzhibalo, *Russ. Metall.*（*Eng. Trans.*）, **3**, 185（1982）
16）E. Abe, Y. Kawamura, K. Hayashi and A. Inoue, *Acta Mater.*, **50**, 3845（2002）
17）K. Hagihara, N. Yokotani and Y. Umakoshi, *Intermetallics*, **18**, 267（2010）
18）河村能人，佐々木美波，神崎翔平，山崎倫昭，“日本金属学会2008年秋期（第143回）大会講演概要”，p. 296，日本金属学会（2008）
19）Z.P. Luo, S.Q. Zhang, Y.L. Tang and D.S. Zhao, *Scr. Metall. Mater.*, **8**, 1513（1993）
20）Z.P. Luo, S.Q. Zhang, Y.L. Tang and D.S. Zhao, *Scr. Metall. Mater.*, **32**, 1411（1995）
21）A. Niikura, A.P. Tsai, A. Inoue and T. Masumoto, *Philos. Mag. Lett.*, **69**, 351（1994）
22）S. Izumi, M. Yamasaki, Y. Kawamura, *Materials Science Forum*, **654-656**, 767（2010）
23）M. Suzuki, K. Maruyama, *Materials Science Forum*, **638-642**, 1602（2010）
24）J.H. Kim and Y. Kawamura, Magnesium Technology 2012, p. 197, TMS（2012）
25）秋山　茂，上野英俊，坂本　満，平井寿敏，北原　晃，まてりあ，**39**，72（2000）
26）J.K. Lee and S.K. Kim, *Materials Transactions*, **52**, 1483（2011）
27）B.S. You, “第45回高性能Mg合金創成加工研究会講演概要集”，p. 23，熊本大学MRC（2012）

文献

1) 日本マグネシウム協会編, マグネシウム技術便覧, カロス出版 (2000)
2) L. L. Rokhlin: Magnesium Alloys Containing Rare Earth Metals, Taylor & Francis Inc., (2003)
3) Y. Kawamura, K. Hayashi, A. Inoue and T. Masumoto, Mater. Trans., 42, 1172 (2001)
4) 河村能人, まてりあ, 43, 127 (2004)
5) Y. Kawamura and S. Yoshimoto, Magnesium Technology 2005, p. 499, TMS (2005)
6) S. Yoshimoto, M. Yamasaki, Y. Kawamura, Mater. Trans., 47, 959 (2006)
7) D. H. Bae, S. H. Kim, W. T. Kim and D. H. Kim, [illegible], 42, 2144 (2001)
8) [illegible] Kawamura, Materials Science Forum, 419-422, 253 (2003)
9) N. [illegible] and M. R. Barnett, [illegible], 499 (2006)
10) A. [illegible], Materials Transactions, 49, 1710 (2008)
11) [illegible] (1979)
12) [illegible], 40, 181 (2010)
13) [illegible], K. Hagihara, Y. Kawamura, [illegible] (2007)
14) G. [illegible] and [illegible] eds., Magnesium [illegible] (2001)
15) [illegible] (1982)
16) [illegible], Y. Kawamura, K. Hayashi and A. Inoue, [illegible], 50, 3515 (2002)
17) K. Hagihara, N. Yokotani and Y. Umakoshi, Intermetallics, 18, 267 (2010)
18) [illegible] (2006)
19) Z. P. Luo, S. Q. Zhang, Y. L. Tang and D. S. Zhao, [illegible], 28, 1513 (1993)
20) Z. P. Luo and S. Q. Zhang, Y. L. Tang and D. S. Zhao, [illegible], 32, 1411 (1995)
21) A. Nakano, A. P. Tsai, A. Inoue and T. Masumoto, [illegible], 64, 131 (1994)
22) [illegible], M. Yamasaki, Y. Kawamura, Materials Science Forum, 654-656, 667 (2010)
23) M. [illegible], Materials Science Forum, 638-642, 1602 (2010)
24) [illegible] and Y. Kawamura, Magnesium Technology 2012, p. [illegible], TMS (2012)
25) [illegible] (2009)
26) [illegible] and S. E. Kim, [illegible], 52, 1483 (2011)
27) [illegible] (2012)

第３章　ダイカスト法

榊原勝弥*

1　マグネシウム合金とアルミニウム合金の違い

1.1　単位容積当りの熱量

代表的なアルミダイカスト合金（ADC12）と，マグネシウムダイカスト合金（AZ91D）において，鋳造温度における単位重量当りの熱量は，表１に示すように確かにマグネシウム合金の方が大きい。

しかし，実際の鋳造において全く同形状の製品の場合は，単位容積当りの熱量比較が適当である。表２に示すように鋳造温度から初期凝固までの熱量差は，密度比が大きく寄与し，マグネシウム合金はアルミニウム合金の 2/3 でしかない。したがって，マグネシウム合金はアルミニウム合金に比べ，最低でも 2/3 の充填時間にて充填を完了する必要がある。

マグネシウム合金において薄肉製品が可能なことは，次項で述べる鉄との親和性に他ならない。ゲート速度を 100 m/s を超える速度で射出したとしても，溶湯に酸化物が少なければ，ゲートの侵食や焼付きが発生しないことに起因する。

超高速鋳造機が出る以前では，コールドチャンバーとホットチャンバーを比較すると，最小肉厚や流動長において，ホットチャンバーが優れており，そのため 1.5 mm 以下の製品の殆どが，ホットチャンバー製であった。最近ではホットスリーブや超高速鋳造機の登場により一般肉厚が

表１　代表的なマグネシウム合金とアルミニウム合金の物性比較

	溶解潜熱		比熱		密度
	kJ/kg	MJ/m^3	kJ/(kg/K)	MJ/(m^3/K)	g/cm^3
AZ91D	370	670	1.02	1.85	1.81
ADC12	395	1,059	0.96	2.57	2.68

表２　凝固までの熱量差比較

	鋳造温度の熱量		融点の熱量		差	
	kJ/kg	MJ/m^3	kJ/kg	MJ/m^3	kJ/kg	MJ/m^3
AZ91D	1,064	1,925	602	1,089	462	836
ADC12	1,048	2,808	557	1,492	491	1,316

*　Katsuya Sakakibara　㈱アーレスティ栃木　鋳造２課　課長

1 mm 以下の製品であっても，ある程度の鋳込み重量が確保できれば，ホットチャンバーよりも良い流動性が得られるようになった。一般的なホットチャンバーおよびコールドチャンバーダイカスト法における一般肉厚と流動長を図1に示す。

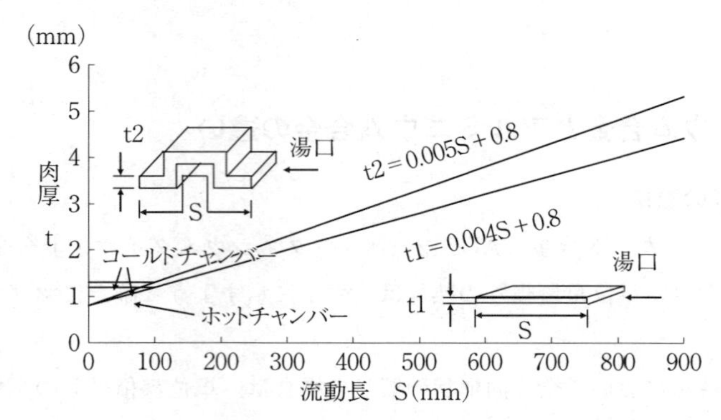

図1　ホットチャンバーとコールドチャンバーの一般肉厚と流動長

1.2　鉄との親和性

図2に示すMg-Fe状態図でもわかるように，通常の溶解・鋳造温度において，マグネシウム合金中に鉄は殆ど固溶しないため，マグネシウム合金の坩堝には軟鋼か，軟鋼とステンレス鋼のクラッド鋼板が用いられている。しかし，700℃を超えると徐々に鉄が溶出し，合金規格を満足することができなくなることから，溶解・鋳造温度はできるだけ低い方が望ましい。

標準的な鋳造温度は，コールドチャンバーで640～680℃，ホットチャンバーは625～650℃である。

溶湯に接触する箇所には，ニッケル含有鋼を使用してはならない。ニッケル成分が溶湯に溶出し成分規格を満足することができず，製品の腐食が著しいだけでなく，侵食による設備損壊により溶湯漏れを招く恐れがあるので注意が必要である。

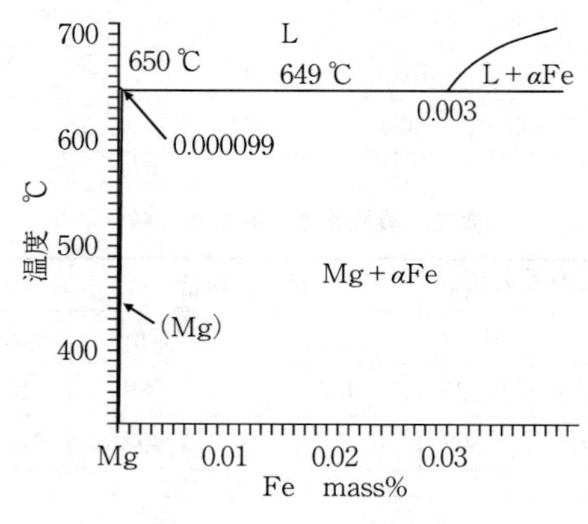

図2　Mg-Fe系状態図

アルミニウム合金のような金型への溶損は全く発生しないが，溶湯中やノズル先端に塊状酸化物や金属間化合物が大量に存在すると，初期には溶湯の流れに沿ったスクラッチが発生し，進行するとピット状の損傷が発生する。このような現象が金型に現れた場合には，製品のX線撮影やKモールドによる溶湯の清浄度調査が必要である。

1.3　固液共存域

代表的なアルミダイカスト合金のADC12は，共晶合金で固液共存域は殆ど存在しないが，マグネシウムダイカスト合金は全て亜共晶合金であるため，広範囲な固液共存域が存在する。図3のマグネシウム-アルミニウム状態図および固液共存域図に示すように，MDC1D合金では，最も固液共存域が広く約100℃もあることから，充填や凝固過程において湯の粘度が上昇し，充填過程では湯廻りの低下が発生し，凝固過程においては製品全体に圧力を伝播させることが困難なため，肉厚部の鋳巣や外引け，割れ，漏れ等が発生し易い。

しかし，ADC12合金に見られるようなスリーブ内で発生した破断チルの製品内混入はなく，製品中には充填時の再溶解による粗大な初晶α相が観察されるのみである。

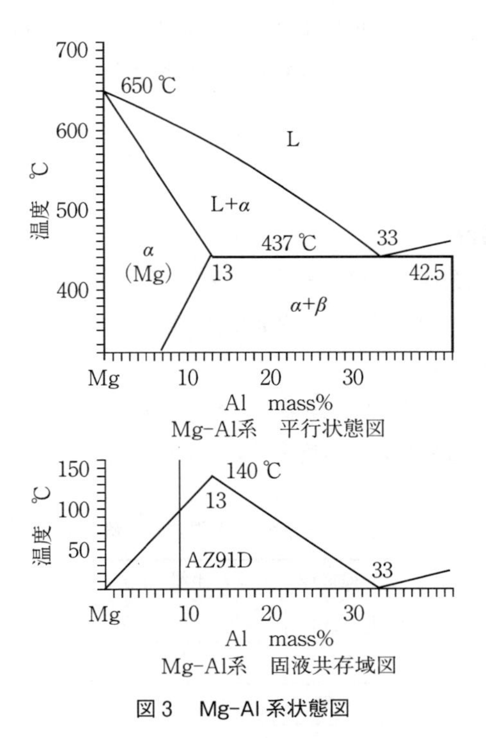

図3　Mg-Al系状態図

2　金型

2.1　マグネシウム合金用金型構造

ダイカスト金型の構造は亜鉛，アルミニウムのダイカスト金型と基本的に大きな差異はない。しかし，溶湯熱量の差異により金型への熱負荷の状態や，充填時間（キャビティ内へ溶湯を押し込む時間）に大きな差があるため，これに伴い金型温度制御（冷却／加熱）回路や湯口方案，ガス抜き方案に一部違いが見られる。

また，母型全体を加熱することから，母型に直接シリンダーを設置した場合には，シリンダーの温度上昇によりシール部品が損傷し油漏れの発生やリミットスイッチの故障を招くので，温度状況によっては，シール部品の材質変更やシリンダーの冷却や電気部品への断熱が必要となる。

2.2　冷却・温調回路

嵌込みおよび母型への油による温度制御を行うことにより，金型全体の温度を上昇させ，製品部の金型温度上昇による充填性向上と製品各部の温度差をなくし，凝固遅れによる引けや割れを最小限に抑える。また，トラブル停止時における金型温度低下を抑制することにより，早期に定常金型温度に上昇するので，捨て打ち数の削減が可能となる。

3　鋳造方案

3.1　ランナー・ゲート設計

表3に示したように，同条件ではアルミニウムダイカスト合金に比べ，湯流れ距離が2/3と短いと予測されることから，健全な表面及び内部品質を確保するためには，高速射出時の充填時間を約半分にしなければならない。

ダイカストマシンの射出性能 $P\text{-}Q^2$ を勘案すると，アルミニウムダイカスト合金の1.5倍以上のゲート断面積を確保する必要がある。製品による差異はあるが，推奨ゲート速度は一般肉厚が

表3　一般肉厚と湯流れ距離

一般肉厚	湯流れ距離（mm）	
t（mm）	AZ91D	ADC12
1.0	100	160
1.5	160	240
2.0	220	340
2.5	300	450
3.0	400	600
4.0	500	750

2 mm 以上で 30～80 m/s，2 mm 以下で 50～100 m/s である。一般肉厚が 1 mm 以下の場合は，60～120 m/s である。

ランナー形状は先に述べた合金特性から，充填時の溶湯温度低下を防止するために，ビスケットからゲートまでの距離を最短にする必要がある。また，断面形状において抜き勾配を 15° 程度とすると，幅・厚さ比は 1：1.5 とすることが望ましい。

分流子は圧力伝播やサイクルタイムの点から，なるべく低く設定すべきである。分流子高さが高いと，ビスケット・ランナー間の距離が長くなり，製品部への押湯効果を減じ，さらに，ゲート通過前における溶湯温度低下・分流子オーバーヒートによるチルタイム延長など弊害が多い。

3.2　オーバーフロー設計

マグネシウム合金は熱量の少なさから，湯走り（リブや肉厚部，金型高温度部のみに湯が流れ，一般肉厚部がオーバーフローゲート通過後に充填されること）が起こり易く，オーバーフロー位置・サイズには細心の注意が必要である。特に一般肉厚が 1.8 mm 以下では，その傾向が著しいので，初回試作の薄肉製品の場合は，まず最低限数・少容積を設置し，試作時不具合が発生した箇所に追加することが好ましい。初期段階から大きなオーバーフローを設置した場合，オーバーフローは充填するものの，直ぐ横の製品部に充填不良が発生し，また，直下の製品部に割れが発生することがあるので注意を要する。

3.3　ガス抜き設計

充填時間の短いマグネシウム合金は，さらにガス抜きにも気を付けなければならない。エアーベントやチルベントを使用した大気開放型の場合，推奨のガス抜き速度は 100～200 m/s である。決して音速（300 m/s）以上にしてはならない。そのような場合，全くガスが抜けず，キャビティ内ガス圧が上昇し，溶湯を金型に押し付けてしまうために，溶湯温度低下に伴う充填不良や，ガスの巻き込みによるガスホールが発生し，鋳巣，漏れ，割れが発生し，強度低下も招くことがある。GF やチルベント等の真空を使用した場合は，高速充填時の速度が 300 m/s を超えても構わないが，そのままの速度では，バルブやベント詰まりを誘発するので，減速機構があるダイカストマシンにおいては，オーバーフローゲート直前での減速を行うことが望ましい。減速機構がない場合には，オーバーフローゲート断面積を絞りランドを長くとり，ゲート抵抗による減速を図るほか，バルブ，ベントまでの距離を長くするなどの工夫が必要となる。

4　生産技術

4.1　冷却・温調装置

マグネシウム合金鋳造では，製品部の金型温度を全ての箇所で 200 ℃以上に保つことが必要であるが，部分的に 300 ℃を超える箇所には金型に冷却を設置する必要がある。しかし，金型冷却水の常時通水を行うと，冷却したくない箇所まで冷却され，金型全体を200℃以上に保つことができない。また，冷却水量を絞り流量調整を行うと，金型内に冷却水のスケール堆積による冷却詰まりや，冷却水の沸騰により冷却効率の不安定化，金型予熱時間の長時間化を招く。

冷却水を極小部位に流し，必要な熱量だけを取り去ることができ，再現性が高く冷却詰まりを抑える，局部冷却回路が必要となる。

局部冷却では，製品部に溶湯が充填完了し凝固過程移行時に，所定の金型温度を保持することと，離型剤塗布時の付着性を向上させること，また，肉盗み箇所や鋳抜きピンの過冷却による水の残りを防ぐために，流水のタイミングを図ることが肝要である。

装置としては，通常の間欠冷却にエアパージ用の電磁弁を追加するだけであるが，冷却水圧力を0.5 MPa以上にする必要がある。また，エアパージ時の逆流防止用弁を設置する。通常の冷却孔よりも細径の冷却を用いることが多いので，冷却水にイオン交換水を使用すると，冷却回路の閉塞や，電磁弁の故障を防ぐことができる。

温調回路では，スリーブ・固定型・可動型と一台の鋳造機に3回路設けることを推奨する。製品形状や鋳込み重量により金型温度が各々異なるので，全てにおいて最良の温度を保つためである。

4.2　溶解

溶解炉の加熱方式は，ガスバーナー式と電気炉式の二種類であるが，各方式のメリット・デメリットを表4に示す。

日本では電気代が高いため，ガス加熱方式が主流であるが，EUや北米の小型炉では電気加熱方式が多い。大型炉では電気ヒーターの強度面や熱膨張，変電設備や大容量半導体式開閉器等の問題から，ガス加熱式が一般的である。

電気式の場合加熱が必要な箇所のみ加熱することが可能な上，部分的な過熱が生じないので，坩堝寿命は一般的にガス加熱方式に比べて長い。また，溶湯の重力偏析による，Al-Mnの沈降や湯面のAl成分低下も生じ難い。しかし，初期投資がガス加熱方式に比べ約1.5倍掛かる上，日本では電気代が高いことからあまり使われていない。

表4　加熱方式によるメリット・デメリット

加熱源	ガス	電気
加熱方式	バーナー加熱	セラミックヒータ
メリット	・ランニングコスト安価 ・交換部品が安価 ・溶解時間が短い	・温度制御がしやすい ・加熱効率が高い ・炉をクローズにできる
デメリット	・炉がオープンとなる ・温度のばらつきが大きい ・炉体が大きい	・ランニング，イニシャルコストが高い

給湯方式としては，一般的にガス加圧方式（図4）と遠心ポンプ式（図5）などが使われている。

ガス加圧式はノルスクハイドロ社で開発された給湯方式で，ポンプハウジング（加圧室）と給湯管からなる。ポンプハウジング内は溶湯が充填されており，不活性ガスにてハウジングを加圧し，溶湯温度と同じ温度に加熱された給湯管内の湯を押し出し，給湯管先端の湯を給湯する。給湯量の制御は，加圧圧力と加圧時間で行う。メリットとしては，給湯管内において酸化することがないことと，給湯中の温度降下がない点であるが，デメリットとしてはハウジングのチェックバルブ動作と給湯管ヒーター断線時の復旧に時間が掛かる点である。

遠心ポンプ式はラウフ社で開発された給湯方式であるが，小型モータで溶湯中管内のプロペラを回転させ管内の湯面を上昇させ，オーバーフローした溶湯を樋に流し給湯する。給湯量はプロペラ回転数と時間で制御する。メリットとしては，ポンプの交換が5分程度であるので，給湯精度が低下した場合は簡単に交換できる点と樋が簡単に開放確認できること，また，樋を溶湯温度まで昇温させないので，ヒーター断線の心配がなく，万が一断線した場合も簡単に交換できる点にある。しかし，樋自体は完全に密閉されているわけではないので，溶湯が樋を通過する時に酸化する可能性がある。

マグネシウム合金は固相線を超えると酸化燃焼するので，溶解には燃焼防止用保護ガスが必要不可欠となる。SF_6が使われる前はSO_2を使用していたが，より安全で保護ガス性能が高いSF_6が現在では多く使われている。しかし，近年SF_6の温暖化係数（GWP100）が23,900と非常に高いことから，代替ガスの開発が進んでいる。

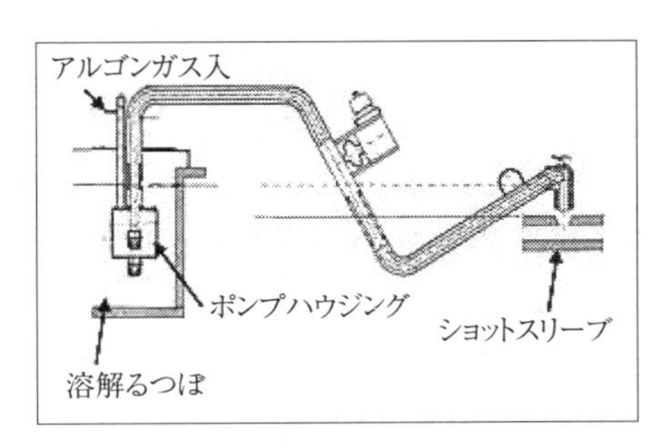

図4　ガス加圧式給湯法

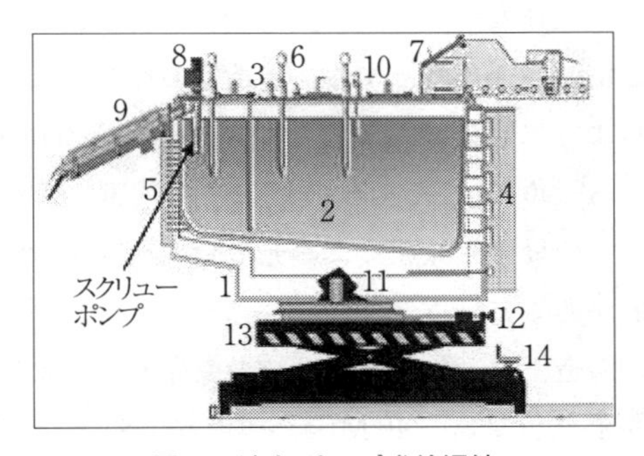

図5　遠心ポンプ式給湯法

4.3　離型剤

マグネシウム合金の離型剤はアルミニウム合金と同じであるが，1.1項で示した熱量の少なさから，断熱材を含有した離型剤が使用される。これは特に1 mm以下の薄肉の筐体に使用されるが，断熱材含有離型剤を使用すると塗装密着性の低下が見られるので，塗装下地処理に注意が必要である。また，溶湯の圧力伝播の悪さから離型成分が金型に残留し易く，外観の厳しい塗装製品では離型剤の選定が歩留まりに大きく左右されるので，慎重に選定すべきである。

4.4 鋳造条件

鋳造条件は各製品により様々であるので，ここでは一般的な推奨条件などを紹介する。コールドチャンバーの場合まず重要な点はスリーブ充填率である。鋳造温度から充填完了までの溶湯の温度降下の内，スリーブ内の温度降下が30～50％を占めるので，スリーブ充填率と低速速度にまず着目する。

スリーブ充填率が低い場合，単位重量（容積）当りの表面積が高くなり，給湯中にも湯温低下を招き，低速距離も長くなることから，30％以下の場合には高速切り替え時に，10％以上が液相線を下回ることがある。固定プラテンを削り給湯口を確保した上で，可能な限りスリーブを短くし，できればスリーブ充填率50％を確保すべきである。また，スリーブ長さを短くすることにより，低速区間が短くなり給湯開始から高速切り替えまでの低速時間を短縮できる。給湯量1kg程度であれば，給湯開始から高速切り替えまでの時間は3s以下が望ましい。給湯量5kgで5s，10kgで7s以内である。

低速速度の推奨値はアルミニウム合金と同じ0.15～0.25m/sであるが，上記時間以内に高速切り替えができない場合は，溶湯の温度低下が進行し健全な製品が得られないことから，低速スタートは0.2m/sとし，徐々に加速させ高速切り替え時に0.5～0.7m/sまで加速し，溶湯温度の低下を防止する必要がある。

ただし，真空鋳造を行う場合は，給湯口閉から高速切り替え時の低速区間に真空動作をさせることから，給湯時間の短縮や，給湯後の射出開始遅延時間の見直し等を行い，真空時間を確保する必要がある。

高速速度においては1.1項に述べた流動長・充填時間から通常アルミニウム合金に比べ1.5～2倍の高速速度にする。鋳造機の仕様により高速加速速度が異なるので，実充填時間は以下になるように設定する。また，高速速度が3m/sを超える場合は充填完了によるサージ圧を低減させるために，1.5m/s程度にまで減速させる。

この場合も減速による充填時間延長を考慮して，高速速度，高速切り替え位置を微調整する必要がある。

鋳造圧力・昇圧時間は該当製品の耐圧要求や一般肉厚・最大肉厚比により異なるが，薄肉耐圧要求なしで30～40MPa，薄肉耐圧要求0.1MPa以下で40～80MPa，肉厚や耐圧要求0.1MPa以上は60～100MPaが一般的である。

コールドチャンバーでの昇圧時間は最短設定が好ましいが，金型剛性・投影面積等から金型の

表5　製品肉厚と型温・加熱設定

製品肉厚	型温	加熱装置設定温度
～2mm	240℃～	250～300℃
2～3mm	210～260℃	200～250℃
3mm～	200～240℃	180～200℃

開き・変形が認められる場合には，徐々に長く設定するが，金型剛性不足に関しては，剛性を上げるよう金型改造することが望ましい。

部分加圧の条件としては通常150～250 MPaにて，一般肉厚が2 mm以下で充填完了からの動作遅延時間が0.05～0.2 s，4 mm以下で0.2～1 sである。

金型温度設定・金型温度狙い値は，表5を基本とするが，特に製品肉厚が2 mm以下の製品では，温調にて加熱された金型温度が，鋳造を開始すると金型温度が下がる場合も発生する。製品肉厚が薄い製品はサイクルタイムを極力短くし，また，離型剤塗布量を最小にすることが重要である。

5　欠陥と対策

5.1　欠陥の種類及び原因

欠陥の種類は多々あるが，表6に示すように，外部・内部・その他の三種に分類される。寸法等に関してはアルミニウム合金と全く同じであるため割愛した。

マグネシウム合金の鋳造欠陥の主な原因は圧力（押し湯）不足と溶湯温度低下である。

圧力不足に起因する欠陥の場合，溶湯中に多量の水素ガスを含有するために，溶湯の見かけ密度が低下し，凝固時の収縮量が大きいため，アルミニウム合金よりもより多くの溶湯補給量を必要とする。また，湯温低下に伴う溶湯粘性上昇や溶湯清浄度の低下も同様な現象を伴うので，原因の精査が必要である。

原因究明が難しいものとして，温調油漏れが挙げられる。マグネシウム合金は金型温度調整において油加熱を多用するが，少量の油漏れにより，製品表面の湯模様や鋳巣・湯ジワが現れる

表6　欠陥の内容とその主原因

不具合内容		原因
外部	湯ジワ	①ガス抜け不良　②金型温度低い　③充填時間が長い　④ゲート速度が低い
	湯境	①離型剤残り　②油漏れ　③潤滑剤過多　④湯温低下
	割れ	①鋳造圧力不足　②金型温度バランス　③湯温低下　④駄肉　⑤隅R小
	焼付き	①型温高い　②圧力不足　③湯温低下　④酸化物過多
	引け	①肉厚変化　②圧力不足
内部	引け巣	①金型温度バランス　②圧力不足　③駄肉
	気密不具合	①圧力不足　②局部過熱　③融合不良
	ブローホール	①ガス抜け不良　②溶湯性浄度悪化　③インゴット乾燥不足
その他	成分規格外	①溶湯温度不適切　②鉄錆混入
	強度不足	①内部・外部欠陥による　② Al成分低下
	耐食性規格外	①狭窄物混入　②成分規格外　③腐食促進物質付着

が，水残りと異なり局部的な黒色変色にはならず，製品全体に現れることが多い。この時，金型温度低下や離型剤塗布量過多・溶湯温度低下・チップ潤滑剤過多などが原因であると間違え易いので注意を要する。

少量漏れの場合，型を開いている時は全く油の滲みなどは確認できないが，金型を締めた時や，真空でキャビティを引いた時に，嵌込みと母型の隙間や中子からの染み出しが発生することがある。

5.2 原因別対策

5.2.1 湯ジワ

1） 現状の鋳造条件からガス抜け速度・充填時間・ゲート速度が適正値に入っているか確認し，適正内へ変更する。

2） 定常状態での金型表面温度を測定し，全ての箇所で金型温度が適正になるように，冷却・スプレー・サイクル・温調温度などを調整する。この時ランナーやゲート部も測定し，各ゲートからの溶湯通過量を推定し，不足箇所があれば，方案変更を行う。

3） ショートショットによる，湯流れ・充填状況も確認し，湯の巻き込みがあれば，方案変更を行う。

4） 金型へシボやセレーションを実施可能な場合は，平面や抜き勾配などを考慮して設置する。

5.2.2 湯境

1） スリーブ内充填率が適正値になければ，スリーブ径・長さ・分流子などで，50％以上を目標に変更する。

2） スリーブ内での溶湯温度低下線図を作成し，限界スリーブ内滞留時間を定め，給湯時間＋低速時間を限界以内に変更する。この時外気温やスリーブ温度別に温度降下曲線を作成する。

3） 水残り・油漏れ確認を行い修理する。

4） チップ潤滑剤が最小量となるように調整する。

5.2.3 割れ

1） 金型温度が均一であるかをサーモビューアなどで計測し，キャビティ内の最低金型温度が200℃以上になるように金型温度を調節する。各条件を変更しても最低金型温度以上まで昇温できない場合は，金型側面の断熱や，温調回路の増設を行う。

2） 製品隅R部は凝固収縮時の応力集中や，金型の局部過熱が発生し易い箇所であるので，極力大きくすること。製品形状の変更が不可能な場合は，一般面とR部にシボを施すと分散拘束による効果と表面積増大による凝固速度向上により割れの抑制が図られるが，さらに，一般部とR繋ぎ部をなだらかにすると割れ防止につながる。

5.2.4 焼付き

マグネシウム合金の焼付きは，全く異なる原因で発生する。

1） 焼付き部断面をカットし，表面のチル層と内部の組織を観察すると，チル層が極端に薄い，または，全く存在しない場合がある。その例を図6に示す。原因は金型の局部過熱によるもので，金型温度を測定すると350℃を超えている場合もある。離型剤を塗布してもライデンフロストにより離型剤の付着がなく冷却効果も期待できない。この場合，内部に冷却を設置して，金型温度を200℃前後にコントロールする。

2）　表面にチル層は存在するが，内部に粗大な初晶 α が点在している場合は，溶湯の温度低下に伴う圧力不足により，金型密着度が悪いために発生する焼付きである。その例を図7に示す。この場合，スリーブ内の湯温低下防止や離型剤塗布量調整による金型温度上昇・断熱系離型剤の使用・射出速度変更などにより，溶湯の充填性を向上させる。

3）　酸化物による焼付きは，離型剤や金型表面の酸化皮膜を削り落としてしまうために発生する。この時の対策としては，インゴット内の酸化物量を浸漬試験時の腐食減量から推測し，一定以上のものは使用しない。また，溶解中での溶湯の酸化を抑えるために，インゴット予熱・保護ガス濃度管理・Be濃度管理・炉蓋の密閉度向上を行うことが重要である。また，ホットチャンバーは，グースネック加熱にバーナーを使用していることから，炉蓋の変形によるグースネックとの隙間からバーナーガスが炉内に入り易いので，炉蓋剛性やシール材などを変更し，溶湯の酸化を抑えることが必要である。

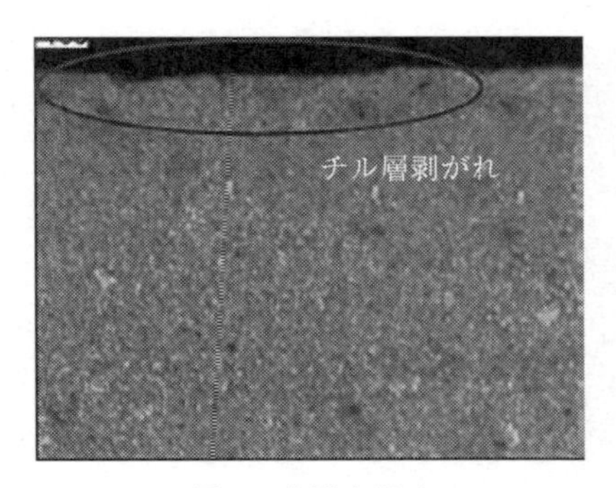

図6　金型高温時

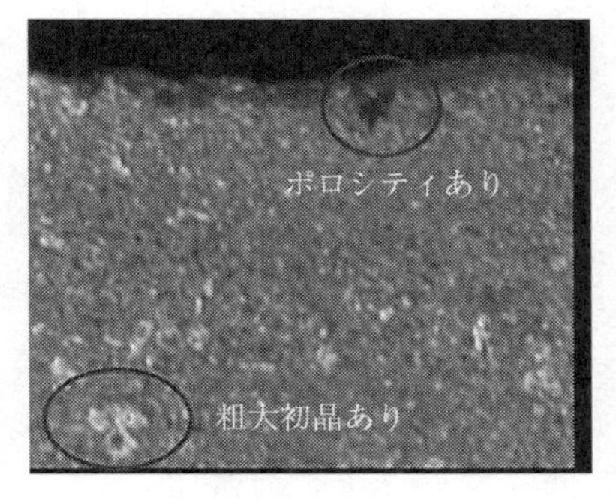

図7　湯温低下時

5.2.5　引け巣

マグネシウム合金の場合は，通常では金型の溶損や欠損が発生しづらいことから，大胆な肉盗みを行い肉厚の均一化を図ることが重要である。しかし，局部的な肉厚部は回避できないので，その機能や金型レイアウトにより局部冷却と部分加圧を使い分ける必要がある。

その極小的な引けや，鋳抜きピンでの鋳巣の場合には，局部冷却を使用することで，金型費用の過大や故障率低下を伴わず実施が可能である。しかし，漏れや，鋳巣の範囲が広い場合には，部分加圧が効果的である。

5.2.6　ブローホール

マグネシウム合金は，溶湯内に水素を含有し易いので，凝固時のガス放出によるブローホールが発生し易い。通常は溶湯圧力により潰されるが，圧力不足時の圧漏れや焼付き鋳巣を誘発する。マグネシウム合金中の水素ガスは溶湯温度と溶湯の汚染状態により変わるが，前記焼付き3）の対策をとることと，アルゴンガスや窒素ガスにより除去することは可能である。ガスバブリングはインゴット投入時の湯温低下に伴う Al-Mn の析出沈降や酸化物分離の促進効果もあるので，仕切りをした1トン以上のるつぼ溶解炉や，2炉構造の場合には有効である。

第4章　射出成形技術

豊島敏雄*

1　はじめに

マグネシウム合金は，1995年以降，ノートパソコン，カメラ，携帯電話などのモバイル機器の内外装部材として急速に普及した。これは，マグネシウム合金の軽量，高剛性，高熱伝導性，電磁波シールド性といった特性と，薄肉加工技術の進歩が，市場のニーズに合致したことが要因である。この一翼を担っているのが，チクソモールディング（Thixomolding®）射出成形法である。

チクソモールディング射出成形法の歴史は比較的浅い。1971年に，固液共存状態の金属が，せん断力の影響下で完全溶融状態に近い低粘性となるチクソトロピー性を示すことが見い出された[1)]。それから1980年代にかけて，この現象を利用した金属の新しい加工プロセスの確立を目指した各種研究開発活動が行われた[2)]。それらの成果の一つが，チクソモールディング射出成形法である。1977年から米国のダウケミカル社とバッテル研究所が行った研究の結果，1987年に本成形法の基礎となる技術の特許が成立した。日本では1992年に㈱日本製鋼所が技術導入して実用機の開発を開始し，1996年頃から量産品への応用が急速に広がった[3~5)]。

以下に，このチクソモールディングによるマグネシウム合金の射出成形技術の現状について述べる。なお，現在，本格的な生産設備としてマグネシウム合金用射出成形機を開発・生産している㈱日本製鋼所の機器を念頭において説明を行う。

2　射出成形機と付帯設備

図1に，型締力2750 kNのマグネシウム合金用射出成形機の外観を示す。図2には，その模式図を示す。マグネシウム合金用射出成形機は，プラスチック用射出成形機の技術を応用しており，両者の外観や基本構造には類似点が多い。装置構成は射出と型締めの二つに大別され，射出装置は，ノズル・シリンダ・電気ヒータ・スクリュ・スクリュ駆動装置など，型締め装置は，固定盤・可動盤・タイバーなどから構成されている。

ただし，両者には，次の二つの大きな相違点がある。

① マグネシウム合金用のシリンダ温度は，プラスチック用の470～670 K程度に対して，およそ840～900 Kという高温である。よって，マグネシウム合金用のシリンダ・スクリュ

* Toshio Toyoshima　エムジープレシジョン㈱　技術部　技術課　課長

は，特殊耐熱材料で作られている。

② マグネシウム合金用のスクリュ射出速度は，プラスチック用より数段速い 1.0～5.0 m/s である。これは，金型キャビティへ射出されるマグネシウム合金溶湯を，数～数十 ms という極めて短い凝固時間内にキャビティに充満させるためである。この高速射出は，大容量アキュムレータを持つ専用油圧回路と，高速電子制御システムによって実現されている。なお，射出時の金型内圧は 30～100 MPa 程度であり，型締め装置は，こうした高速・高圧射出に対応した高剛性仕様となっている。

マグネシウム合金用射出成形機のサイズは，㈱日本製鋼所製の場合，型締力 981～6370 kN がラインアップされており，成形品の大きさに応じて機種選定する。なお，成形品に必要な型締力は，成形品の投影面積に金型内圧を乗じて試算する。

現在，㈱日本製鋼所が販売している第 2.5 世代のマグネシウム合金用射出成形機は，第 2 世代機に対して，射出機構を 50 %軽量化し，新開発高応答サーボ弁を採用して，射出の立ち上がり特性を向上するとともに，新メカブレーキ制御を搭載したことによって，制動距離短縮を実現している。その結果，薄肉の製品をより安定して成形することが可能となった。また，ヒータ枚数の削減や，スクリュ回転機構にサーボモータを適用したことにより従来比 20 %の省エネも達成している。そして，従来の標準ノズル長を金型分割面まで長尺化したロングノズルを選択できるようになった。図 3 に，標準・ロングノズル装置の模式図を示す。このロングノズルには，次の特徴がある。

図 1　マグネシウム合金用射出成形機（型締力 2750 kN）

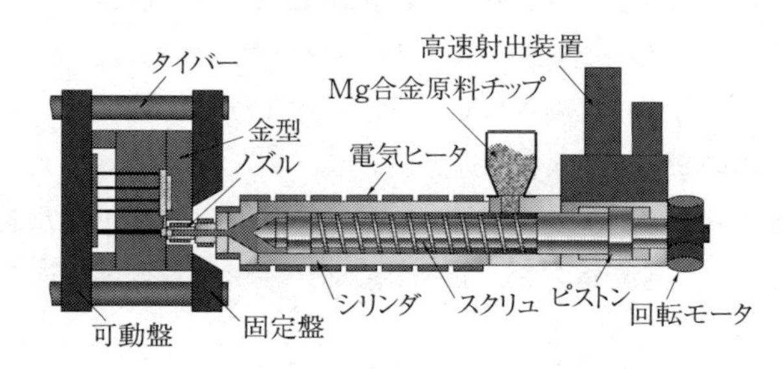

図 2　マグネシウム合金用射出成形機の模式図

① 標準ノズルの成形品にある円すい状のスプル形状が必要なくなり，材料歩留まりが大きく向上する。

② 標準ノズルでは，射出前後で射出装置を前後進させるシフト成形を行う必要があるが，ロングノズルでは前後進のないタッチ成形となるため，成形サイクルが短縮される。

③ 製品部に到達するまでの溶湯の温度低下が抑えられ，製品域での流動長が長くなることから，成形品質が向上する。

④ ノズル部品の寿命が標準ノズルよりも優れている。

⑤ 材料歩留まり・成形サイクルを向上させる技術としては，他にホットランナとホットスプルが挙げられる。特にホットランナは，ロングノズル以上にこれらを大きく向上させることができる有用な技術であり，どちらの技術もマグネシウム合金用射出成形機に適用することが可能である。ただし，両者とも金型一つ一つにその特殊な加熱装置を組みこむ必要があるため，金型構造が複雑化し，金型製造コストが高くなる。それに対して，ロングノズルは成形機側の装置であるため，金型にそのような加熱装置を組みこむ必要がない。よって，ロングノズルに対応した金型の構造は，標準ノズル用の金型と同等のシンプルさを維持できるため，金型製造コストに大差はなく，メンテナンス性も損なわない。

図 4 に，ロングノズルの適用事例を示す。標準ノズルの成形品のランナ重量 108 g に対して，

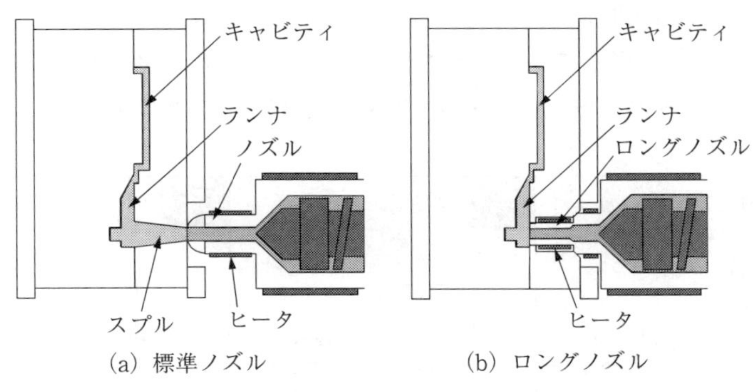

図 3　標準・ロングノズル装置の模式図

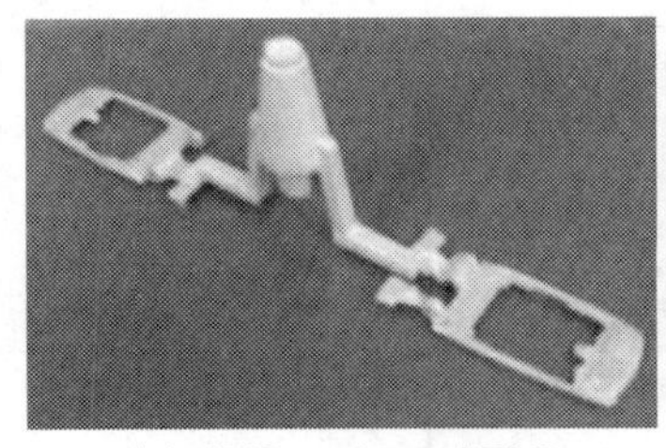

(a) 標準ノズルの成形品
(ランナ重量；108 g)

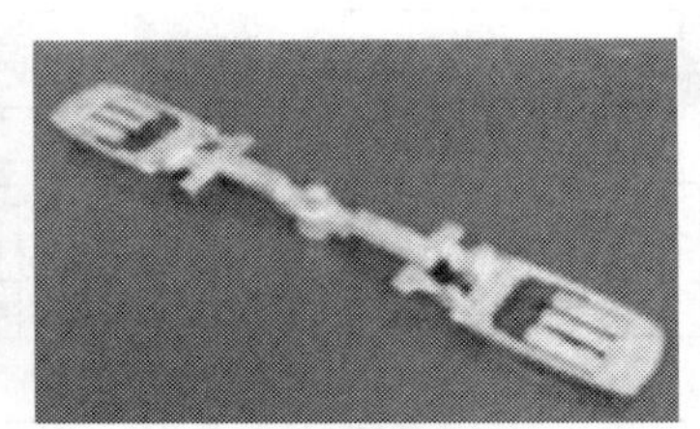

(b) ロングノズルの成形品
(ランナ重量；54 g)

図 4　ロングノズルの適用事例

ロングノズルのそれは54 gに半減した。これらの装置改良により，マグネシウム合金製品の成形品質の改善・生産性向上・コストダウンが可能となった。

さらに，より大型の成形品に対応するため，型締力9800 kNの試作機が開発された。射出装置は，射出シリンダの構造やスクリュデザインなどを最適化し，従来機と比較して，溶解能力が30 %向上している。現在は，成形性，生産性，耐久性などの各種実証試験が行われている。

マグネシウム合金用射出成形機の主な付帯設備は，原料チップ自動供給装置・金型温度調節機・成形品取り出し機・離型剤噴霧装置である。これらはダイカスト用のものを流用する場合も多いが，㈱日本製鋼所では，射出成形により適した，高速サーボモータを搭載した取出噴霧システムを取り出し機メーカーと共同開発しており，これを量産に適用することで，さらなる効率化が期待できる。

3　射出成形プロセス

図5に，マグネシウム合金の射出成形プロセスを示す。なお，このプロセスは，ロングノズル仕様のものである。基本的なプロセスはプラスチックのそれと似ているが，内容の多くは金属射出成形特有なものとなっている。

(1)　離型剤噴霧

金型キャビティ面から成形品を円滑に取りはずすため，毎ショット，キャビティ面に離型剤を塗布する。離型剤には，離型性をより向上させたもの，射出されたマグネシウム合金溶湯の流れを改善する効果を持つものがあり，製品形状や外観品質に応じて選択する。

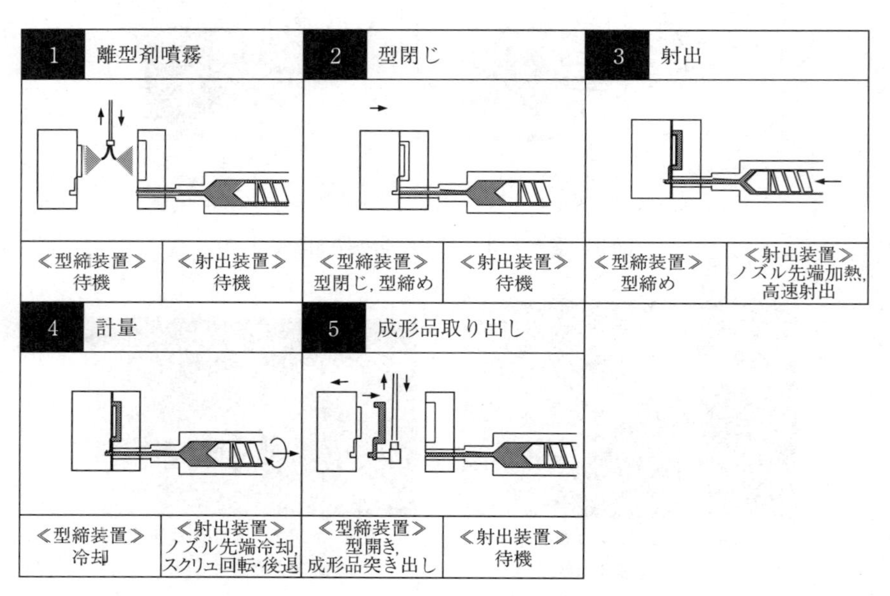

図5　マグネシウム合金の射出成形プロセス

(2) 型閉じ

金型を閉じ，所定の型締め設定にて型締めする。

(3) 射出

ノズル先端を加熱し，ノズル先端に形成されているコールドプラグを溶解させる。このコールドプラグは，後述の貯留部に蓄積された溶湯の酸化を防止し，かつ，ノズル先端から溶湯が漏洩することを抑止するために，毎ショット形成される。コールドプラグ溶解後，スクリュの高速射出により，貯留部の溶湯がノズルを介して金型キャビティに注入される。

(4) 計量

ノズル先端加熱を停止し，コールドプラグを形成させる。そして，シリンダ根元のホッパ内にある，マグネシウム合金のインゴットをチッピングして得られた米粒状の原料チップは，スクリュの回転によってシリンダ前方へ移送されながら，シリンダ外周部に取り付けられた電気ヒータにより所定の温度まで加熱される。なお，マグネシウム合金原料には，プラスチック原料に見られるせん断発熱作用はない。また，この温度設定を合金の液相線以下にすることにより，射出時の溶湯を半溶融状態に制御できる。そして，所定の溶融状態となった溶湯は，スクリュ回転と同時にスクリュが後退したことによって生じるシリンダ前方の貯留部に蓄積される。金型キャビティ内では，射出された溶湯が，キャビティ形状を転写した状態で凝固し，所定の時間，冷却される。

(5) 成形品取り出し

金型を開き，可動型に設けられた突き出し機構により成形品を押し出し，金型から取りはずすと同時に，取り出し機によって，成形品を所定の場所へ移送する。そして，再び，(1)離型剤噴霧工程へと進み，プロセスを繰り返す。

このように，マグネシウム合金の射出成形プロセスでは，計量工程においてマグネシウム合金をシリンダ内部で溶解させるため，ダイカスト法にある溶湯保持炉は存在しない。また，シリンダ内部は密閉空間であり，溶湯が大気に触れることはないため，SF_6ガスやフラックスなどの溶湯の燃焼防止措置は必要なく，ドロスやスラッジも発生しない。そのため，作業上の安全性が高く，環境負荷の低いプロセスとなっている。また，成形作業を中断するときは装置の電源を切るだけで良く，再立ち上げ時は，電源を入れ，シリンダが所定の温度に昇温したことが確認されたら，すぐに成形を再開できる。さらに，プラスチックの射出成形機のように，ホッパ内の材料を抜き，シリンダ内のマグネシウム合金をパージし，ホッパに入れる原料チップの種類を変えるだけで，容易に合金種の変更もできる。これらの特徴を有するマグネシウム合金用射出成形機は，ダイカスト法と比較して，取り扱いが簡便な装置となっている。

4　射出成形金型

マグネシウム合金の射出成形金型の基本構造は，プラスチックのそれと類似しており，固定型・可動型・突き出し機構・金型温度調整機構などから構成されている。金型方案は，次のようになっている。

(1) 金型材質

一般に，金型キャビティ部は入れ子構造とし，入れ子は，SKD61 相当の熱間工具鋼に熱処理を行って HRC46～52 程度としたものを使用する。モールドベースは，S55C といった機械構造用炭素鋼を熱処理せずに用いることが多い。

(2) 金型温度調節

金型キャビティ部は，433～543 K 程度に加熱して使用する。これは，マグネシウム合金溶湯の温度低下を遅らせて流動長を稼ぐとともに，キャビティ面に塗布する離型剤中の水分を蒸発させるためである。金型の加熱は，電気ヒータを金型に挿入する，あるいは，金型温度調節機で油などの熱媒体を金型内の温度調整用回路に循環させる，といった方法をとる。また，金型温度が相対的に上がりやすいゲートまわりや，内部欠陥を抑えたい部位などには，冷却機構を設けることがある。

(3) ゲート方案

図 6 に，マグネシウム合金の射出成形金型のゲート方案例を示す。射出された溶湯は，ランナ，ゲートを介して製品部に到達する。前述のコールドプラグは酸化が進んでおり，これが製品部に侵入すると品質に悪影響を及ぼすため，ノズル正面にプラグキャッチャを設けて，コールドプラグを捕らえる。ゲートは，成形品質を確保し，かつ，金型損傷を抑えるため，通過する溶湯の流速が 30～100 m/s 程度となる断面積とするため，プラスチックのそれよりかなり大きい。ランナの断面積はゲートのそれよりも大きく設定する。湯流れは，極力，衝突や渦のない一方向となることが望ましく，ゲート毎の湯流れが干渉しにくいゲートの位置や向きとする。その上で，溶湯の流動末端や合流部に生じる酸化物や湯じわを製品外に押し出すために，オーバーフローを設置する。エアベントは，キャビティ内の空気やガスをキャビティ外へ排出するために設

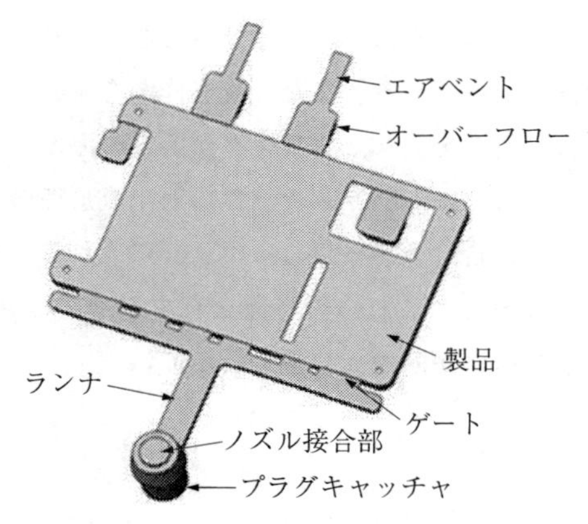

図 6　マグネシウム合金の射出成形金型のゲート方案例

置し，その先に真空装置をつなぐ場合もある。図7には，マグネシウム合金の湯流れ解析例を示す。本解析により，薄肉部へ優先的に溶湯が流れていること，各ゲートの湯流れの干渉が抑えられていること，湯流れの陰や湯境にオーバーフローが適切に配置されていることなどが確認できる。このような解析結果と，過去の成形試験で得られたデータを組み合わせることにより，金型製作前にゲート方案の最適化を進めることが一般化している。

なお，製品形状は，金型構造，方案の設計に多くの制約条件を与え，その条件によっては，成形品質に大きな影響を及ぼす。また，プラスチックなどの異材質の製品形状をそのままマグネシウム合金化しようとすると，成形品質確保が極めて困難になる場合もある。よって，製品設計段階から，マグネシウム合金の射出成形プロセスや，金型構造，ゲート方案，さらには成形後の製品仕上げ工程を考慮した検討が行われることが望ましい。

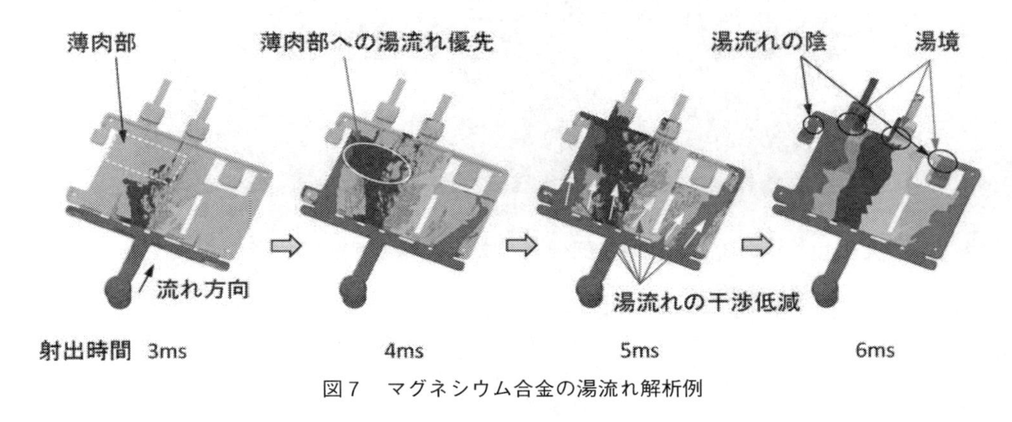

図7　マグネシウム合金の湯流れ解析例

5　射出成形品の特徴

マグネシウム合金用射出成形機により射出されるマグネシウム合金溶湯の温度は，完全液相状態でも一般的なダイカスト法のそれより低いため，射出成形品には次の特徴が現れる。

① 引け巣，引け割れが少ない

② 反り変形，ねじれ変形が少ない

③ 寸法精度が良い

図8に，AZ91Dの成形温度と成形品の金属組織の関係を示す。成形温度が低いほど固相粒子の比率が高くなっているが，この固相粒子は，計量時のスクリュ回転のせん断力の影響で直径数十～数百 μm の球状となっている。この固相粒子形状が，半溶融状態の溶湯でも高い流動性を維持できる要因である。

図9は，鋳物の長さの精密寸法許容差を示す。一般的なダイカストの精密寸法許容差[6]と比較して射出成形品の量産実績値は小さく，高い寸法精度を確保することができる。

そして，マグネシウム合金用射出成形機は高圧射出できることから，薄肉品の成形性も優れている。これまでの量産実績として，基本肉厚 0.52 mm の A 4 ファイルサイズのノートパソコン筐体（型締力 6370 kN 機，1 個取り）や，基本肉厚 0.45 mm・部分肉厚 0.3 mm の携帯電話筐体（型締力 2750 kN 機，2 個取り）などがある。

高圧射出のもう一つの利点として，成形品の機械的性質および耐食性の向上が挙げられる。それは，マグネシウム合金溶湯の金型キャビティ形状転写性が良く，溶湯とキャビティ表面の熱伝達が効率的に行われ，成形品の冷却速度が極めて早いことから，成形品表面近傍の結晶粒が微細化されるためである[7,8]。

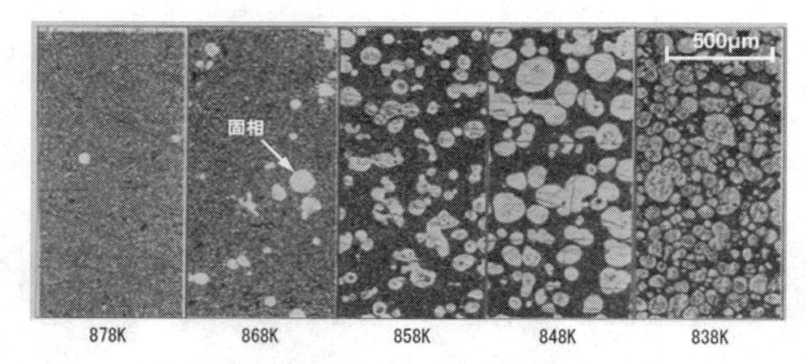

図 8　AZ91D の成形温度と成形品の金属組織の関係

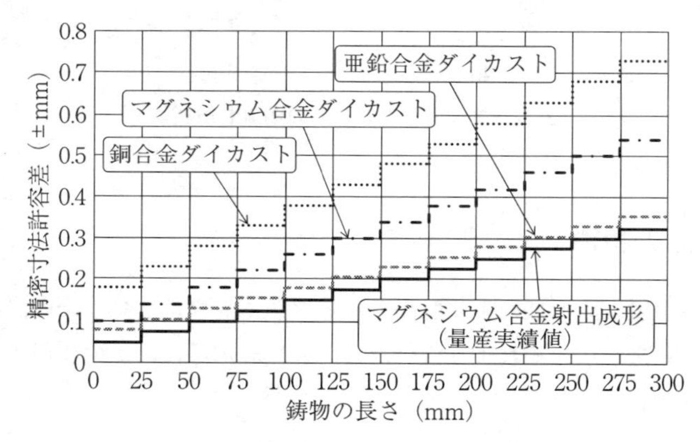

図 9　鋳物の長さの精密寸法許容差

6　ミストフリー潤滑法

マグネシウム合金の射出成形では，ダイカストと同様に，毎ショット，金型キャビティ面に離型剤を噴霧する必要がある。その際，キャビティ面に付着しなかった離型剤はミストとなって周囲に飛散するため，プラスチックの射出成形と比べて作業環境は悪い。また，離型剤の塗布のバラツキは成形品質に大きな影響を及ぼすため，管理のための工数が必要である。そして，一般的な離型剤は，原液を水で 60～120 倍程度に希釈して使用するため，金型キャビティ面の熱疲労を助長し，金型寿命を低下させる要因となっている。

㈱日本製鋼所では，これらの離型剤に関する課題を解決するために，ミストフリー潤滑法の研究開発を進めている。図 10 に，ミストフリー潤滑法を適用した金型の模式図を示す。従来の離型剤噴霧は金型を開いた状態で行われるが，ミストフリー潤滑法では金型を閉じた状態で離型剤を吹きつけることが特徴である。その方法は，型閉じによって密閉状態となっている金型キャビティに通じる専用の離型剤供給口と排出口を開き，離型剤と空気を混合したミストを供給口から圧送することで，キャビティ面に離型剤を付着させる，というものである。キャビティ面に付着しなかったミストは，排出口を介して回収装置に入り，離型剤と空気に分離され，離型剤は回収される。よって，ミストフリー潤滑法では，離型剤ミストが金型周囲に飛散することがなく，作業環境を大きく改善することが可能である。また，離型剤の使用量が少なくてすむ，キャビティ面への離型剤の付着量が均一化し成形品質が安定する，離型剤噴霧装置の稼働による待機時間削減により成形サイクルが短縮される，といった効果も得られる[9]。

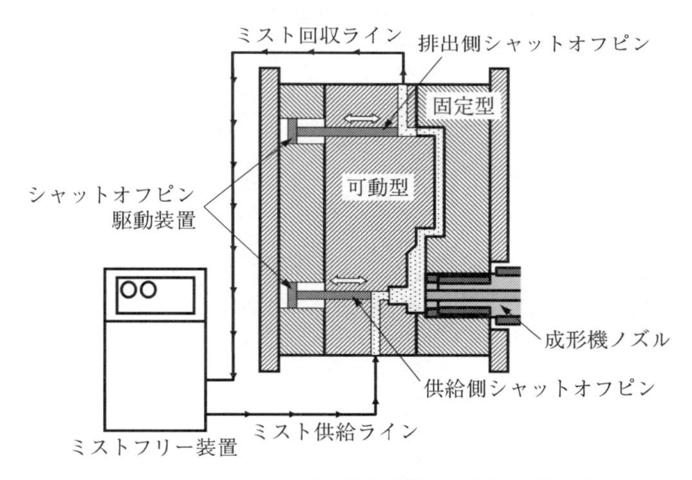

図 10　ミストフリー潤滑法を適用した金型の模式図

7　今後の展望

地球環境への配慮を背景に，今後も，マグネシウム合金の特性を活かした多種多様な製品群が数多く企画されていくと予想される。マグネシウム合金の射出成形法もこの市場の幅広いニーズに応えるべく，さらに発展していくであろう。例えば，薄肉成形の能力をさらに進化させた 0.1～0.2 mm という超薄肉品の成形，それとは逆に，自動車部品に見られるような数～十数 kg の大型・肉厚品の成形にも対応できる，射出装置・成形プロセスの改良や大型射出成形機のラインアップ拡充が期待される。また，ロングノズルやミストフリー潤滑法に続く新技術が開発され実用化されることで，マグネシウム合金製品のコストダウンにも寄与し，マグネシウム合金市場のさらなる拡大に貢献していくことが望まれる。

文　献

1） D. B. Spencer *et al.*, *Metallurgical Transactions*, **3**, 1925 (1972)
2） M. C. Flemings, *Metallurgical Transactions B*, **22B**, 269 (1991)
3） 北村，木原，武谷，西山，日本製鋼所技報，**51**，57（1995）
4） 斉藤，武谷，附田，松木，日本製鋼所技報，**53**，63（1997）
5） 北村，日本製鋼所技報，**53**，83（1997）
6） 菅野，植原，アルミニウム合金ダイカスト／その技術と不良対策，73，カロス出版（1988）
7） T. Tsukeda *et al.*, 軽金属，**49**，421（1999）
8） 高安，中津川，附田，斉藤，軽金属学会第95回秋期大会講演概要，215（1998）
9） 武谷，大下，日本製鋼所技報，**58**，66（2007）

第5章　塑性加工技術

1　連続鋳造技術

清水和紀*

1.1　はじめに

押出材や鍛造材，圧延材といった展伸材の製造プロセスでは，一般にビレットやスラブがその素材として使用される。マグネシウム合金展伸材においても同様であり，当該素材は所定の金型に溶湯を直接鋳込んで製造される場合もあるが，量産化や生産性を考慮した場合，連続鋳造による製造法が一般的である。また，ビレットやスラブの内部品質を向上，安定化させる上でも，連続鋳造は有効な手段と言える。本節では，主に押出，鍛造用素材として供されるマグネシウム合金ビレットの連続鋳造技術，および最近の連続鋳造技術の動向について概説する。

1.2　マグネシウム合金ビレットの連続鋳造技術

押出加工や鍛造加工用素材として使用されるマグネシウム合金ビレットは，品質的にも優れる竪型半連続鋳造法により製造される。基本的にはアルミニウム合金ビレットの半連続鋳造法と同じ方式が採用されており，DC 鋳造法が最も一般的である。図1に DC 鋳造法の概略を示す。銅またはアルミ製の水冷鋳型内にボトムブロックをセットし，スパウトを介して溶湯を鋳型内に注湯後，徐々にボトムブロックを降下させながら鋳型下端から冷却水を噴出させて鋳塊を連続的に凝固，冷却する鋳造方法である。鋳型内に供給される溶湯量の制御は，スパウト出口に取り付け

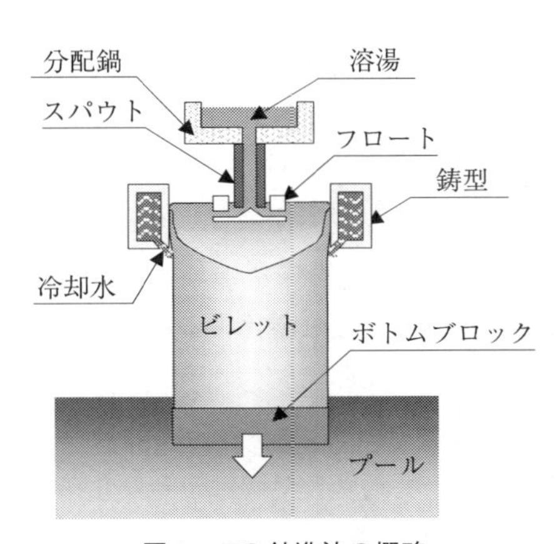

図1　DC 鋳造法の概略

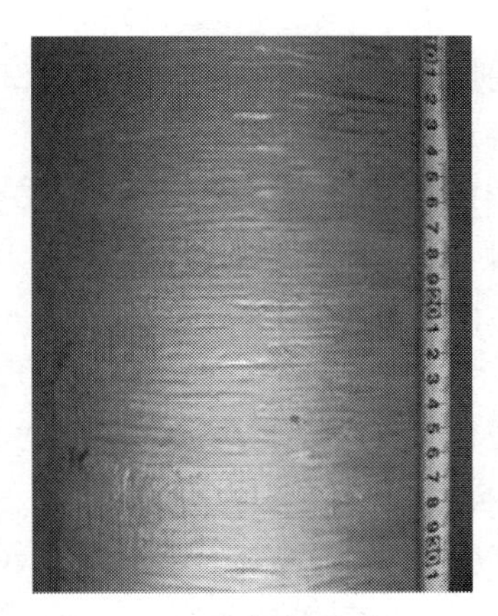

図2　DC 鋳造ビレットの外観例（AZ31-φ176 mm）

* Kazunori Shimizu　三協立山㈱　三協マテリアル社　技術開発統括室　マグネシウム推進部　用途開発課　課長

たフロートの浮力を利用したり，スパウト入口にコントロールピンを挿入し流入量を調整するなどの方法がある。鋳型内に流入した溶湯は，水冷鋳型の冷却（1次冷却）により凝固殻が形成され，鋳型下端からの直接水冷（2次冷却）によって大部分の凝固が完了する。DC鋳造法は幅広い合金種に対応できることや鋳塊の大型化にも比較的容易に対応可能なため，マグネシウム合金においてもビレットやスラブの鋳造の主流となっている。図2にDC鋳造法によって製造されたビレットの外観写真の一例を示す。アルミニウム合金のDC鋳造ビレットと同様，合金種によって各種鋳造条件を調整，制御することにより，発汗や焼付き，リップル等の表面欠陥の少ない，より平滑な鋳肌を得ることができる。しかしながら，健全な連続鋳造ビレットが得られる適正条件の幅はアルミニウム合金に比べて狭い。

マグネシウム合金ビレットの連続鋳造プロセスは，原料溶解および溶湯精製，ビレット鋳造の三つに大別される。連続鋳造ビレットの製造に際しては，鋳造前の炉内溶湯をいかにして清浄化し，鋳造時には鋳型内へ溶湯を供給する際に介在物の混入を極力抑制しながら均一，微細な凝固組織に作り込むかが高品質化を実現する大きなポイントとなる。ビレットの各製造プロセスにおける主な留意点を以下に示す。

1.2.1　原料溶解工程

マグネシウム合金の溶解では一般に鉄製のるつぼ炉が使用されるが[1)]，ビレットの製造プロセスにおける溶解工程でも同様である。溶解量はるつぼ炉の製造可能範囲に制限されるため，通常は1トン前後の容量が量産炉として使用される。したがって，例えば数十トン級のアルミニウム用の溶解炉と比べて，大量生産によるコストダウン効果は必然的に小さくなる。また，溶湯内への鉄の混入は製品の耐食性に直接悪影響を及ぼすことが知られており，るつぼ炉の材質そのものや炉壁面のコーティングも含め，溶解原料は鉄や銅，ニッケル等の不純物元素の含有量を極力抑えたものを使用，調達することが重要である。また，溶解中は炉内に防燃ガスを供給し，溶湯の燃焼を抑制させる。防燃ガスは一般にSF_6ガスをCO_2ガスまたは乾燥空気，アルゴン等の不活性ガスで希釈した混合ガスが使用される。しかしながら，SF_6ガスは非常に強力な温室効果ガスとして排出抑制対象ガスに指定されているため，近年は地球温暖化防止を目的に地球温暖化係数の低い各種SF_6代替ガスへの切替えが進められている。日本マグネシウム協会では，国内で開発されたSF_6代替ガスとしてOHFC-1234ze，CF_3IといったガスをSF_6代替ガスとして推奨している[2)]。一方，マグネシウム合金に少量のCaを添加し溶湯そのものを難燃化することにより，防燃ガスを使用せずに溶解，鋳造を可能とする技術も提案されている[3)]。

1.2.2　溶製工程

溶製工程では，溶解後のマグネシウム合金溶湯に含有する水素ガスや酸化物等の介在物を分離・除去し，清浄度を向上させる精製処理が行われる。具体的には，脱ガス処理やフラックスによる精錬処理等が溶湯の清浄化処理として行われている。

脱ガス処理では，一般にアルゴンガスや窒素ガス等の不活性ガスを溶湯に直接吹込み，溶湯中に含有する水素ガスを吸着，浮上させることによって含有ガスを低減させる。合金種や溶解材料により，使用するガス種や処理温度，ガス流量，吹込口の形状や数，処理時間等を最適化することが重要である。

精錬処理では，一般に塩化物を主成分とする精錬用フラックスを散布しながら溶湯を攪拌することにより，溶湯中の酸化物，不純物を吸収，炉底にスラッジとして沈降させる。適正な処理温度と散布量はフラックスと溶湯との反応を促進させ，高い精錬効果が得られる反面，多量な散布はフラックスを溶湯内に残存させ，ビレット内部への混入の要因となるため，細心の注意を払う必要がある。合金種によって精錬用フラックスの組成を使い分け，添加元素の溶解歩留りを低下させない工夫も必要である[4]。また，マグネシウムとの比重差が小さい不純物の分離を促進させるため，炉内を減圧し効率的に不純物を浮上分離する技術も考案されている[5]。今後は環境面や人体，設備への影響を考慮し，フラックスを使用しない精錬処理の開発が望まれる。

1.2.3　連続鋳造工程

ビレットの連続鋳造では，鋳型内に注湯される溶湯温度，ビレットの引出し速度，および鋳型とビレットそのものを直接冷却する冷却水量を適正に設定，管理することが肝要である。これらは三位一体であり，いずれかの条件が異なると凝固バランスが崩れ，健全なビレットを得ることが困難となる。アルミニウムに比べ凝固潜熱が小さく凝固しやすいマグネシウムでは，これらの条件をアルミニウム合金よりもさらに厳密に制御することが要求される。

また，鋳造前の溶湯には微細化処理を施し，凝固組織の微細化を図る。鋳造材の結晶粒微細化手法として一般的に知られる炭素接種法やジルコニウム添加による手法が，連続鋳造ビレットの微細化手段としても適用されている[6]。図3に炭素接種法による微細化処理を行ったAZ80合金DC鋳造ビレットの組織写真を一例として示す。平均結晶粒径は200 μm以下を実現しており，そのまま鍛造加工に供することも可能である。当該ビレットはＦ１をはじめとしたマグネシウム製鍛造ホイール向け素材として，国内での量産化を実現している。

1.2.4　ビレット加工，均質化処理，検査工程

鋳造後のDC鋳造ビレットは所定の長さおよび直径に切断・切削後，展伸加工用素材として供される。マグネシウム合金DC鋳造ビレットの表層部近傍には数ミリ程度の偏析層が存在していること，鋳肌もアルミビレットに比べて平滑でないことから，通常は旋盤を使用してピーリング

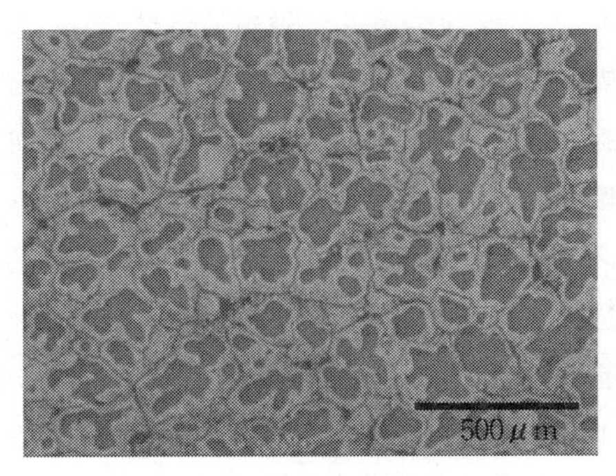

図3　微細化処理されたビレットの組織写真（AZ80-φ325 mm）

（皮むき）加工が施される。

鋳造まま材においては，鋳造時に晶出した金属間化合物を母相内に固溶させたり，成分元素のミクロ偏析を低減させることを目的に，必要に応じて均質化処理が施される。均質化処理は対象合金の熱分析結果を基に，通常は共晶温度より20℃前後低い温度にて行われる。例えば，AZ80合金の場合，金属間化合物として晶出する第2相（$Mg_{17}Al_{12}$）の共晶温度を踏まえ，処理温度は410～415℃に設定される。図4にAZ80合金における均質化処理前後のミクロ組織を示す。鋳造まま材に観察された$Mg_{17}Al_{12}$は，均質化処理によりその多くを母相中に固溶させることが可能である。

ビレットの内部品質検査では，超音波探傷装置による非破壊での検査が実施される。また，蛍光浸透探傷試験を行い，定性的にビレットの清浄度を評価する検査も行われるが，ビレット内部に混入した介在物量を定量的に評価する技術は現在のところ確立，標準化されたものはない。不純物等の鋳塊品質に悪影響を及ぼす介在物を正確に分離，判別し，ビレットの清浄度を定量化する分析技術を確立することが望まれる。

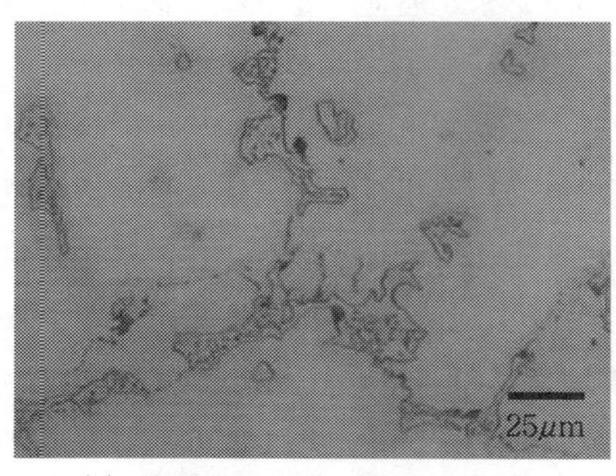

（a）均質化処理前（鋳造まま材）

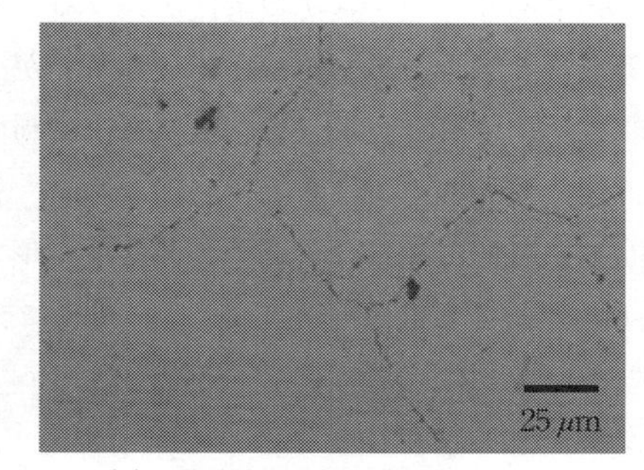

（b）均質化処理後（410℃−24 h）

図4　均質化処理前後におけるビレットミクロ組織の一例（AZ80合金）

1.3　連続鋳造技術の研究開発動向

前述の通り，連続鋳造は鋳塊品質の向上と安定化の実現に有効な手段である。近年は連続鋳造が持つ様々なメリットを積極的に活かしながら，連続鋳造材のさらなる鋳塊品質の向上を図るべく，アルミニウム合金の連続鋳造技術を応用した研究開発や，大学・研究機関を中心としたラボレベルの新たな連続鋳造技術の開発が進められている。特に，塑性加工性の向上を狙ったビレット凝固組織の微細化技術に関する研究開発が活発に行われている。

微細粒径を有するマグネシウム合金の連続鋳造ビレットを作製する方法として，例えば，傾斜冷却板を用いた水平連続鋳造法が提案されている[7)]。本手法では，一定温度に保持された傾斜冷却板上にマグネシウム合金溶湯を流下させ，溶湯を過冷却させることで結晶核生成と初晶αの粒状化を促進させた後にビレットを水平連続鋳造する。AZ31B合金およびAZ91D合金において，初晶αの平均結晶粒径が50 μm前後の微細粒径を有する連続鋳造ビレットが得られている。

その他，凝固組織のさらなる微細化・均一化等を図るため，電磁撹拌を利用したビレットの連続鋳造技術の研究開発[8]や，超音波振動を利用した研究開発[9]等，国内外を問わずいくつかの報告がある。しかしながら，いずれも工業レベルでの量産技術として実用化がなされていないのが現状である。

一方，最近では小型鍛造用素材として直接鍛造に供し得る小径連続鋳造ビレットが開発され，実用化，量産化に向けた技術開発が進められている[10,11]。本技術について以下に概説する。

1.3.1　鍛造用小径連続鋳造ビレットの開発

現状では，マグネシウム合金の小型鍛造用素材として塑性加工を付与し組織を微細化させた押出材が使用されている。しかしながら，押出プロセスを経た当該材では必然的に素材コストが高くなるため鍛造品が高価となり，その普及が困難な状況にある。鍛造品の低コスト化を達成するには，鍛造用素材そのものの低コスト化が有効であることは明らかであり，低コスト化が期待できる連続鋳造材の適用が切望されている。

本技術開発では，直接鍛造に使用可能な小径の連続鋳造材を得るべく，急冷凝固による凝固組織の微細化を図っている。図５に示すように鋳型を断熱構造とし，鋳型下端からの直接水冷のみによって連続的に鋳塊を形成する。本鋳造法はアルミニウム合金鍛造用素材の製造技術として開発された連続鋳造法[12]をベースに，マグネシウム合金専用の連続鋳造法として考案，開発されたものである。

図６に本鋳造法で製造されたビレットの外観写真の一例を示す。鋳型内での溶湯の凝固を極力抑制させた断熱鋳型による連続鋳造法では，極めて平滑な鋳肌を有する連続鋳造ビレットが得られ，ピーリングレス化も大いに期待できる。また，図７に一例としてAZX911合金ビレットのミクロ組織を示す。本合金では凝固時に$Mg_{17}Al_{12}$やAl-Ca系金属間化合物が第２相としてデンドライト状に晶出するが，その間隔（Dendrite Arm Spacing；DAS）は15 μm以下を達成して

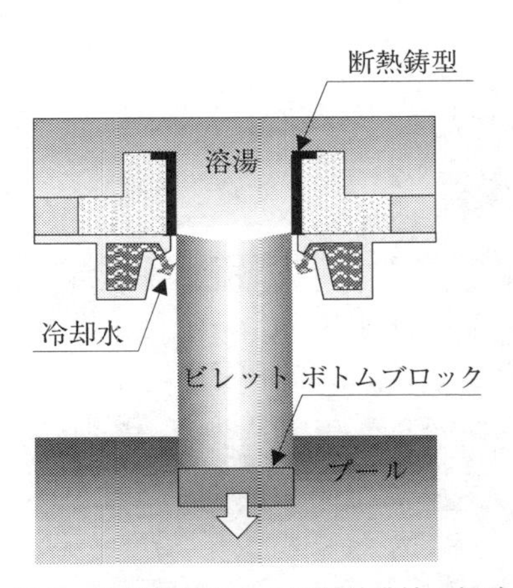

図５　断熱鋳型による連続鋳造法の概略

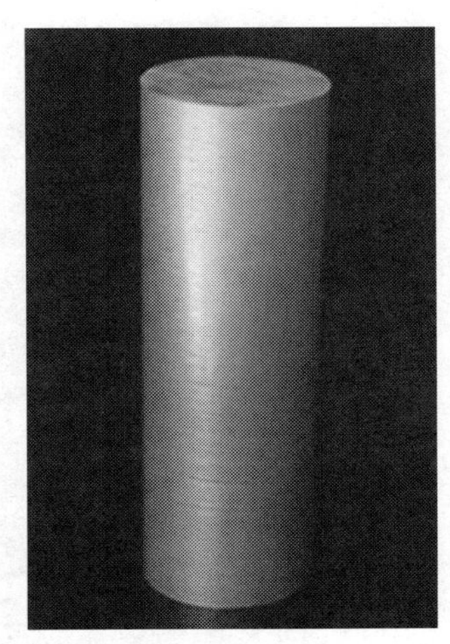

図６　断熱鋳型鋳造ビレットの外観例
（AZX911-ϕ76 mm）

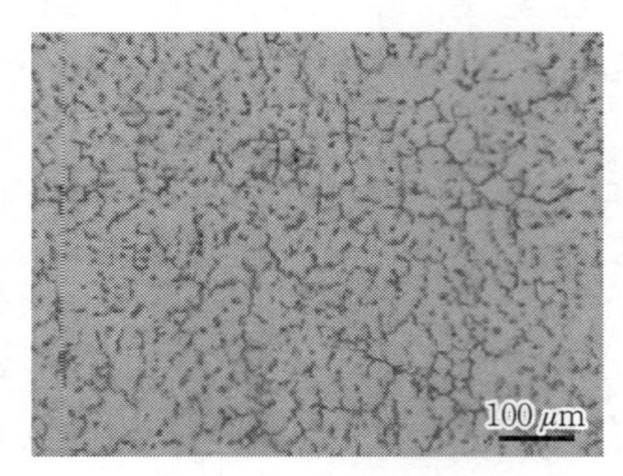

(a) 従来材（DC鋳造ビレット）

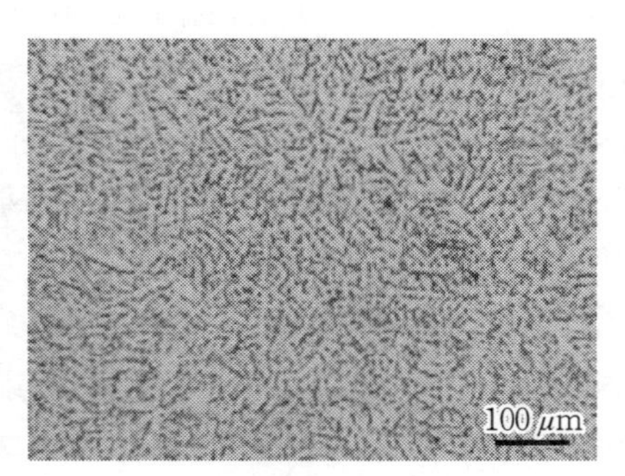

(b) 断熱鋳型鋳造ビレット

図7　断熱鋳型鋳造ビレットのミクロ組織（AZX911-ϕ76 mm）

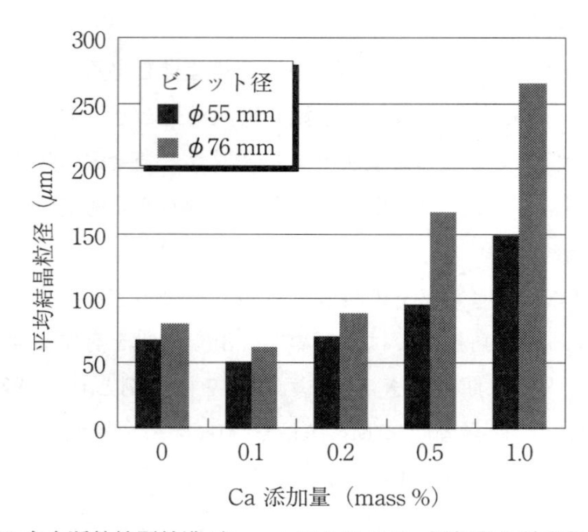

図8　AZ91 合金断熱鋳型鋳造ビレットにおける Ca 添加量と結晶粒径との関係

試験温度	250 ℃	300 ℃	330 ℃
断熱鋳型鋳造ビレット（圧縮率80 %） ひずみ速度 上段：0.01/s 中段：0.1/s 下段：1.0/s			
DC鋳造ビレット（圧縮率80 %） ひずみ速度 上段：0.01/s 中段：0.1/s 下段：1.0/s			

図9　高温圧縮試験後のビレット外観の一例（AZX911 鋳造まま材）

おり，従来のDC鋳造法の1／2以下にまで微細化を実現している。また，当該ビレットの結晶粒径については，AZ91合金で平均結晶粒径100 μm未満を達成し，従来のDC鋳造ビレットの1／2程度に微細化を実現している。一方，AZ91合金をベースにCaを添加した場合，Ca添加量の増加に伴い結晶粒径は粗大化する傾向がある（図8）。これは，Caの添加によって凝固時に晶出する熱的に安定なAl-Ca系化合物が結晶粒の微細化に悪影響を及ぼすためと推察される。なお，鋳造条件一定下においてはCa添加量に関係なく，DASはほとんど変化しない。

図9に断熱鋳型鋳造ビレット（鋳造まま材）を高温圧縮試験に供した結果を示す。圧縮率80％において，試験温度250℃ではいずれの素材も表面割れの発生が確認されるが，試験温度300℃以上であれば，開発材はより高速な圧縮加工条件下においても従来のDC鋳造材に比べて表面割れのほとんど認められず，良好な加工性を示す。

図10に高温圧縮試験材のミクロ組織の一例を示す。いずれのビレットも高温圧縮加工による動的再結晶の発生が確認されるが，断熱鋳型鋳造ビレットの方が再結晶率は大幅に高くなる。断熱鋳型による連続鋳造法は，既述の通りDASの微細化効果が顕著なため，$Mg_{17}Al_{12}$やAl-Ca系化合物等の第2相化合物がより微細分散して晶出する。第2相化合物の周囲では溶質Alが高濃度に偏在しており（図11(a)），Al濃度の高い領域では積層欠陥エネルギーが低下するため，動的再結晶が促進され，再結晶粒径が微細化する。すなわち，凝固時に第2相化合物を格段に微細分散できる断熱鋳型連続鋳造法は，塑性加工時における動的再結晶の生成サイトをビレット全域に均一分散化することに大きく寄与する。それゆえに，鍛造加工時における動的再結晶率の向上や成形割れの抑制に極めて有効な凝固組織を持つ断熱鋳型連続鋳造ビレットは，鍛造用素材として十分適用可能な優れた特長を有していると言える。

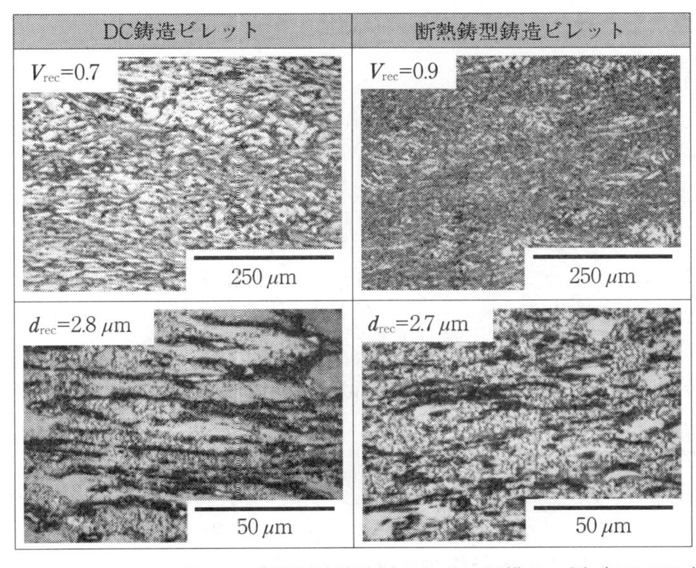

・試験温度：300℃
・ひずみ速度：0.1/s
・圧縮率：80％

・V_{rec}：再結晶率
・d_{rec}：再結晶粒径

図10　高温圧縮試験材のミクロ組織の一例（AZX911鋳造まま材）

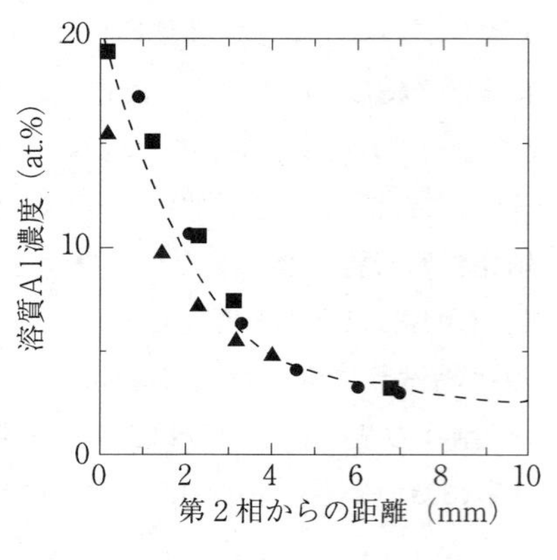

(a) AZX911鋳造まま材

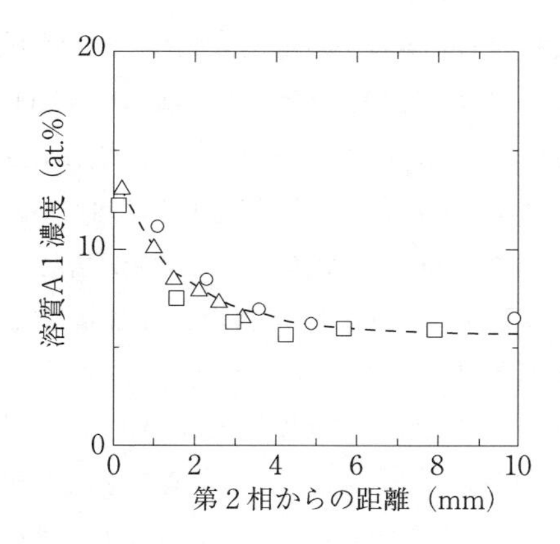

(b) AZX911均質化処理材（410℃－24 h）

図11　TEM-EDX分析による第2相周囲における溶質Al濃度の変化

また，図11(b)より，断熱鋳型鋳造ビレットに均質化処理（410℃-24h）を施し，$Mg_{17}Al_{12}$を母相に固溶させることにより，溶質Alの偏在が均一化され，Al濃度の高い領域がさらに拡大する。それゆえ，均質化処理は当該ビレットによる鍛造材の再結晶率や成形割れの抑制効果をさらに向上させる。

マグネシウム合金展伸材の高性能化や信頼性向上の実現には，その素材となるビレットやスラブ品質の向上と安定化が不可欠である。展伸用素材の製造方法として，連続鋳造技術は古くより各種金属材料の製造プロセスの一つとして広く活用されているが，マグネシウム合金においてはまだ多くの確立すべき技術的課題がある。マグネシウム合金展伸材市場のさらなる拡大に向けて，連続鋳造プロセスにおける技術的課題の克服は無論であるが，関連する各種塑性加工プロセスやリサイクルプロセスとも連携した総合的な視点からの技術構築が重要である。

文　　献

1）　日本マグネシウム協会編，マグネシウム技術便覧，p.160，カロス出版（2000）
2）　日本マグネシウム協会セミナー資料，マグネシウム合金溶湯SF_6代替技術の現状と今後，日本マグネシウム協会（2008）
3）　T. Yamashita *et al.*, IMA 63rd Annual World Magnesium Conference Proceedings, p.169 (2006)
4）　伊藤　茂，軽金属，**59**(7)，p.371（2009）
5）　特許第3284232号（2002）
6）　日本マグネシウム協会編，マグネシウム技術便覧，p.163，カロス出版（2000）
7）　和田典也ほか，軽金属学会第102回春期大会講演概要，p.307（2002）

８）例えば，Joonpyo Park *et al.*, IMA 67th Annual World Magnesium Conference Proceedings, p.91（2010）
９）佐々木　悠ほか，鋳造工学，**83**(2)，p.93（2011）
10）清水和紀，素形材，**52**(1)，p.24（2011）
11）清水和紀，工業材料，**59**(7)，p.40（2011）
12）T. Yamashita *et al.*, *Int. J. Cast Metals Res.*, **9**, p.241（1996）

2　圧延技術

吉田　雄*

2.1　はじめに

圧延は金属加工において薄板を製造するために欠かせない技術であるが，マグネシウム合金は室温における加工性に乏しいため，一般的にはプレス加工によって製造されるような部品でも，ダイカスト法やチクソモールド法が用いられてきた。しかし，鋳造法では薄肉・大面積化に限界もあり，圧延薄板を用いたプレス成形の要求は高まりを見せている。

マグネシウムの圧延材は，1930年代に欧米で本格的な生産が開始され，戦後になると大量生産可能なラインが構築されるようになった[1)]。その後，板材に関して目立った発展はなかったが，20世紀の末頃から環境意識の高まりに呼応して再びマグネシウムが注目されるようになり，欧米だけでなく日本でも数社で圧延板材の製造が行われるようになってきた[2)]。

マグネシウム合金の圧延は，基本的には温間で行うため，圧延設備や形状制御，表面品質の確保など，冷間圧延とは異なる技術を要求される。また，仕上げ圧延前の厚板コイル製造技術も発展途上である。本節ではマグネシウム合金圧延板の製造に関して，その特徴と具体的な工程を紹介するとともに，圧延板の品質と製造条件の関連について述べる。

2.2　圧延用マグネシウム合金

表1に圧延用マグネシウム合金板材の規格と成分例を示す。JISでは，Mg-Al-Zn系とMg-Zn-Mn系合金が規定されているが，ASTMにおける板材用の合金はAZ31B（Mg-3%Al-1%Zn）のみである。AZ31合金は，成形性，強度，価格のバランスに優れる展伸材で，圧延の他にも押出し，鍛造などに用いられる。Al，Znの添加は，基本的には固溶強化が目的であるが，耐食性，表面処理性の向上にも効果がある[3,4)]。Mnは耐食性に悪影響を及ぼすFe除去のために添加される。溶解時，Mnは溶湯中のAlと反応してAl-Mn化合物を形成する。これが溶湯中のFeを取り込むため，沈降分離させることでFeを除去することができる。その他にも強度の向上，結晶粒粗大化の抑制にも効果があることがわかってきた[5)]。その他不純物元素として，Feの他に，CuとNiが規定されており，これらは耐食性に悪影響を及ぼすため，規定値以下に厳しく管理されなければならない。

表2に板材として製造可能な合金とその特徴を示す。マグネシウム合金はASTMによる表示が国際的に通用しているため，以後ASTMに準じた表記方法を用いる。M1合金は圧延性の良さから黎明期に多く使用された合金であるが[1)]，現在ではほとんど使用されていない。Al添加量を増すと，耐食性と表面処理性が向上することから，最近ではAZ61合金[6,7)]といった展伸用合金だけでなく，AM60合金，AZ91合金[8)]などダイカスト用合金の圧延材製造が実現している。特にAM60合金は，耐食性と圧延性のバランスがよい合金として製品化が実現し，今後の使用

*　Yu Yoshida　日本金属㈱　技術研究所

表１　展伸用マグネシウム合金圧延板の規格と成分例（mass %）

規格	種類	記号	Al	Zn	Mn	Fe	Si	Cu	Ni	Ca	その他	その他の元素合計
JIS	1種B	MP1B	2.4～3.6	0.50～1.5	0.15～1.0	0.005	0.10	0.05	0.005	0.04	0.05	0.30
	1種C	MP1C	2.4～3.6	0.5～1.5	0.05～0.4	0.05	0.1	0.05	0.005	-	0.05	0.30
	7種	MP7	1.5～2.4	0.50～1.5	0.05～0.6	0.010	0.10	0.10	0.005	-	0.05	0.30
	9種	MP9	0.1	1.75～2.3	0.6～1.3	0.06	0.10	0.1	0.005	-	0.05	0.30
ASTM		AZ31B	2.5～3.5	0.6～1.4	0.20～1.0	0.005	0.10	0.05	0.005	0.04	-	0.30
		AZ31B 成分例	3.16	1.18	0.40	0.0044	0.025	0.0008	0.0002	0.0013	-	-

規格値において，成分範囲のないものは上限値を示す

表２　圧延用合金

合金名（ASTM 表記）	組成例（mass %）	比重	性能		
			圧延性	強度	耐食性
AZ31	Mg-3%Al-1%Zn	1.78	○	○	○
M1	Mg-1.5%Mn	1.76	○	△	△
AZ61	Mg-6%Al-1%Zn	1.80	△	◎	◎
AM60	Mg-6%Al-0.3%Mn	1.78	△	○	◎
AZ91	Mg-9%Al-1%Zn	1.82	×	◎	◎
LZ91	Mg-9%Li-1%Zn	1.45	◎	△	×

◎：優　○：良　△：やや劣　×：劣

拡大が期待されている。

マグネシウムに 5.5 mass％以上の Li を添加すると，bcc 構造の Li 相が晶出し，冷間加工性が飛躍的に向上することが知られている[9]。LZ91 合金は Mg 相＋Li 相の二相合金で，ある程度の強度を確保した上で，室温延性に富む材料で，トータル 85 %程度の冷間圧延が可能である。合金自体は古くから研究されているが，最近になってその軽量性が注目され，原料からコイル材までの生産体制が確立されつつある。

純マグネシウムは構造材としての規格はないが，圧延することは可能で，薄板コイル材の製造が実現している。

2.3　マグネシウム合金圧延の特徴

マグネシウム合金は圧延用板材の AZ31 合金でも冷間圧延限界は 15 %程度と小さいため，鉄鋼やアルミニウム合金などのように熱間圧延で製造した厚板を冷間圧延で薄板とすることは困難である。そのため，マグネシウム合金は仕上げ圧延も加熱状態で行い，動的，または静的な再結

晶を利用し，圧延により蓄積したひずみを除去する必要がある。一般に言われているように最低の再結晶温度を 0.5 T_m（T_m：融点(K)）とすると，AZ31 合金の場合再結晶温度は 180℃となり，圧延を継続するには材料が最低でもこの温度以上に晒される環境を設ける必要がある。圧延時の材料温度は仕上げ圧延とその上工程の圧延で異なり，一般的に上工程の方が高温であるが，どちらも再結晶温度以上であるので，呼び方としては熱間圧延である。しかし，熱間圧延という呼称は，鉄鋼などでは仕上げ圧延前の厚板を製造する工程を指すこともあるので，本稿において厚板圧延工程では熱間圧延，仕上げ圧延工程では温間圧延という呼称を用いる。

2.4 圧延機

一般的な圧延機のロールの段数は，2～20 あり，段数が多いほどロール径を小さくすることができ，硬質の材料でも圧下を大きく加えることが可能であるが，形状制御機構が複雑になる。マグネシウム合金は基本的に加熱状態で圧延を行い，変形抵抗は小さいので 2 段および 4 段圧延機が使用されることが多い。また圧延機の方式は図 1 のように分類される。

① 前後にテーブルを配置して一方向，または可逆的に通板を行う方法。仕上げ圧延ではシート圧延とも呼ばれる。

② 材料の両端をリールに巻付け可逆圧延を行う可逆式コイル圧延機。

③ 圧延機を板の長手方向に数台配置し，連続圧延を行うタンデム圧延機。

④ 可逆式圧延機の前後に材料温度低下を防ぐファーネスコイラーを有するステッケル圧延機。

①は熱間圧延と温間圧延に，②は温間圧延に，④は熱間圧延にそれぞれ使用される。

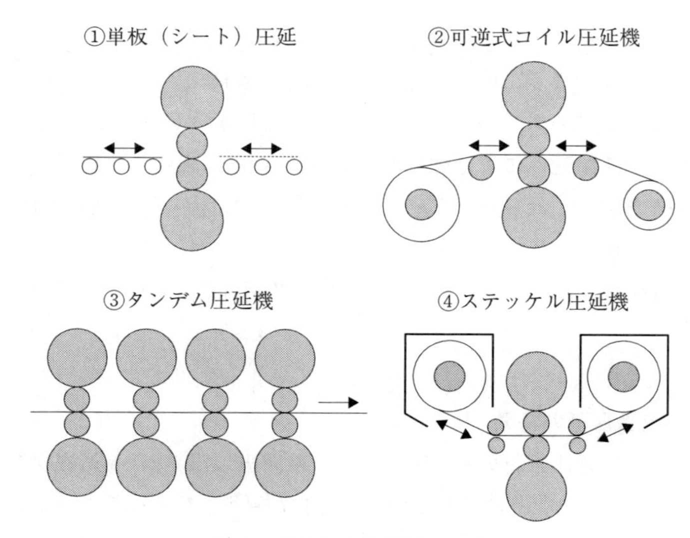

図 1 代表的な圧延機の方式

2.5　圧延材製造の流れ

2.5.1　鋳造-厚板の製造

マグネシウム合金圧延板の製造においては，鋳塊から板厚5 mm程度の厚板をいかにして得るかが重要である。図2にマグネシウム合金圧延板の製造工程を示す。また，図3には各手法における鋳塊および厚板コイルの外観を示す。スラブ-熱間圧延による方法は，鉄鋼に準じて従来から使用されてきた。はじめに，鋳塊（スラブ）を鋳造により作製する。鋳造方法としてはバッチ式の金型重力鋳造，半連続式のDirect Chill (DC)鋳造法[10]などがある。スラブの厚さは種々あるが，薄いもので25 mm，厚いものでは300 mmを超える。鋳造後のスラブは表面に酸化物や偏析層が存在しているので，圧延に先立って表面研削が行われる（図3 (a)）。スラブは事前に加熱しておき，熱間圧延により，板厚2～6 mm程度まで延ばされる。スラブが厚い場合には，板厚25 mm程度まで分塊圧延を行う場合がある。分塊圧延や熱間圧延では，鋳造由来の組織を破壊する必要があるため，材料は400 ℃以上に加熱されて圧延される。圧延機は両工程とも，2段または4段の可逆式圧延機で行われることが多いが，熱間圧延にステッケル圧延機を使用する例もある。さらには分塊後，4段タンデム圧延機で仕上げ圧延まで行った例もある[11]。分塊・熱間圧延に使用される圧延機のロール径は大きく，熱容量も大きいため，ロール加熱を行わない場合には材料の温度低下が著しい。そのため再加熱を要することもあるが，ロール加熱を行い再加熱しないこともある。ロール加熱を行う場合，ロールにマグネシウムが凝着してむしり取られる，いわゆる「ピックアップ」と言われる現象が生じるので，適切な圧延潤滑が必要となる。

このようにして製造された厚板は，酸洗，コイル研削などにより，表面に付着したスケールや欠陥を除去する。また，耳切断および必要に応じて幅切断を行う。さらに，仕上げ圧延がコイル圧延の場合はコイル状に巻取られる（図3 (b)）。

熱間圧延に代わる効率的な厚板製造方法として，最近では押出しによる厚板コイル製造技術が開発された。押出しの原料には鋳造スラブの代わりに円柱状のビレットを用い（図3 (c)），半連続DC鋳造によって製造されることが多い。ビレットは4000～6000トンの押出し機で押出すことによって5 mm厚ほどの板材となる（図3 (d)）。押出しは，ビレットから1工程で厚板が得られる上，押出し時に新生面が現れ，油も使用しないため，表面性状に優れる。そのため，仕上げ圧延前の研削や，耳切断が省略でき，少ない工程で品質のよい板材が得られる。一方問題点としては，押出し設備の制限から，板幅および長さに制約があり，長尺広幅材の製作が困難である。

最近ではストリップキャスティング法による厚板製造が積極的に行われている[12,13]。本法は溶湯から直接厚板が得られるため（図3 (e)），マグネシウム合金板材の価格を劇的に低減するプロセスとして期待されている。しかし，回転ロール間で連続鋳造するために，凝固状態の安定化が困難とされており，特に表面品質や介在物，晶出物などの組織制御が当面の課題とされる。

2.5.2　温間仕上げ圧延

温間仕上げ圧延には，図2の①，②に示すとおりシート圧延方式とコイル圧延方式があり，前

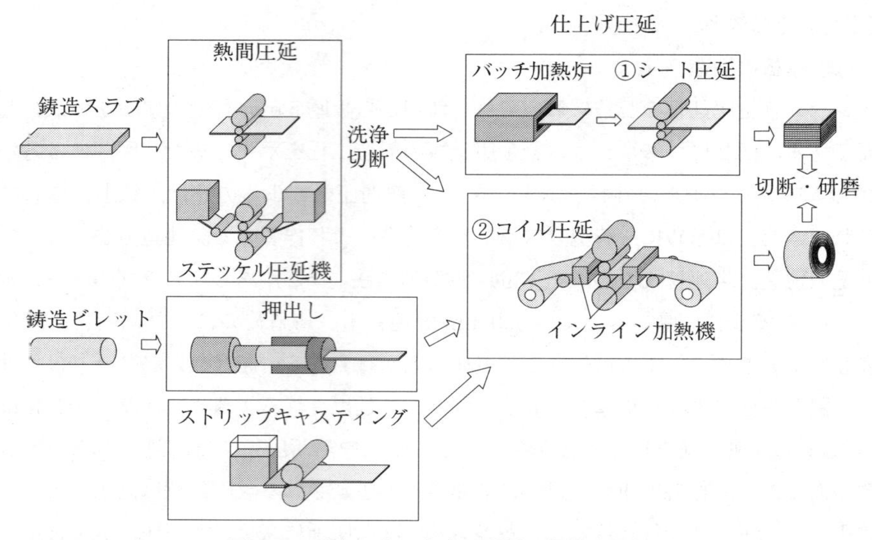

図2　マグネシウム合金圧延材の製造工程例

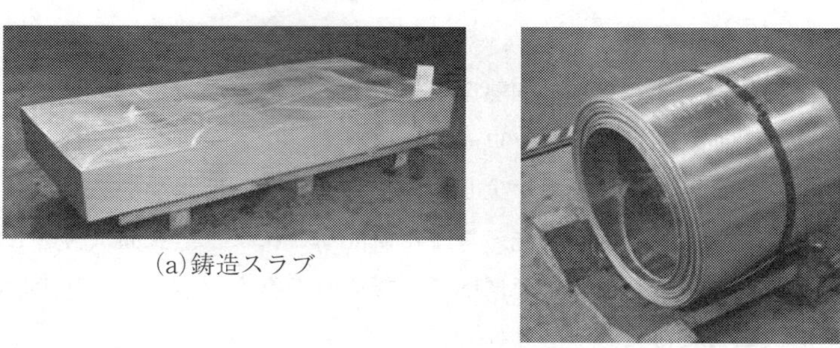

(a)鋳造スラブ

(b)熱間圧延コイル

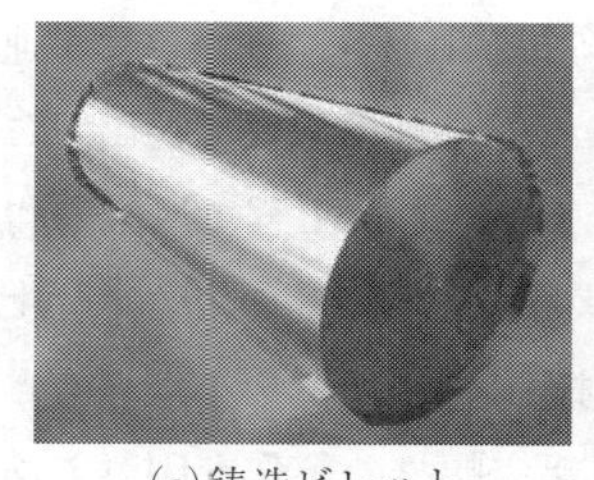

(c)鋳造ビレット

(d)押出しコイル

(e)ストリップキャストコイル

図3　マグネシウム合金厚板コイルの外観

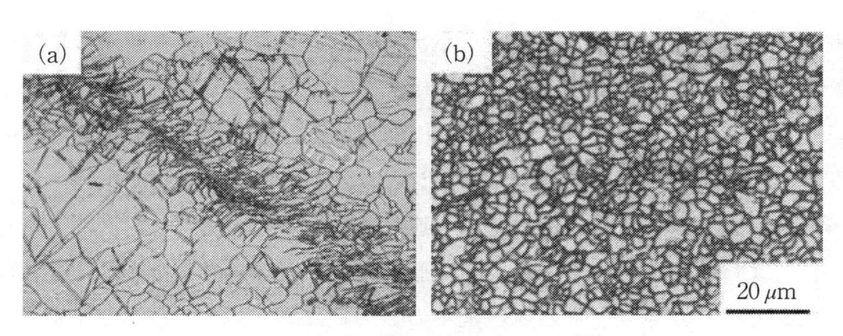

図４　仕上げ圧延材のミクロ組織

者は欧米で多く採用され[11,14]，２m 近い広幅圧延板も製造されている。後者は国内で採用されるケースが多い。温間圧延温度は 200～400 ℃に設定されることが多い[11,14,15]。図４に AZ31 合金温間圧延後のミクロ組織を示す。圧延条件としては，圧延温度，圧下率，可逆圧延では前方，後方張力などあるが，これらの設定が不適切な場合，図４(a)に示すようなせん断帯が不均一に発生する。このような組織は焼なましを行っても結晶粒が不均一となり，二次加工時の成形性低下を招く。せん断帯を発生させず，均一な組織を得るためには圧延時の温度を 250 ℃以上にする必要があるとの報告がある[15]。しかし，圧延温度が高すぎると結晶粒が粗大化して組織が不均一となり[16]，強度や二次加工性が低下する。ミクロ組織は温度だけでなく圧下率や圧延速度などにも影響されるが[16]，適切な条件で圧延を行えば図４(b)のように均一な組織が得られる。

温間圧延に供する材料は薄いため，熱間圧延より温度低下が一層顕著になる。特に一度に処理する材料が長いコイル圧延ではその傾向が著しい。この対策の一例として，図２中②に示したようにコイル圧延機とインライン加熱機を組み合わせたライン構成が考えられる。また，温間圧延でもロール加熱を行うと材料温度低下を防げるので圧延の効率は良いが，圧延潤滑が困難になりピックアップが発生しやすくなる。そこで圧延潤滑が行われるが，潤滑油の選定が不適切な場合，炭化などが生じ，潤滑性能を損なうばかりか材料に異物を押し込んでしまうこともある。仕上げ圧延油としては水溶性油が用いられてきたが[11]，最近では合成エステルで良好な潤滑性能を得られることが報告されている[15]。ただし，合成エステル系潤滑油だけでも多くの種類があり，どの油を選定するかは各社のノウハウとなっている。

圧延板材の形状も品質の重要な要件である。板材を圧延する場合，ロールは材料を圧下する反

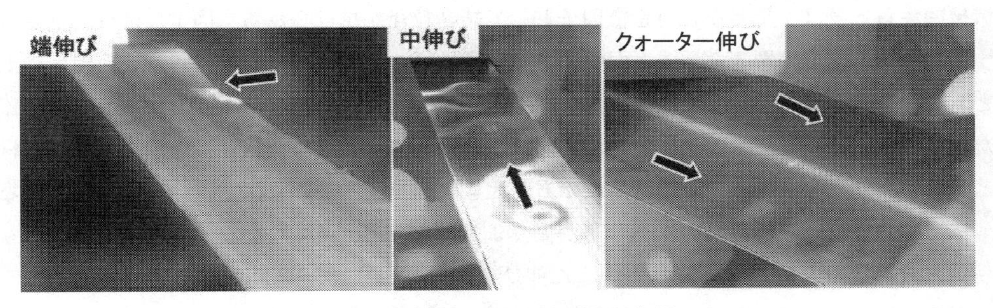

図５　圧延材に見られる形状不良例

力を受けて軸方向に弾性変形する。そのような状態で圧延すると，材料断面の幅中央部が凸となる樽形形状を示す。これを板クラウンと呼ぶ。板クラウンを抑制するために，冷間圧延ではロール中央部を凸としたロールクラウンと呼ばれる樽形形状を付与する。このようなロールで圧延することで，フラットな材料が得られる。マグネシウム合金の場合は温間で圧延を行うため，熱による膨張を考慮する必要がある。また，温間圧延前の厚板の板クラウン形状は，熱間圧延や押出しなど製造方法によって異なるので，最終的に形状のよい板材を得るためにはこれら素材特有の形状を理解しておくことが重要である。圧延中の板形状はロールクラウンや圧延機の制御機構[17]によって修正されるが，形状制御が不適切な場合，板材の幅方向の特定箇所が相対的に強く圧下されることで形状不良が発生する。代表的なものに図５に示すような端伸び，中伸び，クォーター伸びがある。

温間圧延後の材料表面は，厚い酸化膜に覆われているので，最終製品とするには表面研磨を行う必要がある。研磨後の圧延コイル外観を図６に示す。ただし，歩留りやスラッジ処理などの観点から，研磨量は最小限に留めるべきである。そのためには適切な圧延潤滑を行ってピックアップや押し込みキズを抑制することが肝要であり，温間圧延油のさらなる性能向上が期待される。また，温間圧延前の厚板表面の汚れは仕上げ圧延後の表面に悪影響を及ぼす。最近の品質向上は厚板の表面性状改善によるところが大きい。

図６　マグネシウム合金圧延コイルの外観

2.6　圧延材の機械的性質

機械的性質に及ぼす重要な材料組織因子として結晶粒径が挙げられる。図７に機械的性質に及ぼす結晶粒径と温度の影響を示す。引張強さは結晶粒径の影響がほとんど見られず，温度の上昇とともに単調に低くなる。耐力は低温側で結晶粒径の影響が大きく現れ，Hall-Petch の関係にしたがって微細結晶粒の方が高い値を示す。伸びについても結晶粒径依存性を示すが，鉄鋼材料などとは異なり，全温度域で微細結晶粒の方が大きい値を示す。これは，結晶粒径が小さくなると，室温においては底面以外のすべり系が働くようになり[18]，高温になるとさらに粒界すべりの寄与が大きくなるためと考えられる。また伸びに関しては，150～300℃の温度域で低下する特異な現象が見られる。この領域では微細粒材と粗大粒材との伸びの差が特に大きい。一般にマグ

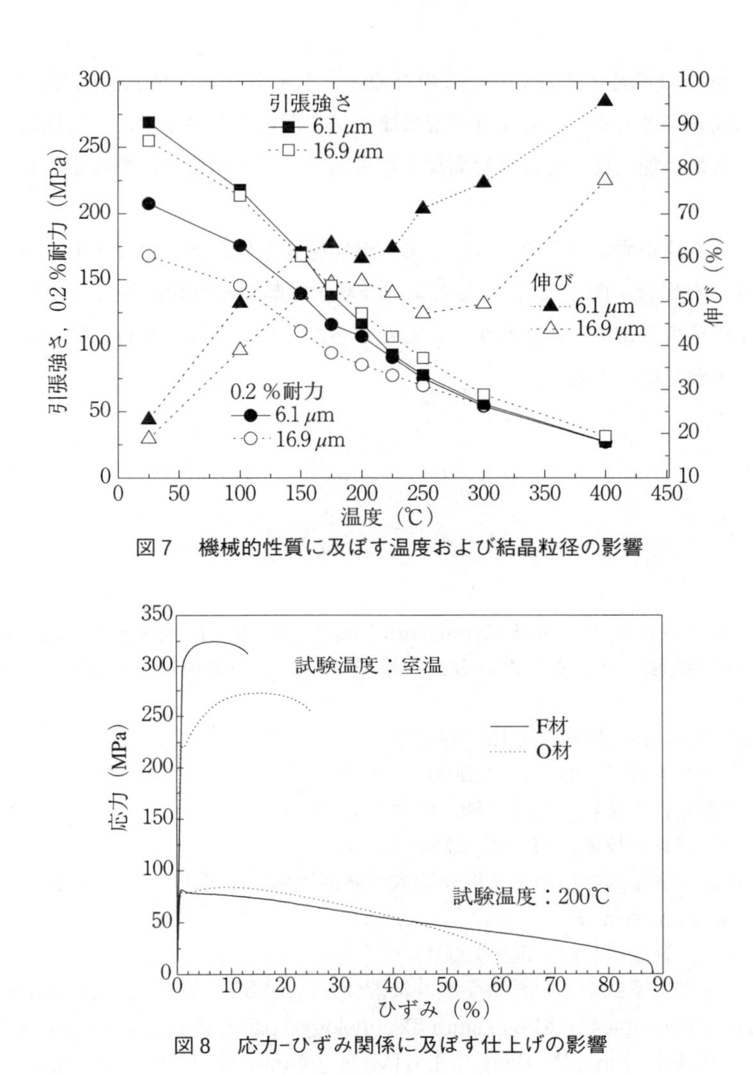

図7　機械的性質に及ぼす温度および結晶粒径の影響

図8　応力-ひずみ関係に及ぼす仕上げの影響

ネシウム合金の温間プレス成形はこの温度域で行われるので，成形を行う際に注意を払う必要がある。

マグネシウム合金圧延板材の仕上げには圧延ままのＦ仕上げ（Ｆ材）と圧延後再結晶熱処理を行ったＯ仕上げ（Ｏ材）がある。図８に室温および200℃におけるＦ材およびＯ材の応力-ひずみ曲線を示す。室温では一般の金属と同じく，Ｏ材はＦ材より耐力と引張強さが低下し，伸びが増加する。一方，再結晶温度以上では，Ｆ材の方が低い引張強さ，高い伸びを示す。場合によっては耐力もＦ材の方が低くなる。圧延による加工ひずみが残留しているＦ材では，変形開始後すぐに動的再結晶を生じて加工軟化するとともに微細粒を形成し，これが粒界すべりを生じることで，大きな伸びが得られる。一方Ｏ材は，動的再結晶が開始するひずみ量に達するまでは加工硬化を生じる。また，再結晶熱処理によって結晶粒も粗大化しているため，Ｆ材ほど粒界すべりによる伸びは期待できない[19]。このため，マグネシウム合金温間成形においてはＦ材が使用され，冷間成形される材料のように焼なまし材を用いるという考えとは反対になる。マグネシウム合金でも低い加工度であれば冷間加工は可能で，その場合には焼なまし材を使用した方が成形性は高い。

このような組織を決定する因子の一つとして，温間圧延条件が高いウェイトを占める。圧延条件の設定が不適切な場合，図４(a)に示したような粗大結晶粒や混粒組織となる場合があり，実際にそのような圧延板も市中には存在する。したがって，プレス成形を行う際には組織の状態を把握しておくことが重要である。

文　　献

1） R. E. Brown, "Proc. 59th World Magnesium Conf.", p.25, Int. Magnesium Association (2002)
2） 鎌土重晴ほか監修，マグネシウム合金の成形加工技術の最前線，p.335，シーエムシー出版（2005）
3） O. Lunder, *Corrosion Reviews*, **15**, 439 (1997)
4） 小野幸子，アルトピア，**34**，23（2004）
5） 吉田　雄ほか，日本金属学会誌，**68**，p.412（2004）
6） 権田源太郎，プレス技術，**46**，56（2008）
7） 吉田　雄ほか，軽金属学会第117回秋期大会講演概要，p.273，軽金属学会（2009）
8） http://www.sei.co.jp/az91/
9） 二宮隆二ほか，軽金属，**51**，509（2001）
10） 日本マグネシウム協会編，マグネシウム技術便覧，p.235，カロス出版（2000）
11） E. F. Emley, "Principles of Magnesium Technology", p.551, Pergamon Press (1966)
12） D. Choo *et al.*, I. H. Jung, W. Bang, I. J. KIM, H. J. Sung, W. J. Park and S.Ahn, "Proc. 64th World Magnesium Conf.", p.1, Int. Magnesium Association (2007)
13） Y. Nakaura *et al.*, *Mater. Trans.*, **47**, 1743 (2006)
14） P. Juchmann *et al.*, "Proc. 6th Int. Conf. Magnesium Alloys and Their Applications", p.1006, WILEY-VCH, Weinheim (2004)
15） 鑓田征雄ほか，塑性と加工，**47**，973（2006）
16） E. Essadiqi *et al.*, *JOM*, **61**, 25 (2009)
17） 橋本正一ほか，第101回塑性加工学講座テキスト，p.59，日本塑性加工学会（2006）
18） 小林孝幸ほか，日本金属学会誌，**67**，149（2003）
19） 吉田　雄ほか，軽金属，**56**，8（2006）

3　双ロール鋳造技術

権田源太郎*

3.1　はじめに

近年，省エネルギーや環境への負荷の低減の必要性が広く認識されてきている。構造物や移動手段などに用いられる素材としては，軽ければ軽いほど省エネルギーになり，また環境への負荷が少ないと言える。マグネシウムは実用金属の中では最も軽く，また比強度の高さや電磁波のシールド性，振動減衰率の高さなど，数多くの有用な特徴を持つ優れた金属である。

マグネシウムの地殻に含まれる埋蔵量は鉄，アルミニウムに次いで多く，海水中に含まれる量を含めると無尽蔵と言っても良いほど豊富である。商業生産の開始はアルミニウムとほぼ同じ19世紀後半であったが，しかしながらその後の需要の伸びはアルミニウムと比べ大きく遅れを取っている。アルミニウムの世界の年間生産量が4700万トン以上なのに対して，マグネシウムはいまだにその1/50以下の100万トン未満である。またマグネシウムの需要の大部分は，合金化や還元剤としての添加剤向けであり，構造材としての需要はさらに少ない。

マグネシウムの結晶構造は六方最密充填構造で，室温での活動が容易なすべり系が底面の一つしかなく，室温での加工が非常に難しいという弱点があるが，マグネシウム合金圧延材の需要が今まで伸びなかった最大の理由は，安価で品質の良い板ができなかったことにある。

マグネシウムの鋳造性は良好であり，ダイカスト法により構造材としての需要も伸びてきているが，需要が今後大幅に伸びるには，鉄やアルミニウムと同様に板の生産がうまくいくことが必要である。

3.2　マグネシウム合金板の製造方法

構造材として利用されるマグネシウムは鉄やアルミニウムと同様に，純マグネシウムではなく他の金属を添加した合金として用いられる。

鉄鋼やアルミニウム合金で行われている一般的な板の製造方法は，連続鋳造などにより大型の鋳塊を鋳造し，熱間圧延，冷間圧延の工程を経て所定の寸法に仕上げるというものである。大型の鋳塊の重量は，鉄鋼では30トン以上，アルミニウム合金でも10トン以上になり，この方法により，大規模な設備を用いて大量に安価な板を作ることができる。

それに対して，マグネシウム合金で同じ方法で板を作ろうとすると，インゴットを熱間圧延する場合に，圧延できる温度範囲が狭いために温度が下がると表面割れを起こしやすく，何度も加熱と圧延を繰り返す必要がある。また，鉄鋼やアルミニウム合金では冷間圧延することにより所定の寸法に容易に板を作ることができるが，マグネシウム合金では冷間圧延では強い圧力をかけると割れが生じやすく，ほんのわずかの圧下荷重しかかけることができない。そのため生産にかかる工程数が増え，歩留も悪いことから製造コストが大幅に上がることとなる。

---

*　Gentaro Gonda　権田金属工業㈱　代表取締役社長

また，この方法では，マグネシウム合金の種類としてはAZ31のただ一種類しか商業生産がなされていない。AZ31よりもアルミニウム含有量の多いAZ61，AM60，AZ91などの合金は硬いため，圧延工程でさらに割れやすくなるためである。AZ31はプレス性は良いが，強度は低く耐食性が劣ることから，顧客からは他の合金の商業生産が待たれている。

そうした背景から，マグネシウム合金板の製造方法としては，鉄やアルミニウムでも一部の合金の商業生産に用いられている，双ロール鋳造技術を用いることが考えられるようになった。

3.3　鉄・アルミニウム合金における双ロール鋳造技術

双ロール鋳造技術とは図1にあるように，二つの回転するロールの間に溶湯を流し，薄い板を直接鋳造する製造方法である。双ロール鋳造で作った鋳造板を，鉄鋼では後工程で熱間圧延することにより，アルミニウムでは冷間圧延することにより所定の寸法の板を製造する。この方法によれば，鋳塊を作る鋳造工程と鋳塊を厚み10 mm以下の板にするまでの熱間圧延工程の両方を省くことができ工程数削減ができる。

双ロール鋳造技術には大きく分けて縦型方式と横型方式がある。縦型方式は出てきた鋳造板を曲げなくてはいけないために横型方式に比べて大規模な設備になる。鉄の生産には主に縦型方式が使われており，アルミニウムでは横型方式が一般的である。

歴史的に見ると，双ロール鋳造技術は1848年にヘンリー・ベッセマーによって薄鋼板を鋳造する技術として発表された。その後この技術は改良が重ねられ，現在普通鋼やステンレス鋼の商業生産に使われている。

アルミニウム合金への双ロール鋳造技術の応用は，鉄鋼での研究から約90年遅れて始まった。1930年代の後半に，ハザレットが縦型方式の装置を作り，1954年にはジョセフ・ハンターが下方から注湯する方式の実用機を開発した。その後，さまざまな改良が加えられ，ペシネー社のJumbo 3Cやファタ・ハンター社のSpeedCasterが開発された。これらはどちらも幅2000 mm，厚みは2～10 mmまでの板を鋳造することができる。鋳造速度は1～5 m/minが多い。アルミニ

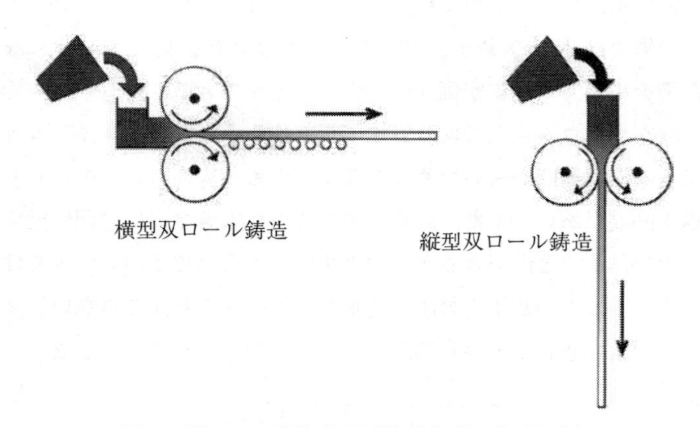

図1　双ロール鋳造方式（横型方式と縦型方式）

ウム合金用の双ロール鋳造機は横型方式のもので，世界で300台以上が稼動している。

アルミニウム合金での双ロール鋳造技術には工程数削減によるコスト競争力があり量産機に応用されて用いられつつあるが，ただし一方，大きな短所もある。それは溶けた状態から凝固するまでの温度範囲，すなわち液相線と固相線の間が広い合金はうまく鋳造できないということである。鋳造できる合金は，添加元素の含有量の低い1000番代，3000番代，5000番代の合金に限られる。それ以外の合金は，固相と液相間の温度範囲が大きく，双ロール鋳造でうまく作ることができない[1~4]。

3.4　マグネシウム合金における双ロール鋳造技術の開発

マグネシウム合金における双ロール鋳造技術は，先に述べたアルミニウム合金の双ロール技術の応用として始まった。最初のマグネシウム合金における双ロール鋳造は，1980年代初めにダウケミカル社によって初めて試みられた[3]。これはハンター社のアルミニウム合金の双ロール鋳造技術を応用したものであった。この研究はその後中止されたが，2000年代になると改めて各国で精力的に研究開発が進められるようになった（表１）。

これは，アルミニウム合金の双ロール鋳造法が合金種の制約や，従来からの製造方法が生産性や品質の面で非常に高い水準にあることから，取って代る技術とはなりえないと思われるのに対して，マグネシウム合金における双ロール鋳造法は，先に述べた理由から，薄板を作る技術としては主要な製造方法になるものと期待されているからである。

現在マグネシウム合金の双ロール鋳造機の実験機並びに試作機が運用されている国には，日本，韓国，ドイツ，オーストラリア，中国，トルコ，カナダなどがある。国によっては，複数の企業や大学，研究機関などが開発に取り組んでいる。その中の数社は量産開発にまで進んでおり，いろいろな用途に製品が採用され始めている[5~8]。

表１　双ロール鋳造技術の開発状況

国名	企業並びに研究機関	鋳造板のサイズ（厚×幅　単位 mm）	主要な合金の種類
日本	権田金属	4～6×600	AZ61, AM60, AZX612, AMX602
韓国	POSCO（RIST）	4.5×600,1500,2000	AZ31
オーストラリア	CSIRO	2.3～5×600	AZ31
ドイツ	MgF	4～7×700	AZ31
中国	Luoyang Magnesium	7×600	AZ31
	Yinguang Magnesium	2～8×600	AZ31
トルコ	TUBITAK	4.5～6.5×1500	AZ31

3.5 マグネシウム合金における双ロール鋳造技術の基本的な設備構成

図2がマグネシウム合金の双ロール鋳造の基本的な設備構成である。左から，溶解炉，ノズル，鋳造ロール，冷却ベッド，コイル巻取機となる。溶解炉ではインゴットを溶解する。溶解炉の中の溶湯はポンプなどによってノズルに導かれる。ノズルは溶湯を整流してロールに導く機能を持つ。溶湯は上下のロールによって冷却されて凝固し，冷却ベッドへと導かれる。冷却ベッドに出た鋳造板はコイル巻取機によってコイルに巻き取られる。コイルに巻き取られた鋳造コイルをさらに圧延する場合には，マグネシウムは温度が低下しやすいので，熱間圧延はステッケル炉を使って1パスごとに加熱しながら行うことになる。

鋳造される板のサイズは設備の規模によってさまざまであるが，板厚は1.7～7 mm，板幅は500 mm位のものが多い。大きい設備では，幅1500 mm，2000 mmの設備も開発が進められている。

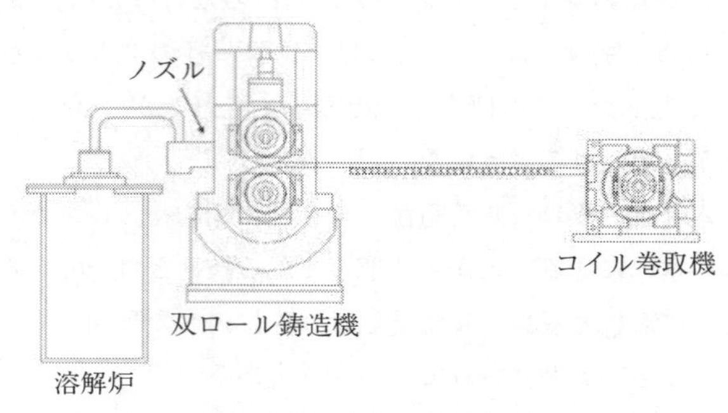

図2　双ロール鋳造機の構成

3.6 マグネシウム合金における双ロール鋳造技術の留意点

マグネシウム合金だけでなく鉄やアルミニウム合金についても同じであるが，双ロール鋳造法によって品質の良い板を商業的に生産するには，次のような点に留意する必要がある。

① 溶湯の清浄度の確保と維持

溶湯の品質が双ロール法によって鋳造される板の品質にそのままつながることになるので，溶湯の清浄度の確保と維持が重要になる。

溶融状態ではマグネシウムは空気に触れると酸化物や窒化物を作りやすく，また空気中の水分と反応して水素を溶湯中に取り込みやすくなる。酸化物や窒化物が板に入り込み，異物として表面に出れば表面品質を落とし，内部に入り込むとプレス時に割れの原因となることがある。また，溶湯中に水素が入ると巣を作り，膨れやプレス時の割れの原因ともなる。

こうした欠陥は，溶解炉やノズルなどを不活性ガスで保護することによる溶湯の酸化防止と，フィルターの使用による不純物やガスの除去によって改善することができる。

② 注湯量の制御（ノズルへの注湯量の制御，ノズルからロールへの注湯量の制御）

双ロール法によって板を鋳造する場合，ノズルから回転するロールへ板幅全体にわたって溶湯を均一に流す必要がある。溶湯の保護が不十分だったり，湯の流れが悪いなどのために湯の温度が低下するとノズル内で湯が固まり，ノズルの詰りにつながる恐れがある。湯の流し方やノズルの形状や材質に工夫が必要となる。アルミニウムの場合とは異なり，ノズルにはシリカ系の材料は使用しない方が良い。

また，ノズル内での湯量が一定でないとロールへ供給する湯量も変動しやすいので，溶解炉からノズルへの湯量も制御する必要がある。ノズル内部の液面をレーザーで計測して注湯量を制御する方法も試されている。必然的に板幅が長くなるにつれて技術的に難しくなる。また，ロール速度を早くするために流量を増やすほど難しくなる。

ロールへ供給する湯量が一定でないと鋳造板厚が均一になりにくくなる。長手方向と板幅方向との両面について，板の厚みをできるだけ均一にする必要がある。均一でないと後工程の熱間圧延で圧延がやりづらくなる。

③　圧下荷重とロール周速の適切な制御

ノズルから供給された溶湯は回転する二つのロールと接触することにより鋳造が始まり，ロールの間隙を通過する間に凝固する。凝固した鋳造板は圧延効果によりロールの間隙の寸法まで薄くなる。圧下荷重とロール周速との関係が適切でないと表面割れやリップルマークが発生しやすくなる。また内部偏析を起こしやすい。

④　内部欠陥の防止

ロール周速が速くなるほど中心線偏析が出やすくなる。また，溶湯の清浄度が確保されないと内部の巣や異物混入の可能性が高くなる。ロール周速と圧下荷重との関係が重要である。

⑤　表面欠陥の防止

表面欠陥には，割れ，ボイド（くぼみ），異物混入，リップルマークなどがある。板幅にわたっての温度とロールの熱伝達率が不均一になると，表面割れ，エッジ割れやボイドなどを生じやすくなる。ロールとチップの間で液面の震動が起きるとリップルマークが生じる。

こうした欠陥は，ロールの冷却性能の改善，チップ形状の改善，チップとロールとの間の距離の適切化によって改善することができる[3~11]。

3.7　マグネシウム合金の新しい高速双ロール鋳造技術

先に述べたように，マグネシウム合金の双ロール鋳造法は各国で研究開発され，双ロール鋳造機によって作られたマグネシウム合金板は一部市場で用いられつつある。ただし，マグネシウム合金の双ロール鋳造技術にも大きな課題がある。それは鋳造できる合金種が限られていることである。いろいろな合金を鋳造する試みはされてはいるが，量産にまで至っているのはAZ31に限られている。AZ31は加工性に優れた合金ではあるが，強度が低く耐食性が悪く，他の金属では良く用いられている表面処理技術であるメッキが難しいなど弱点も多い。ユーザーからは他の合金の製造が望まれていた。そうした中で，権田金属工業㈱が開発に成功した高速双ロール鋳造技術（ゴンダ式双ロール鋳造法；Gonda Twin Roll Casting，以下GTRCと称する）は，いろいろな種類の合金を鋳造することのできる画期的な方法である。

従来の双ロール鋳造法では鋳造速度（ロール周速）が 2 m/min 前後であるのに対して，GTRC では 30 m/min 以上に達する。GTRC は双ロール鋳造機の機構や鋳造条件を検討することによって，高速冷却を可能とし高速での鋳造を実現した。現在の量産機での鋳造板のサイズは，厚み 3～6 mm，板幅は 600 mm である。図 3 に鋳造コイル，図 4 に圧延研磨コイルの写真を示す。GTRC では，AZ31 以外のさまざまなマグネシウム合金板を高速で鋳造することができる。例えば，AZ61，AZ91，AM50，AM60，AM100 などである。AZ61 は強度，耐食性ともに AZ31 より優れ，また温間でのプレス性も良い非常にバランスのとれた合金である。表面処理性も良く，化成処理，陽極酸化処理に加え AZ31 では難しいとされるメッキをすることもできる。マグネシウムへの添加元素として亜鉛よりもマンガンを選ぶ場合には，AM60 も同じようにバ

図 3　600 mm 幅鋳造コイル

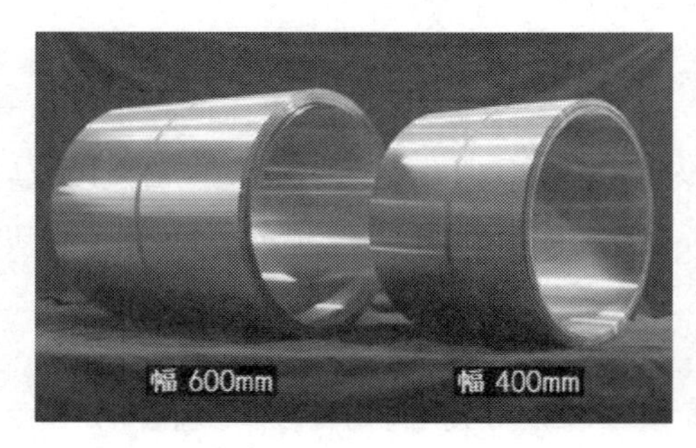

図 4　AZ61 コイル材

表 2　各種合金の化学成分（代表例）

	Al	Zn	Mn	Si	Cu	Ni	Fe	X : Ca
AZ31	3.0	1.0	0.25	<0.05	<0.01	<0.005	<0.005	–
AZ61	6.2	1.1	0.25	<0.05	<0.01	<0.005	<0.005	–
AZ91	8.9	1.1	0.20	<0.05	<0.01	<0.005	<0.005	–
AM60	6.0	0.1	0.25	<0.05	<0.01	<0.005	<0.005	–
AM100	10.3	0.1	0.30	<0.05	<0.01	<0.005	<0.005	–
AZX611	6.0	1.0	0.25	<0.05	<0.01	<0.005	<0.005	1.0
AZX612	6.2	1.0	0.25	<0.05	<0.01	<0.005	<0.005	2.0
AMX601	6.1	0.1	0.30	<0.05	<0.01	<0.005	<0.005	1.0
AMX602	6.2	0.1	0.30	<0.05	<0.01	<0.005	<0.005	2.0

単位：[%]

表 3　サイズ表

鋳造板のサイズ		圧延研磨板のサイズ	
厚み	3～6 mm	厚み	0.5～4 mm
幅	600 mm	幅	600 mm

ランスの良い合金である。カルシウムを添加した難燃性マグネシウム合金も鋳造できる。カルシウムを2％添加して鋳造圧延して仕上げたAZX611合金板は，1000℃のバーナーの炎を当ててもただ溶けるだけで燃え上がらない。こうしたAZX611やAZX612の合金は比重1.8で，重さがアルミニウム合金の約2/3しかない軽量の建築資材としての用途も期待されている。GTRCで今まで鋳造した実績のある合金の一覧表を表2に示す。マグネシウムではいろいろな合金開発が盛んであるが，GTRCは表2以外の新しい合金も板に仕上げる可能性を秘めている。

GTRCの現在の量産機で作っている鋳造板と圧延研磨板のサイズを表3に示す。

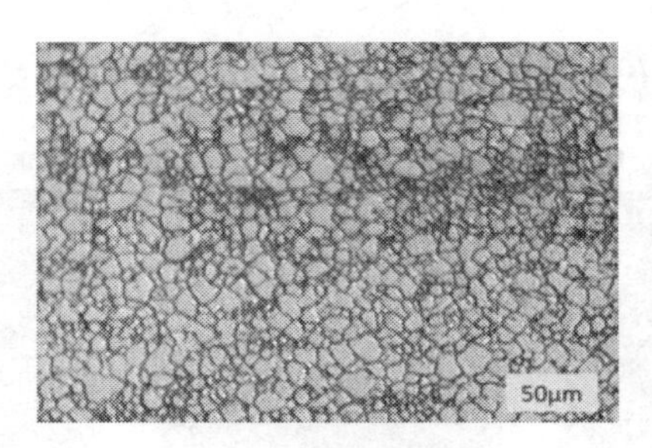

図5　圧延焼鈍し板

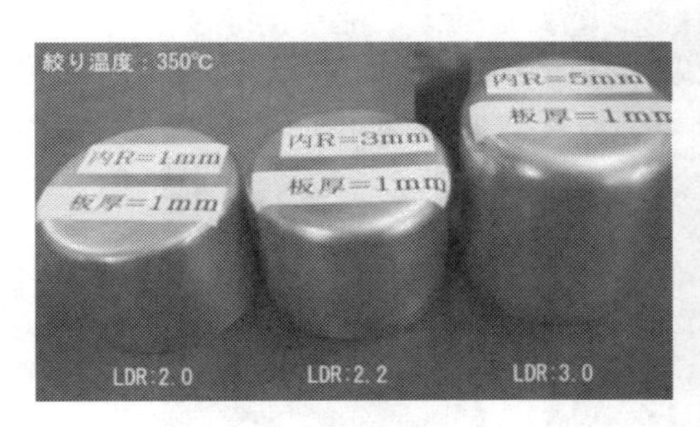

図6　AZ61板 深絞り品：丸型

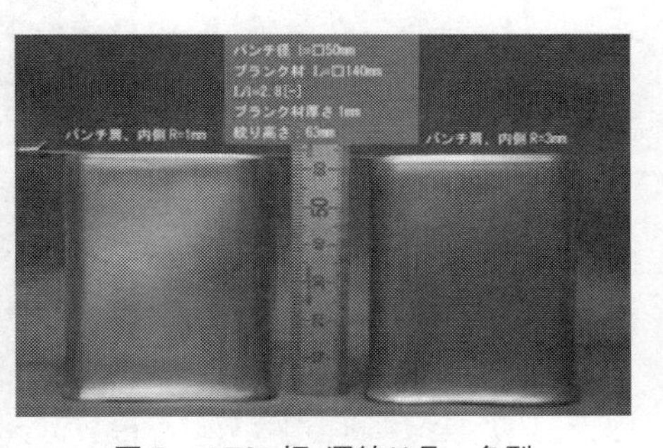

図7　AZ61板 深絞り品：角型

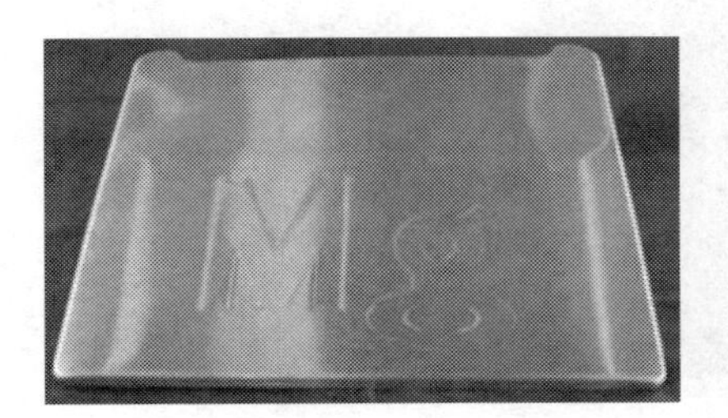

図8　AZ61板 プレス加工品：
ノートパソコン筐体（A4サイズ）

図9　AZ61板 レーザー加工品

GTRC で作られた AZ61 の圧延焼鈍し板の組織写真を図5に示す。鋳造板は平均粒径 50 μm の等軸結晶をなしている。凝固速度が速いために，通常のインゴット鋳造よりも結晶粒径が細かくなっている。鋳造板を熱間圧延しさらに研磨して仕上げた圧延研磨板では，10 μm 位の等軸結晶をしており深絞りやプレスにも向く金属組織になっている。

図6，図7は AZ61 の圧延研磨板を深絞り試験したものである。丸型の場合は，内側 R＝1 mm でも LDR2.0 を示し，角型でも，内側 R＝1 mm で L/l＝2.8 という良好なプレス性を示している。図8はパソコンの筐体をプレスで作ったものである。

図9は切削加工の例である。切削性はアルミニウム合金と比べても良好である。

図10は耐食性を比較するために塩水噴霧試験をしたものである。展伸材である AZ61（当社）

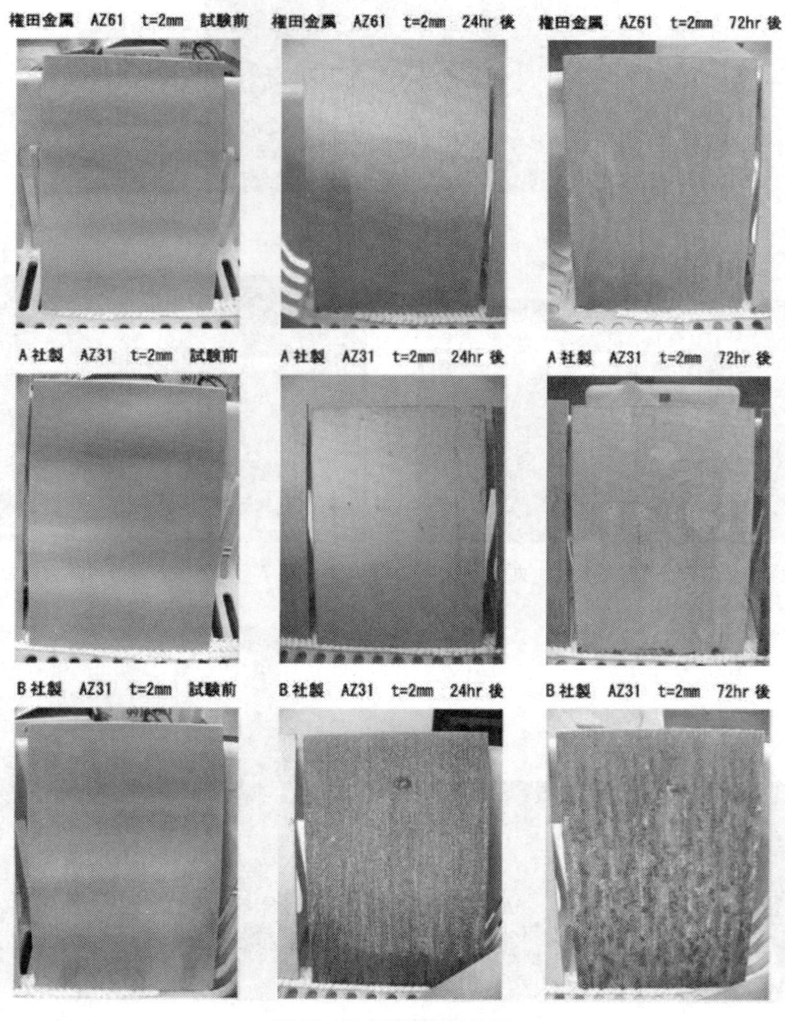

図10　塩水噴霧試験結果
AZ61 材と AZ31 材の比較

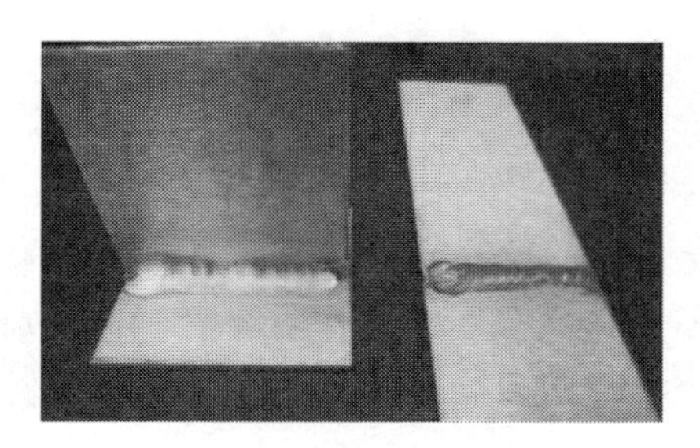

図11　AZ61 板の TIG 溶接

と AZ31（A 社・B 社）を同一条件下で塩水噴霧試験を実施した。試験開始 24 hr 後には腐食状態に差が見られ始め，AZ31 は A 社・B 社で差が見られるものの，AZ61 の方が腐食は少なかった。72 hr 後には AZ31 はさらに腐食が進行し，AZ61 の耐食性が優れていることが確認できた。

図 11 は AZ61 板を TIG 溶接したものである。溶接性は良好である。

マグネシウム合金板は歴史が浅いが，その特質—軽量，振動減衰性，高比強度，良好な電磁波吸収性等々—から用途開発が望まれている金属である。適切な合金を選べば，プレス加工，切削加工，曲げ加工，溶接を行うことによりさまざまな形状に加工して，いろいろな用途に用いることができる。また，適切な表面処理の実施により耐候性を持たせ，また添加元素を工夫することにより難燃性を付与することによって，応用範囲はさらに広がりつつある。小型の機器の筐体から，自動車や鉄道車両などの運送用，建材用など幅広い用途が考えられている。

文　　献

1）C. Krammer, Goslar, TALAT Lecture 3210
2）松下俊郎，中山勝巳，深瀬久彦，永田史郎，IHI 技法，**48**(2)，77-84（2008）
3）羽賀俊雄，アルミニウム，**58**(11)，137-140（2004）
4）羽賀俊雄，軽金属，**59**(9)，509-520（2009）
5）S. S. Park, W.-J. Park, C. H. Kim, B. S. You and J. Kim, *JOM*, **61**(8)，14-18（2009）
6）三菱アルミニウム㈱，平成 14 年度基盤技術研究促進事業成果報告書，NEDO（1997）
7）A. A. Kaya, O. Duygulu, S. Ucuncuoglu, G. Oktay, D. S. Temur, O. Yucel, *Trans. Nonferrous Met. Soc. China*, **18**，185-188（2008）
8）R. V. Allen, D. R. East, T. J. Johnson, W. E. Borbidge, D. Liang, Magnesium Technology 2001, 75-79（2001）
9）D. Liang, C. B. Cowley, *JOM*, **56**(5)，26-28（2004）
10）渡利久規，羽賀俊雄，古閑信裕，アルトピア，**36**(2)，16-21（2006）
11）H. Watari, T. Haga, Y. Shibue, K. Davey, N. Koga, *JAMME*, **18**(9-10)，419-422（2006）

4　押出技術

高橋　泰*

4.1　はじめに

マグネシウム合金は軽量で比強度が高いことなどから，次世代の軽金属材料として多くの分野で活用され始めている。しかしながら，その多くは，ダイカストや射出成形などの溶融加工法により成形された製品であり，展伸材は鋳造材と比較して強度と靭性に優れているものの，普及は遅れている。

押出加工法は，断面形状の自由度が大きく，金型費用も比較的安価であるという利点を持つ有用な塑性加工法の一つである。一般的に，押出加工性と押出材の特性に及ぼす因子は，図1に示すようにビレット，金型，押出条件の三つの項目が挙げられ，これらの因子が相互に絡み合って影響を及ぼす。したがって，安定した品質の押出材を製造するためには，ビレット，金型，押出条件の三つの因子についての総合的な技術の確立が必要である。このような観点から，マグネシウム合金の押出加工について概説する。

4.2　押出用ビレット

安定して健全な押出材を得るためには，素材となるビレットが健全であることが大前提である。マグネシウム合金ビレットの鋳造は，アルミニウム合金と同様にDC鋳造法による連続鋳造が可能であり，微細均一な凝固組織を有するビレットが得られる。しかしながら，現在の技術レベルでは，表層部に鋳造欠陥や偏析層が存在するために，表層部を切削除去して押出加工に供せ

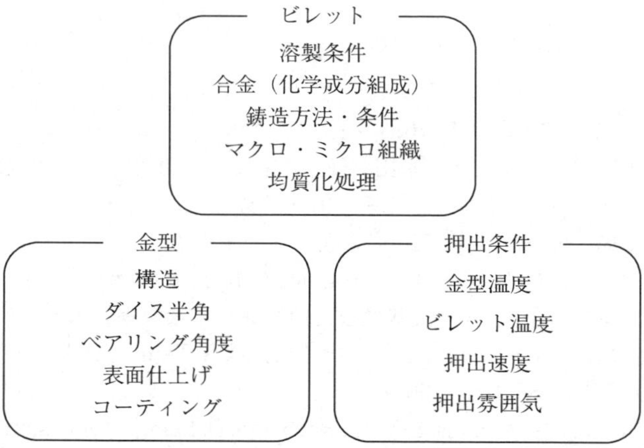

図1　マグネシウム合金の押出加工性および押出材特性に及ぼす主な影響因子

*　Toru Takahashi　㈴三協マテリアル㈱　マグネシウム統括部　用途開発課　副主事
㈩㈱パイオラックスメディカルデバイス　商品開発部　開発グループ係長

図２　Mg-Al-Zn 系合金鋳造まま材の押出材の外観

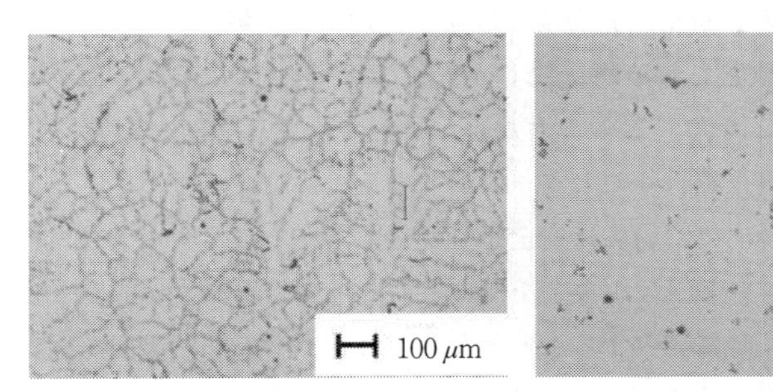

(a) 鋳造のまま　　(b) 均質化処理後

図３　AZ61 合金における均質化処理前後の内部組織

られる。

押出用合金としては，Mg-Al-Zn 系，Mg-Zr-Zn 系，Mg-Mn 系，Mg-Zn-Mn 系，Mg-Y-RE 系の合金種が JIS 規格に定められており，最も広く使用されているのは Mg-Al-Zn 系合金である。図２に Mg-Al-Zn 系合金である AZ61 合金の鋳造まま材を用いた押出材の外観を示す。押出材表面には溶融，および酸化黒色化した箇所が局部的に観察される。このような表面欠陥は Al 添加量の増加に伴い，多発する傾向が認められる。これは，ビレット中の低融点化合物である Mg-Al 系，Mg-Al-Zn 系の金属間化合物が押出加工時に共晶融解することが要因である。図３に示すようにビレットに均質化処理を施すことにより，結晶粒界に存在しているこれらの金属間化合物が固溶し，表面欠陥の発生は軽減される。このように，Mg-Al-Zn 系合金において，均質化処理は押出加工中の局部融解による表面欠陥を防止し，押出速度の向上に効果がある。他の合金種においても鋳造時に融点の低い金属間化合物を形成する合金種であれば，同様の効果がある。時効硬化型合金においては，押出後の時効処理により硬化能が向上する。

また，不純物元素である Fe，Ni，Cu などの含有量が多い場合，著しく耐食性が低下するが，昨今の精錬技術の向上により，耐食性は改善傾向にある[1)]。

4.3 押出設備

マグネシウム合金の押出設備は，アルミニウム合金と同様の押出設備で操業が可能である。一般的にアルミニウム合金の押出加工法としては，直接押出法，間接押出法などが採用されており，いずれの押出法においてもマグネシウム合金の押出への適用は可能である。図4に直接押出法と間接押出法の概念図を示す。直接押出法は，最も一般的な押出法であり，ビレットをコンテナに装填し，後方からステムを介して，所定の形状を有する金型へ材料を押込むことで，金型出口から押出材が流出する方法である。

押出加工において，マグネシウム合金がアルミニウム合金と大きく異なる点として，押出後の引張矯正が難しいことが挙げられる。マグネシウム合金は冷間での塑性加工性が乏しいため，引張矯正時のチャッキング部での破断や，引張矯正の途中で押出材が破断することがある。200℃以上の温間では塑性加工性が改善されるが，数十mにもなる押出材の全長を均一に加熱することは，大幅な設備改造が必要となる。このことから，所定の長さに切断した後にオフラインでの，温間ストレッチやロール矯正を行うことが一般的である。

また，マグネシウム合金の押出においては安全対策が必要である。マグネシウム合金の押出において最も汎用的に用いられているAZ31合金を例にとると，固相線温度は約570℃，発火点は約580℃であり，融解とほぼ同時に発火することとなる。ビレットの加熱温度が固相線温度以下であっても，押出中の加工発熱により融解や発火の恐れがあり，特に加工度の高い中空形状や，薄肉部を有する形状で注意する必要がある。これらを考慮したビレット加熱温度，押出速度の管理が重要である。押出中のみならず，押出後の切断工程においても注意が必要である。アルミニウム合金押出材の切断工程で生ずる切粉の集塵には，一般に乾式集塵機が用いられるが，マグネシウム合金は活性な金属であり，乾式集塵機内の静電気により発火，爆発する恐れがあるため，湿式集塵機を用いるのが良い。万が一，火災が生じた場合には，通常の消火器ではなく消化砂や金属火災用消火器による消火が必要であり，水は水素爆発を誘発するため厳禁である。このように，条件面と設備面のみならず，万が一に備えた安全対策が不可欠である。

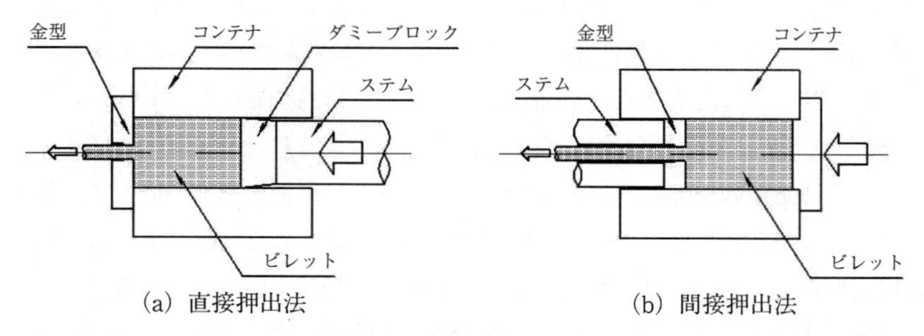

図4　直接押出法と間接押出法の概略図

4.4　マグネシウム合金の押出用金型

マグネシウム合金の押出においては，金型出口部での押出材の温度が，押出材の特性に及ぼす影響が大きく，安全面においても非常に重要である。押出用のマグネシウム合金は固溶強化型合金が多く，この場合，押出温度が低温であるほど高強度の押出材が得られる。そのため，加工発熱の少ない金型構造が適していることとなる。加工発熱が少ないということは，ビレットと金型との摩擦抵抗が小さく，メタルフローが複雑でないことである。このような金型では，押出荷重が低減されることから，押出温度をより低温化することが可能となる。

直接押出法における中空形状での金型を例にとると，一般的な金型構造としては，ポートホールダイス，ブリッジダイス，スパイダーダイスがある。それぞれの金型構造を図5に示す。これらの金型を用いて，直径60 mm の AZ61 合金から外径20 mm，肉厚1 mm のパイプへ押出温度420 ℃，ラム速度1.0 mm/s の条件にて押出を行った際の押出荷重-ストローク線図を図6に示す。各金型構造での最大荷重においては明確な差異は認められないが，押出荷重が一定の勾配で低下する定常域においては，ポートホールダイスとスパイダーダイスは，ほぼ等しいのに対し，ブリッジダイスは約5％低い値であった。

(a) ポートホールダイス　(b) ブリッジダイス　(b) スパイダーダイス

図5　中空形状の金型構造

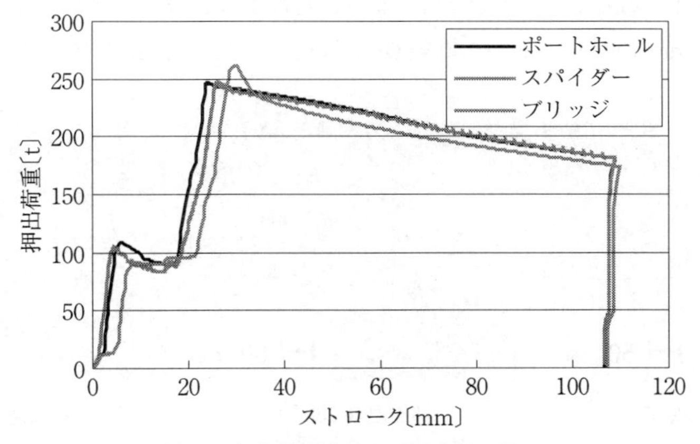

図6　各金型構造による押出性の違い

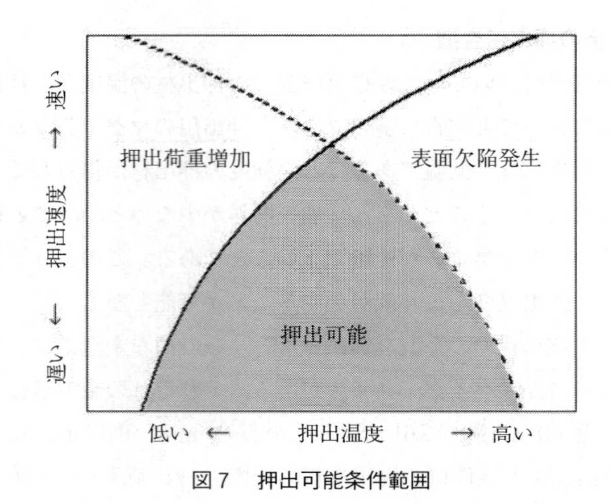

図7　押出可能条件範囲

このように，金型構造により押出性は異なり，得られる押出材の特性も異なる。スパイダーダイス，ブリッジダイスは，対称性の高い単純形状の押出断面に適しており，押出断面形状が複雑なものや，非対称形状なものに対しては，ポートホールダイスが適している。目的とする断面形状に応じた金型構造の選定が重要である。

4.5　押出条件と内部組織

マグネシウム合金の押出条件は，合金種と押出断面形状により大きく異なるが，一般的に押出温度は300～450℃，押出速度は1～10 m/minの範囲で設定される。押出条件範囲は，図7に示すように押出温度が低いほど押出荷重が高くなり，押出機の能力に制限があるため押出が不可能となり，押出温度が高いほど表面欠陥が生じやすくなる。また，押出速度については，速いほど押出荷重が高くなり，表面欠陥も生じやすくなる。このように，押出荷重の制限と表面欠陥の有無により，押出可能条件範囲は設定される。

押出可能条件範囲であっても，その条件により内部組織は異なる。図8および図9にAZ61合金にて，直径155 mmのビレットから直径64.7 mm，肉厚2.2 mmのパイプへ押出条件を変化

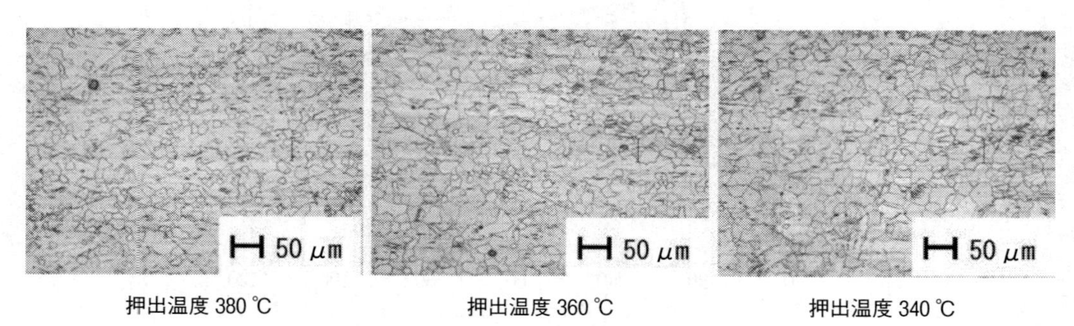

押出温度380℃　　押出温度360℃　　押出温度340℃

図8　AZ61合金押出材における内部組織

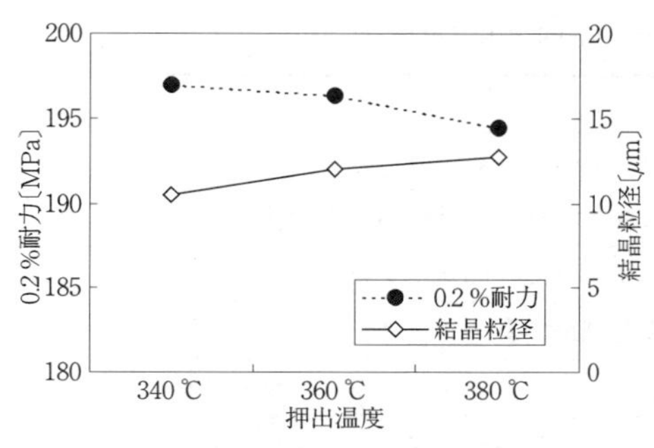

図9　AZ61合金押出材における押出温度と結晶粒径および機械的性質の関係

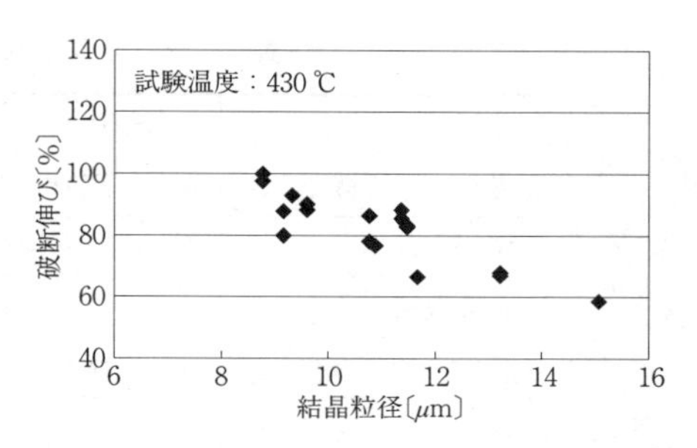

図10　AZ61合金押出材における結晶粒径と熱間破断伸びの関係

させて押出加工を行った場合に得られた，押出材の内部組織と0.2％耐力を示す。AZ61合金においては，押出温度が低く，押出速度が遅いほど結晶粒が微細となり，機械的性質が向上する[2)]。

マグネシウム合金押出材は，次工程で曲げ加工やプレス成形などの塑性加工を施されることがあり，このような塑性加工性には内部組織が大きく影響を及ぼす。例として，図10に種々の押出条件で得られたAZ61押出材の結晶粒径と熱間引張試験での破断伸びの関係を示す。熱間引張試験の条件は，試験温度430℃，ひずみ速度1×10^{-2}/sである。結晶粒径が小さいほど，破断伸びは向上しており，塑性加工性の良い材料であることがわかる[3)]。したがって，マグネシウム合金の押出加工においては，その用途に応じた内部組織をコントロールすることが必要であり，押出条件の管理が非常に重要である。

4.6　押出材の用途

押出用マグネシウム合金においては，単純形状しか押出できない合金から，アルミニウム合金での押出加工のように複雑形状の押出が可能な合金まである。最も一般的なAZ31合金では，図11に示すような断面形状の複雑な押出加工が可能である。マグネシウム合金押出材は，軽量化，

図11　AZ31合金押出材の例

表1　マグネシウム合金押出材の一般的な用途事例

分野	主な用途
光学・音響機器	カメラ鏡筒，カメラ三脚フレーム，スピーカースタンド
情報家電	キーボード補助板，テレビ枠フレーム，携帯用家電筐体
産業機械	ロボットアームフレーム，工具部品，順送フレーム
医療福祉	杖，介護椅子，車椅子，歩行補助器具
スポーツ・レジャー	アタッシュケース，テントフレーム，ゴルフクラブバランス材
自動車・バイク	バンパーレインフォースメント，スペースフレーム，シートフレーム，ハンドルクラウン

電磁波シールド性，振動吸収性などマグネシウム合金特有の特性が求められる部材へ適用，または適用が検討されている。用途例を表1に示す。

また，鍛造用の素材として使用される場合もある。押出材を鍛造素材とした場合，鋳造材を鍛造素材とした場合と比較し，内部欠陥が少なく，結晶粒も微細であることから，難加工形状への鍛造が可能であり，鍛造後の結晶粒もさらに微細となるため高強度化も見込める。

展伸材は鋳造材と比較して，強度と靭性に優れた特性を有する。しかしながら，塑性加工性が乏しいことが主な要因で加工コストが高くなり，普及が遅れている。押出加工は，複雑な断面形状を有する長尺材が一工程で得られることから，大量生産に適した工法であり，徐々に普及しつつあるが，さらなる普及のためには生産性向上に向けた技術構築，高機能押出材の開発，マグネシウム合金の特性を活かした用途開拓が必要である。

文　　献

1）　日本マグネシウム協会編，マグネシウム技術便覧，p52，カロス出版（2000）
2）　地西　徹ほか，日本航空宇宙工業会委託調査研究成果発表会予稿集，p23（2010）
3）　村井　勉ほか，軽金属学会第118回春期大会講演概要，p53（2010）

5　プレス加工技術

西野創一郎*

5.1　はじめに

近年，マグネシウム合金が軽量化材料として注目されており，圧延技術や加工技術，そして微視組織の調整による材料特性の改善まで広範囲にわたる研究や技術開発が実施されている[1~5]。特に，自動車業界では軽量化の一つの方策として実用金属中最も軽い材料であるマグネシウム合金に対する注目度は高く，自動車部品への適用も増加している。マグネシウム製品は，主にダイカスト法やチクソモールディング法などの鋳造技術によって製造されているが，量産性，材料歩留り，製品の薄肉化の観点から，塑性加工（特に板材のプレス加工）の適用が望まれている。

一方で，マグネシウム合金は結晶構造が六方最密構造（hcp）であり，室温での塑性変形能に劣るため，冷間（室温）プレス加工が困難とされている。マグネシウム合金板は底面すべり面が板面に平行な集合組織を形成するため，室温においてすべり方向が板の面内方向に限定され，板厚減少を伴う加工が困難であるからである[6~8]。上記の特性から，板材から製品へのプレス加工だけではなく，一次加工である素形材の圧延工程においても，様々な工程設定やノウハウを必要とする[9,10]。マグネシウム地金の価格はアルミニウムと同程度であるが，圧延工程を経た板材の価格はマグネシウムの方が大幅に高く，このことからもマグネシウムの圧延加工では高度な技術を必要とすることがわかる。

本稿では，マグネシウム合金板材のプレス加工について，素材改質（材料技術）と加工方法の両方の視点から解説する。また，筆者が実施したマグネシウム合金板材の冷間曲げ加工に関する研究事例についても併せて紹介する。最後に，マグネシウム合金板材のプレス加工に関する今後の課題や方向性について総括する。

5.2　研究展望

5.2.1　温間プレス加工技術

前項で述べたように，マグネシウム合金では強固な集合組織とすべり面の限定によって冷間プレス加工が困難である。一方で，素材を200℃以上に加熱した場合は，非底面すべりが容易に起こるようになり，すべり系の数が増えることから大きな塑性変形が可能となる。したがって，マグネシウム合金のプレス加工は主に200～250℃の温間領域で行われてきた[11~13]。加工方式も様々であるが，深絞り[14,15]，張出し[16]，曲げ[17~19]に関する研究成果が主である。また，成形限界線図を求めた報告例[20,21]もある。特に，大きな変形量を必要とする深絞り成形において温間プレス加工が実施されており，様々な研究成果が得られている。それぞれの加工実験における成形性に影響を及ぼすパラメータについて様々な角度から検討されている。温間深絞りに関しては，成形温度[22,23]，成形速度[24,25]，しわ押え力[26~28]，金型の局所加熱[29]や金型形状（例えばパンチ肩

＊　Souichiro Nishino　茨城大学　大学院理工学研究科　応用粒子線科学専攻　准教授

R)[30]が成形性に及ぼす影響について検討されており，FEM シミュレーションによる成形性予測[31]も試みられている。円筒深絞りに加えてノートパソコン等の筐体製品を想定した角筒絞りに関する報告[32~34]も見受けられる。また，温間領域において安定した成形を実施するために金型に硬質コーティング皮膜を被覆した例もある[35,36]。

一方で，温間成形では金型を 200℃以上に加熱するために，かじりや焼付き，凝着などの表面損傷や金型自身の耐久性が問題となる。また，室温でのプレス加工に比べて，金型の加熱・冷却時間を含めた加工時間が長く，量産性において不利である。さらに，安定した形状に成形するためには，金型温度および素材温度の厳密な管理が要求される。したがって，マグネシウム板材のプレス加工に関する研究開発は，「材質改善による冷間プレス加工の実現」へ方向をシフトしているのが現状である。近年，専門誌やシンポジウム，セミナーにおいてマグネシウム合金の冷間プレス加工に関して取り上げられる例が多い[37~39]。

5.2.2 材質改善と冷間プレス加工技術

マグネシウム合金の材質を改善して冷間プレス加工における成形性を向上させる手法は数多く報告されている。すべての報告に共通するポイントは「集合組織のランダム化」である。素材に存在する強固な集合組織をいかに分散させるかという観点から様々な手法が試みられている。主な手法は以下の通りである。

(1) 結晶粒の微細化[40~43]

金属材料の強度と延性を向上させる技術として，結晶粒の微細化は有効である。結晶粒径の微細化による降伏応力の増加は，ホール・ペッチの関係としてよく知られている。特にマグネシウム合金の場合は，アルミニウム合金よりも高強度化に対する粒径微細化の効果が大きいことがわかっている。また，結晶粒径の微細化によって，すべり系が増えて延性が向上することも報告されている。

(2) 希土類元素の添加[44]

マグネシウムに微量のセリウムを添加すると冷間圧延性が改善することは古くから知られていた。千野らは，マグネシウム–セリウム系合金の系統的な研究を展開しており，セリウムがマグネシウム合金圧延材の底面集合組織の形成を抑制することやすべり系を増やして張出し成形性を向上させることを報告している。

(3) 圧延工程と熱処理[45~53]

圧延工程を工夫して，その後の焼鈍熱処理と組み合わせることで底面集合組織をランダム化する手法は多くの研究者によって精力的に実施されている。勝田らはマグネシウム合金板を熱間で強圧延することにより，六方最密構造における底面が板面に平行ではなく傾斜することを見出した。また，高津らは圧延と高温焼鈍の組み合わせによってダブルピーク集合組織の形成を可能とし，マグネシウム合金の室温プレス成形性を飛躍的に向上させている。一次加工である圧延工程と熱処理によって室温成形性の良好な板材が市場に供給されれば，マグネシウム合金のさらなる使用拡大が期待される。

(4)　塑性加工[54～58)]

酒井はEPSP方位システムによってマグネシウム合金の曲げ変形に伴う結晶方位の変化を報告している。塑性加工によってマグネシウム合金の結晶方位を変えることができれば集合組織の緩和そして室温におけるプレス成形性の向上が期待される。浅川らは，繰返し曲げ加工による双晶形成に伴う結晶方位の回転によって圧延板の底面集合組織を分散させ，成形性を向上させる手法を提案している。また，山本らは波状ロール成形と焼鈍処理の組み合わせで結晶粒の微細化と底面集合組織のランダム化を実現している。

以上に述べた研究報告は，マグネシウム合金の素材特性を改善して室温成形性の向上を試みたものである。一方で，森らは市販されている圧延板材（AZ31）に焼鈍処理を施して，金型形状や潤滑などの成形条件を工夫することで冷間絞り加工を実現している。マグネシウム合金の冷間プレス加工の実現には，素材開発と加工技術の両面から総合的な立場に立った研究が必要である。

5.3　板材の冷間曲げ加工における集合組織の影響

曲げ加工における素材の変形量は深絞り加工や張出し加工に比べて少ない。したがって，マグネシウム合金の冷間加工として最も可能性が高い成形方法は曲げ加工であり，市販の板材（AZ31）において室温での成形可能範囲が存在している。筐体部品は，曲げ加工と溶接の組み合わせによって製作することが可能であることから，量産性やコスト面より室温での曲げ加工限界を検討することは非常に重要である。本項では，筆者らの研究報告を主体として，マグネシウム合金AZ31の室温における曲げ加工性と素材の集合組織の影響について解説する。

5.3.1　冷間曲げ試験

金属板の曲げ試験はJISZ2248金属材料曲げ試験として規定されているが，マグネシウム合金は冷間加工性が悪いために適切ではない。そこで筆者らが行っているV曲げ試験の評価方法を紹介する。

パンチとダイから構成されるプレス金型（パンチ先端の曲率半径R＝２）を製作して，最大加工能力245 kNのプレスブレーキに設置して曲げ試験を行っている。曲げ試験では金型が試験片に接触した点を原点とし，それ以降のパンチの下降量を押込み量と定義して，これを制御することで加工条件を変え，曲げ性を評価する。押込みより除荷した後の試験片形状を「曲がり角」として測定し，また，各押込み量で得られた試験片曲げ部に汎用のR定規を当てて「曲げ半径」を測定し，曲げ性の評価指標としている。

5.3.2　最小曲げ半径を用いた曲げ加工限界の評価

加工限界は割れによって判断する。割れの確認は目視で行い，割れを生ずることなしに曲げ得る最小曲げ半径Rminを加工限界とする。図１にV曲げにおける測定結果を示す。なお，図に表示したデータは下記に示す６種類の供試材から抜粋したものである。供試材は，表１に示す機械的性質を有する板厚0.58～1.6 mmの異なる６種類のAZ31合金圧延板材を選定した。これらの板材より圧延方向に対し0°の試験片を切り出した。なお，試験片寸法は長さ150 mm，幅30 mmとした。板厚の異なる6種類の板材を統一的に評価するため，曲げ半径Rを板厚で除したR/tを評価パラメータとした。縦軸はR/tを，横軸は曲がり角を表している。

図1より，V曲げでは，曲がり角の増加に伴い曲げ半径が小さくなり，R/t≦5では割れが生じる。したがって，板厚1.6 mmの素材では曲がり角90°を確保できない。

6種類の材料の曲げ加工限界Rmin/tを表2にまとめる。各材料にはそれぞれ異なるRmin/tが存在し，Rmin/tより大きい曲げRであれば冷間加工が可能である。また，供試材の種類はすべて同一のAZ31合金種であるが，板厚によって加工限界に相違が認められる。Rmin/tという

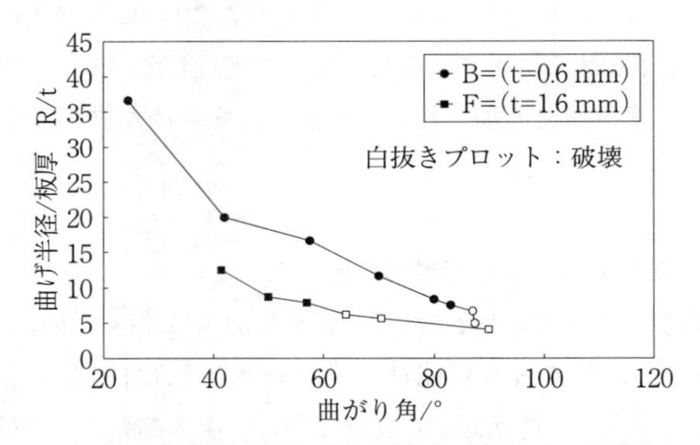

図1　V曲げ試験結果（曲げ半径と曲がり角の関係）

表1　供試材の機械的性質

	AZ-31					
	A	B	C	D	E	F
板厚/mm	0.58	0.6	1.0	1.2	1.5	1.6
0.2 %耐力/MPa	260	208	189	224	252	196
引張強さ/MPa	302	282	332	356	319	332
破断伸び/%	22	20	25	19	22	23
平均結晶粒径/μm	3.5	4.4	9.4	8.1	6.8	9.2

表2　曲げ加工限界（Rmin/t）

	Rmin/t	Rmin	曲がり角/°
A（t=0.58）	11.2	6.5	99
B（t=0.6）	7.5	4.5	97
C（t=1.0）	6.0	6.0	99
D（t=1.2）	8.3	10.0	121
E（t=1.5）	10.7	16.0	138
F（t=1.6）	7.8	12.5	123

パラメータを用いて，板厚の影響を考慮したにもかかわらずこのような差異が生じた原因として各板厚における成形性が製造時の集合組織に影響を受けていることが考えられる。そのため板材表面の集合組織形態をＸ線回折で測定することが重要である。

5.3.3　集合組織が曲げ加工限界に及ぼす影響

板材表面の集合組織形態の測定はＸ線回折を用いて行う。測定対象を室温での塑性加工性に影響を与える底面すべり面（0001）とすることで曲げ加工性と比較できる。供試材は表１で示した曲げ試験に使用したものと同一である。最大回折強度が１の場合は集合組織が存在しない結晶方位がランダムな状態を表している。

図２に底面集合組織測定結果とＶ曲げ試験より得られたRmin/tの相関を示す。横軸は（0001）面の最大回折強度を，縦軸はRmin/tを表す。図２より，（0001）面の最大回折強度は板材ごとに異なり，底面集合組織の生成状況に相違が認められる。また，板材の最大回折強度が高くなるにつれて，Rmin/tが大きい値を示していることがわかる。すなわち底面集合組織の集積が強い板材ほど大きなRmin/tを有し，割れやすい。

冷間曲げ加工性には底面集合組織が密接に関係しており，マグネシウム合金の曲げ加工性を向上させるためには集合組織の集積を分散させることが必要である。また，各材料メーカーにおける板材の圧延方法が異なると同種類，同板厚であっても集合組織の状況が異なり，冷間曲げ加工性がばらつく可能性がある。したがって，量産時の成形安定性を確保するためには製造時の集合組織の生成状況を統一する必要がある。

5.4　総括

本稿では，マグネシウム合金板材のプレス加工技術について，主に素材改質（材料技術）と加工方法の両面から展望した。これまでのマグネシウム合金のプレス加工は200℃以上の温間成形が主流であった。一方で，プレス加工の長所である量産性を考えると研究対象が室温成形に向かうのは自然な流れであるように思われる。冷間プレス加工を実現するためには集合組織のランダム化が必要であるが，現状では深絞りや張出しによって複雑な製品形状を室温で成形する段階ま

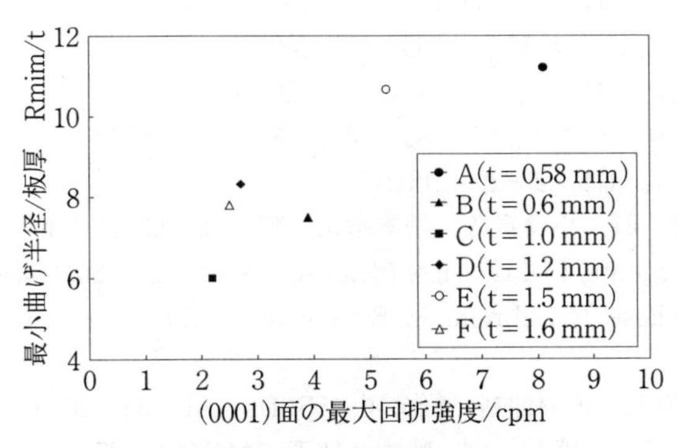

図２　底面集合組織と最小曲げ半径の関係

では至っていない。

曲げ加工に関しては冷間成形の可能性が見出されているが，多数の報告があるように，冷間曲げ加工では素材の集合組織によって曲げ加工範囲に相違が生じる。素材が有する集合組織の集積度は，素材メーカーによって大きく異なる場合があり，加工メーカーが苦労して金型・工程設計を行って量産にこぎつけたとしても，素材やロットが変われば，その苦労が水の泡になる可能性もある。

マグネシウム合金の構造部材への適用に関して，低弾性率の問題や材料コスト，市場性など解決すべき問題は多数あるが，冷間プレス加工が安定して実施できるようになれば量産性やコスト低減に関して大きく寄与する。ただし，素材メーカーと加工メーカーとの連携で初めて安定した生産が可能である。また，防食のための表面処理や接合技術などの周辺技術の発展やマグネシウム合金に置換した場合に軽量化以外の付加価値を見出すことも重要である。

文　献

1) 日本マグネシウム協会編，現場で生かす金属材料シリーズ マグネシウム，工業調査会 (2009)
2) 根本　茂，初歩から学ぶマグネシウム，工業調査会 (2002)
3) 日本塑性加工学会編，マグネシウム加工技術，コロナ社 (2004)
4) 高津正秀，軽金属，**54**(11)，493-498 (2004)
5) 鎌土重晴，小島　陽，塑性と加工，**44**(504)，3-9 (2003)
6) 吉永日出男，軽金属，**39**(8)，450-457 (2009)
7) 小池淳一，宮村剛夫，軽金属，**54**(11)，460-464 (2004)
8) 村上　雄，軽金属，**52**(11)，536-540 (2002)
9) 佐藤雅彦，塑性と加工，**48**(556)，373-378 (2007)
10) 佐藤雅彦，加治屋　強，八代利之，軽金属，**54**(11)，465-471 (2004)
11) 金子純一，菅又　信，軽金属，**54**(11)，484-492 (2004)
12) 古閑伸裕，塑性と加工，**44**(506)，250-255 (2003)
13) 向井敏司，東　健司，塑性と加工，**42**(481)，99-105 (2003)
14) 岩崎　源，坂部裕司，塑性と加工，**48**(556)，384-389 (2007)
15) 藤井空之，Al-ある，**415**，23-29 (2002)
16) 西村　尚，長谷川　収，小磯宣久，松本幸司，軽金属，**53**(7)，302-308 (2003)
17) G. Palumbo, D. Sorgente, L. Tricarico, *Materials and Design*, **30**, 653-660 (2009)
18) C. Bruni, A. Forcellese, F. Gabrielli, M. Simoncini, *J. Mater. Process. Technol.*, **177**, 373-376 (2006)
19) R. Paisarn，柚木伸公，古閑伸裕，軽金属，**55**(4)，181-185 (2005)
20) 行武栄太郎，金子純一，菅又　信，塑性と加工，**44**(506)，276-280 (2003)

21) F-K. Chen, T-B. Huang, *J. Mater. Process. Technol.*, **142**, 643-647 (2003)
22) 松井正夫，矢野治久，井上幸司，阿部昭雄，軽金属，**57**(1)，2-5 (2007)
23) 相田収平，田辺　寛，須貝裕之，高野　格，大貫秀樹，小林　勝，軽金属，**50**(9)，456-461 (2000)
24) G. Palumbo, D. Sorgente, L. Tricarico, S. H. Zhang, W. T. Zheng, *J. Mater. Process. Technol.*, **191**, 342-346 (2007)
25) 真鍋健一，下村　修，軽金属，**56**(10)，521-526 (2006)
26) S. H. Zhang, K. Zhang, Y. C. Xu, Z. T. Wang, Y. Xu, Z. G. Wang, *J. Mater. Process. Technol.*, **185**, 147-151 (2007)
27) Q-F. Chang, D-Y. Li, Y-H. Peng, X-Q. Zeng, *J. Machine Tools Manuf.*, **47**, 436-443 (2007)
28) S. Yoshihara, K. Manabe, H. Nishimura, *J. Mater. Process. Technol.*, **170**, 579-585 (2005)
29) S. Yoshihara, H. Yamamoto, K. Manabe, H. Nishimura, *J. Mater. Process. Technol.*, **143-144**, 612-615 (2003)
30) R. Paisarn，田川省吾，古閑伸裕，軽金属，**53**(4)，152-156 (2003)
31) 宅田裕彦，森下貴申，木下俊之，白川伸彦，塑性と加工，**47**(541)，129-133 (2006)
32) F-K. Chen, T-B. Huang, C-K. Chang, *J. Machine Tools Manuf.*, **43**, 1553-1559 (2003)
33) 渡辺博行，向井敏司，鈴木桂介，清水　亨，軽金属，**53**(2)，50-54 (2003)
34) 大上哲郎，関口昭一，菊池正夫，伊藤　叡，塑性と加工，**42**(482)，246-248 (2001)
35) 古閑伸裕，R. Paisarn，軽金属，**51**(9)，441-445 (2001)
36) 古閑伸裕，R. Paisarn，塑性と加工，**42**(481)，145-149 (2001)
37) 日刊工業新聞社，プレス技術，**48**(7)，17-53 (2010)
38) 日本塑性加工学会，第168回塑性加工セミナーテキスト (2008)
39) 日本塑性加工学会，第239回塑性加工シンポジウムテキスト (2005)
40) 鎌土重晴，塑性と加工，**48**(556)，358-365 (2007)
41) 向井敏司，まてりあ，**43**(10)，810-814 (2004)
42) 千野靖正，馬渕　守，軽金属，**51**(10)，498-502 (2001)
43) 馬渕　守，中村　守，朝比奈　正，塑性と加工，**41**(471)，309-312 (2000)
44) 千野靖正，馬渕　守，アルトピア，**39**(2)，17-23 (2009)
45) 高津正秀，喜井健二，長田祐希，西尾弘之，東　健司，井上博史，軽金属，**60**(5)，237-243 (2010)
46) 高津正秀，塑性と加工，**50**(576)，13-17 (2009)
47) 高津正秀，中塚章太，東　健司，軽金属，**59**(9)，498-501 (2009)
48) H. Watanabe, T. Mukai, K. Ishikawa, *J. Mater. Process. Technol.*, **182**, 644-647 (2007)
49) H. T. Jeong, T. K. Ha, *J. Mater. Process. Technol.*, **187-188**, 559-561 (2007)
50) Y. Chino, J. S. Lee, K. Sassa, A. Kamiya, M. Mabuchi, *Mater. Letters*, **60**, 173-176 (2006)
51) 大年和徳，長山知史，勝田基嗣，軽金属，**53**(6)，239-244 (2003)
52) 大年和徳，勝田基嗣，軽金属，**51**(10)，534-538 (2001)
53) 長田直樹，大年和徳，勝田基嗣，高橋清造，山田　正，軽金属，**50**(2)，60-64 (2000)
54) 須長好古，田中良典，浅川基男，加藤正仁，小林　勝，軽金属，**59**(12)，655-658 (2009)
55) 田中良典，浅川基男，加藤正仁，小林　勝，軽金属，**58**(10)，522-523 (2008)
56) 鈴　拓也，福本信次，山本厚之，軽金属，**59**(4)，169-173 (2009)

57) 山本厚之，寺下　誠，椿野晴繁，軽金属，**57**(3)，99-104 (2007)
58) 酒井　孝，軽金属，**55**(9)，414-415 (2005)

6　鍛造技術

坂本　満[*1]，斎藤尚文[*2]

6.1　はじめに

マグネシウム合金（以下Mg合金）は，実用構造用金属材料中で最も軽量であり，リサイクル性を備えていることから，輸送機器をはじめとする様々な産業への応用が期待されている。しかし，現状ではアルミニウム（以下Al）と比較してその普及は進んでいない。これは，Mgに固有の発火性や耐食性の不足，塑性加工性の乏しさ等々の問題もあるが，最も大きい原因は製造コストが高いことであると考えられる。これまで実用化されたMg合金部品は，ほとんどが鋳造法によって成形されているが，鋳造法は材料の歩留まりが悪く，より効率的な成形方法の開発が望まれており，Mg合金に適した塑性加工技術の開発に大きな期待が寄せられている。この中で鍛造技術については，高信頼性の部品を高い生産性で製造できることから，その確立が産業界で求められているが，様々な要因から依然として高コストであること，期待するほどの強度が安定して得られていないことなどにより，広く実用されるに至っていない。ここでは，Mg合金の鍛造技術に関して，我々の最近の成果[1,2]を中心に解説する。

6.2　Mg合金鍛造技術の現状

Mg合金の鍛造は通常300～400℃の高温で行われているが，結晶粒径が数100 μmに達する鋳造材を鍛造する場合は，熱間鍛造といえども割れの発生を防ぐことは困難である。したがって，通常は鋳造ビレットを熱間押出によって微細な再結晶組織として塑性加工性を高めたものを素材として用いているのが現状である。ここで，Mg合金鍛造技術の現状を評価するために，代表的な4種類の実用Mg合金，AZ61・AZ80・ZK60・Mg-5％Al-2％Ca-2％RE（AXE522）合金の押出材を鍛造素材として，汎用メカニカルプレスを用いて商用プロセスによる実部材のモデル鍛造を行った結果を示す。図1は素材の押出材の組織を示すが，結晶粒径は10～30 μmと微細である。これらのモデル鍛造品の写真に示す部位から切出したテストピースについて評価した機械的性質を図2および図3に示す。図で白抜き印は素材である押出材の，塗りつぶし印は鍛造材の引張強さと伸びをそれぞれ表している。これらの図からわかるように，鍛造材は引張強さ約300 MPa，伸び10～30％程度であり，それなりに優れた特性を有しているが，素材の押出材と鍛造材とで機械的性質を比較した場合，全ての合金について両者に差はない。すなわち鍛造部品に期待される，成形による機械的特性の向上といった効果が出ていないことがわかる。この例のように，現状ではMg合金の鍛造においては，割れなどの欠陥がない健全な成形を重視するあまり，鍛造品自体の特性改善は不十分であると言える。またMg合金鍛造部品では，素材の鋳造-押出-

---

＊1　Michiru Sakamoto　㈱産業技術総合研究所　生産計測技術研究センター　研究センター長
＊2　Naobumi Saito　㈱産業技術総合研究所　サステナブルマテリアル研究部門　主任研究員

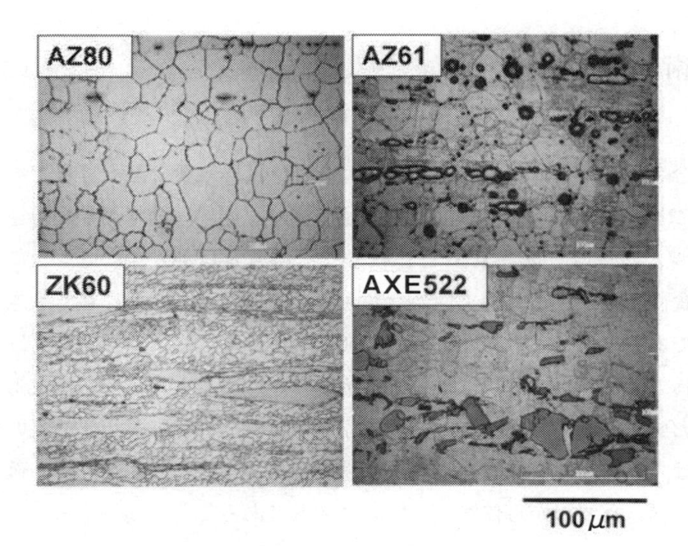

図1　押出材の組織

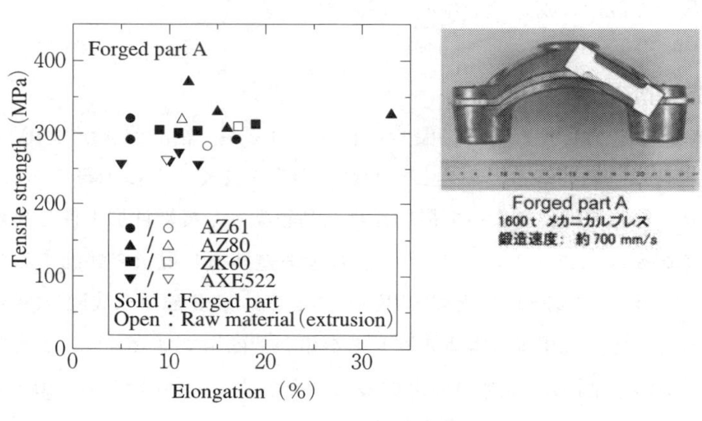

図2　モデル鍛造実験結果 A

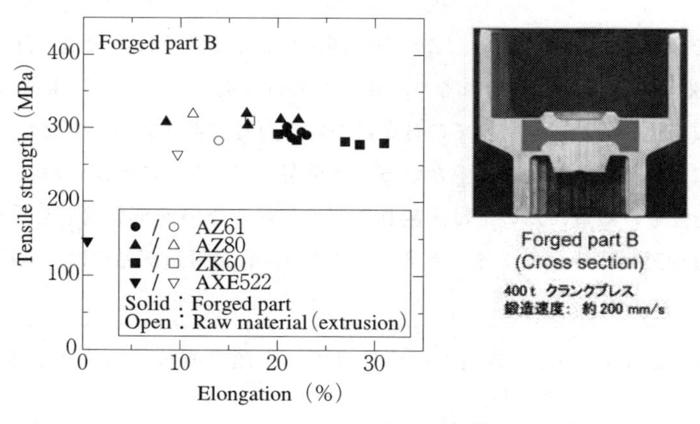

図3　モデル鍛造実験結果 B

鍛造という各工程でのコストが積み上がって高コストとなっており，ここで示したようにコストをかけてまで鍛造材を採用するほどの魅力に乏しいのが実状である。このような現状を打破するためには，Mg合金に適した合理的な鍛造技術の開発が必要である。

6.3　サーボプレスを用いたMg合金鍛造技術

Mg合金に適した合理的な鍛造技術とは，前項で述べたようにミクロ組織の造り込みにより，高精度の成形と高強度の発現を一体化させた加工技術ということである。この加工技術のキーポイントは，結晶粒微細化である。すなわち，結晶粒の微細化によってMg合金の塑性加工性が向上するゆえに高精度な成形も可能となり[3]，同時に成形された鍛造品の機械的性質は顕著に改善する[4]。これに対して，鍛造素材としての押出材は微細な再結晶粒組織を有していることから成形性に優れているが，高価であるためコストの面からは不利である。したがって，Mg合金鍛部品の普及のためには，押出材よりも低コストの鋳造材からの直接鍛造が望まれる。

低コストの鋳造材から高強度の鍛造部品を製造するという目的を達成するために，次のようなプロセスを考案した。図４にその概要を示す。ここでは均質化処理を施して合金元素を十分に固溶させたMg合金鋳造材を鍛造素材とする。Mg合金鋳造材の鍛造においては，圧縮変形におい

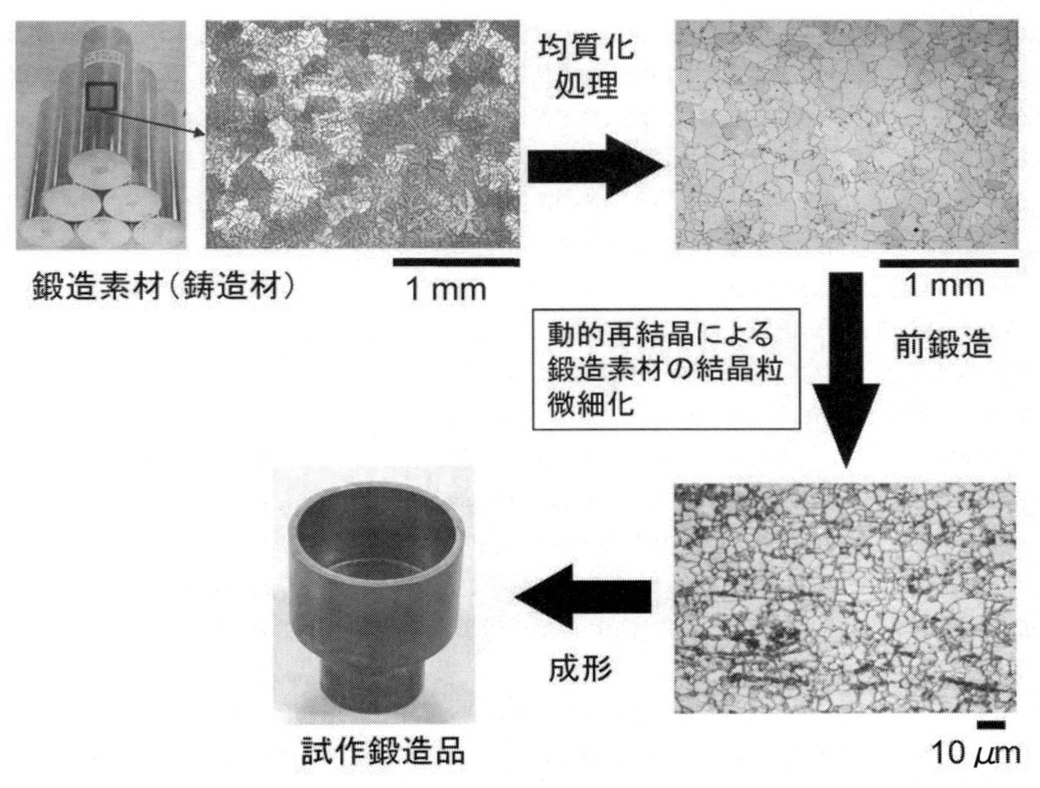

図４　マグネシウム合金鋳造材の新規鍛造プロセスの概要

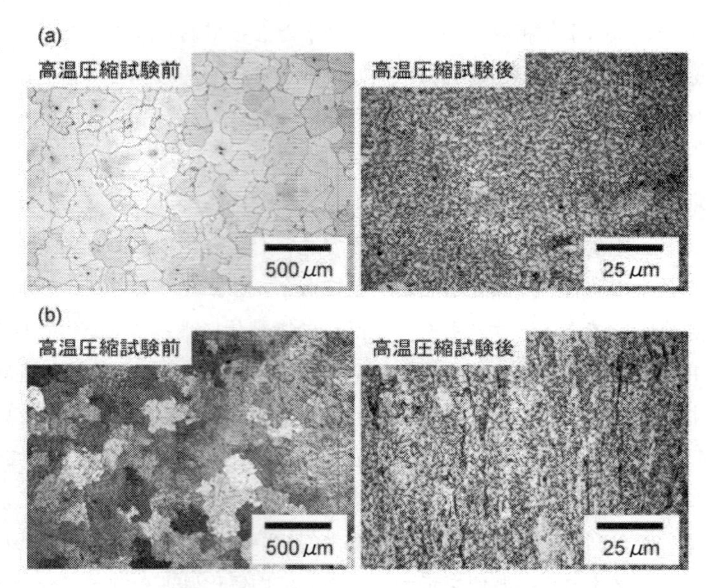

図5　(a) AZ91 および (b) AZX911 連続鋳造材の圧縮試験前後の組織

て動的再結晶[5]を発現させて素材の結晶粒を微細化する工程と，それに引き続いて形状を造る成形工程を一連の工程として遂行する。ここで組織を微細化する工程を前鍛造工程，その後を成形工程と呼ぶ。後段の成形工程において，加工材は既に微細結晶粒となっているので，容易に高度な成形加工が可能となる。ただし，前鍛造工程の最初期には結晶粒が粗大なままの組織の変形からはじまるので，鍛造条件にもよるが変形初期には常にクラックが発生する可能性がある。したがって，前鍛造工程－成形工程という一連の鍛造プロセスを適用する場合であっても，鍛造に用いることができる素材の結晶粒径にはおのずと臨界点があると考えられる。

図5に，前鍛造工程を模擬した圧縮試験前後の組織を示す[6]。素材は連続鋳造 Mg-9Al-1Zn (AZ91) および Mg-9Al-1Zn-1Ca (AZX911) 合金（組成は質量%）であり，410℃，24時間の均質化熱処理が施されている。圧縮試験温度は 300℃，歪速度は 0.1^{-1}s，圧縮率は 80%である。圧縮前の組織は結晶粒径 100～200 μm であり，AZX911 合金では Al-Ca 化合物とみられる第二相が分散している。高温圧縮中の動的再結晶により結晶粒が 3～5 μm まで微細化している。図6には，高温圧縮前後の引張強さと破断伸びの関係を示す。引張強さは高温圧縮前の試料では約 200 MPa であったのに対し，高温圧縮後では 320 MPa 以上まで向上しており，破断伸びも向上している。この結果は，高Al組成のMg合金であっても，適切な条件で前鍛造を行えば結晶粒微細化によって，鋳造材に対して押出材と同等かそれ以上の優れた特性の造り込みが可能であることを示している。

このような知見を基に微細組織の造り込みと高精度の成形とを適切に一体化した複合加工技術の開発を行った。Mg合金の動的再結晶組織は，材料の組成が決まればおおむね加工温度と歪速度で決定されるので[7]，ここで目指す加工を達成するためには，加工速度やシークエンスを任意

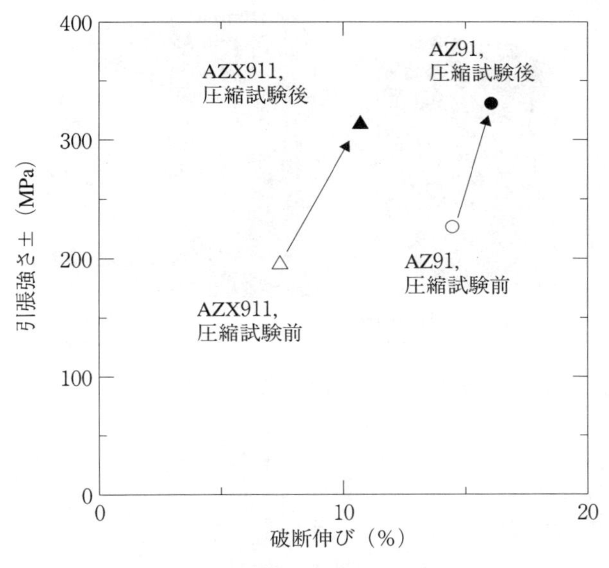

図６　圧縮試験前後の引張特性

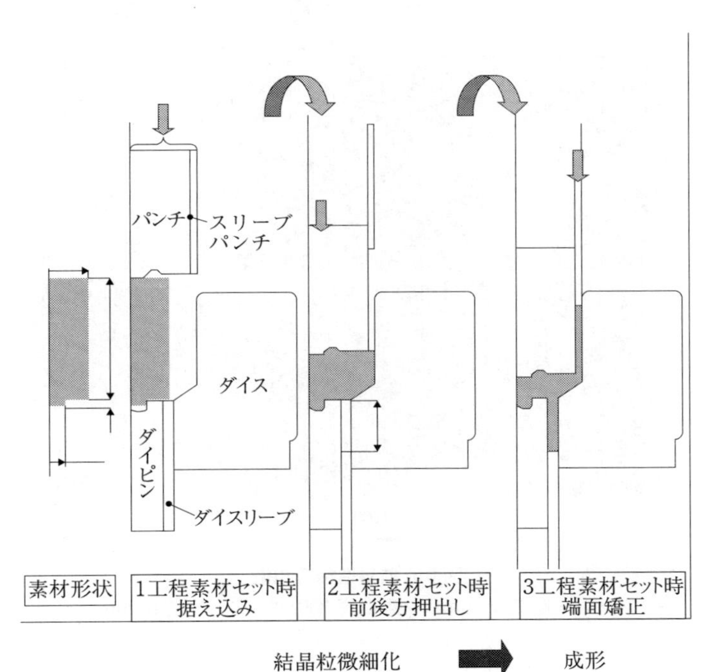

図７　サーボプレスを用いた加工工程イメージ

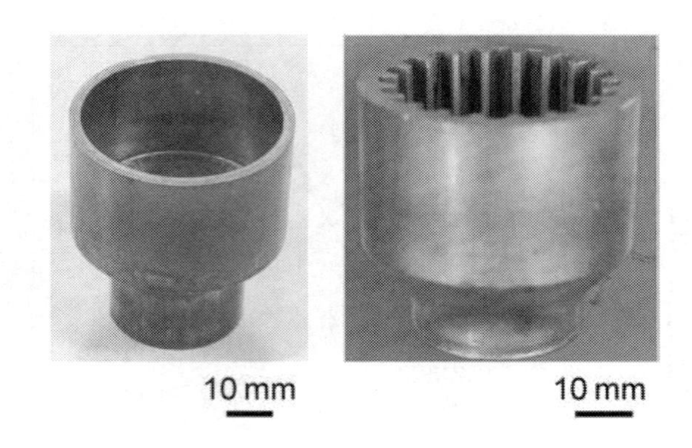

図8　試作鍛造品の例（外観写真）

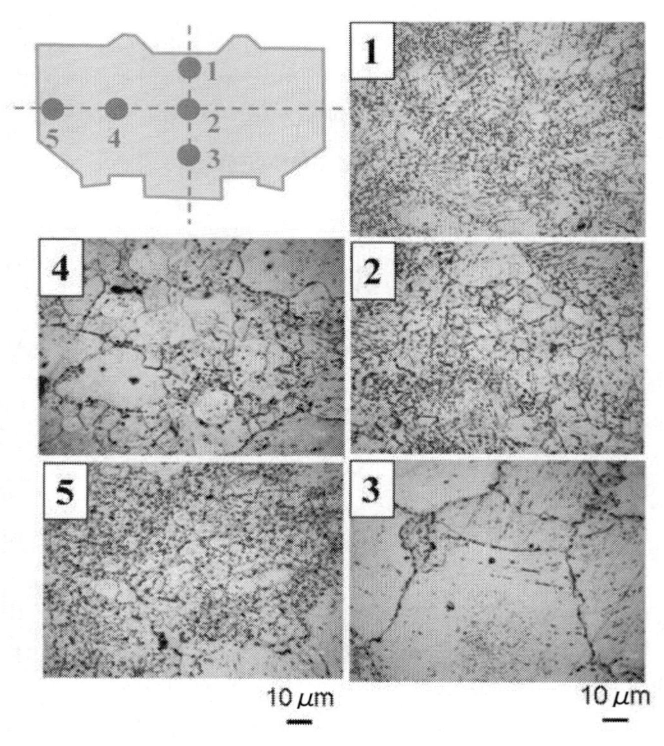

図9　前鍛造後の組織
ブランク高さ 35 mm，材料温度 300 ℃，加工速度 10 mm/s

に制御できるサーボプレスが有用である。図7にはサーボプレスによる成形シークエンスの例を示す。予熱したブランク材を加熱された金型に投入し，上からパンチで圧縮加工するが，ブランク材の径は金型の径よりも小さいので，最初はブランク材が横に広がり，あるところでブランク材の径と金型の径が一致する。ここまでのいわゆる据え込み圧縮工程で，動的再結晶によりブランク材の結晶粒は微細化する。ここからさらにパンチで押し続けると，材料は前方と後方に押出

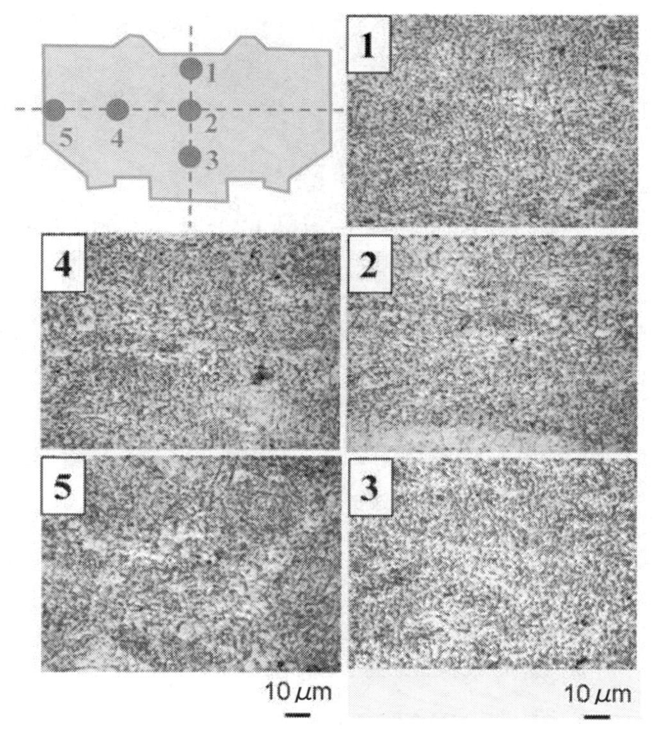

図 10　前鍛造後の組織
ブランク高さ 48 mm，材料温度 300 ℃，加工速度 10 mm/s

されて最終的な形状に成形される。図 8 にこのプロセスで試作された鍛造品（素材は AZ91）の例を示す。サーボプレスでは各工程の加工速度は任意に制御することができるが，一般的には前鍛造工程は動的再結晶の進行とブランク材の工程初期の割れを防止する観点から比較的ゆっくりと，その後の成形工程は組織の粗大化防止や生産性を考慮して早い加工となる。

次にサーボプレスを用いて前述のプロセスで試作した鍛造品の，組織と引張特性の例を示す[8,9]。ブランク材は直径 155 mm の AZ91 合金連続鋳造ビレットから切出した，直径 35 mm，高さ 35 mm および 45 mm の円柱である。ブランク材の予熱温度は 300 ℃，金型温度 310〜320 ℃，鍛造速度 10 mm/s である。図 9 に前鍛造後の組織を示す。図中の 2 のように加工度が大きい部分では平均結晶粒径が約 6 μm と顕著に微細化しているものの，3 のように加工度が小さい部分では結晶粒が粗大なまま残っているのがわかる。図 10 はブランク材の高さを 48 mm と高くすることにより加工度を大きくした場合の前鍛造後の組織を示す。この場合はほぼ全域にわたって微細結晶粒組織となり，平均粒径は約 4 μm に達している。図 10 の前鍛造に引き続いて同一金型内で 10 mm/s の成形速度で成形鍛造したモデル製品の断面組織を図 11 に示す。観察したいずれの部位においても，結晶粒径は 10 μm 以下に微細化している。位置②は据え込み圧縮を受けた部分であるが，平均結晶粒径は 7.5 μm，再結晶率は 95 %と均一微細な組織が得られた。後

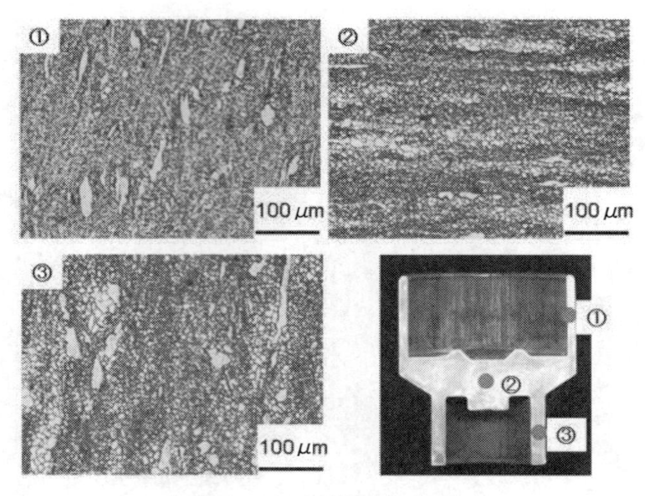

図11　モデル鍛造品の組織

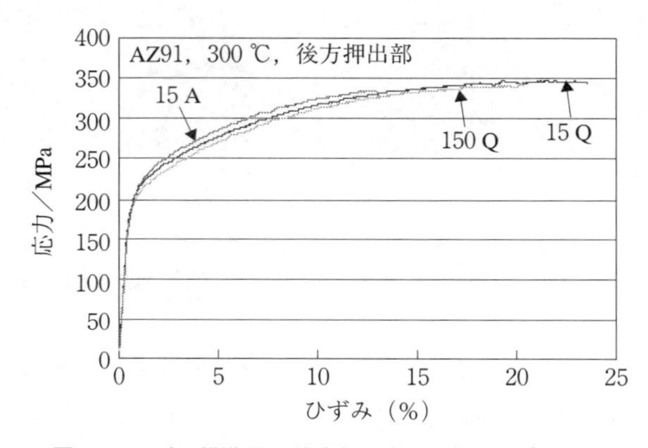

図12　モデル鍛造品の後方押出部の応力-ひずみ曲線

方押出加工された位置①でも平均結晶粒径は5～6 μm 程度と非常に微細化していた。ただし，位置①と同様に前方押出された位置③でも，据え込み圧縮を受けた部分に比べて，再結晶率はやや低い傾向が認められた。

このモデル製品の後方押出部分から切出した試験片について引張試験を行った結果を図12に示す。鍛造材はAZ91という高Al組成であるにも関わらず，15 %を超える破断伸びを発現しており，強度はおよそ350 MPaに達している。この例で示すように，適切な条件において複合加工を行うことによって，鋳造材から直接に一貫鍛造ができ，鍛造本来の優れた引張特性を発現させることが可能である。図には加工後に製品を取出す過程での冷却効果を考慮した結果を同時に示しており，15 A は加工終了後15秒間金型内に保持後に取出して空冷したもの，15 Q および150 Q は金型内でそれぞれ15秒および150秒保持後に取出して水冷したものである。AZ91合金はAl-Mgのβ相（$Mg_{17}Al_{12}$）の析出による熱処理効果が大きいために，加工時の熱履歴によって材料特性の制御が可能であることを示唆している[4]。なお詳細は省略するが，このような鍛造プロセスによるAZ91合金連続鋳造材の鍛造では，前鍛造工程では1～10 mm/s，成形工程では10～200 mm/s程度まで健全な鍛造特性が確認された[10]。

6.4 今後の展望

Mg合金の鍛造においては，ここで解説した新開発技術のように成形と組織の造り込みを同時に一連の工程で行うことで好結果が得られるが，例えばAl合金のように成形加工とその後の熱処理による機械的特性の制御を独立に行うことは困難である。その観点では加工の自由度は大きくないという欠点を本質的に有している。しかし，逆に言えば成形と組織の造り込みが鋳造材からの一工程で達成され，工程がシンプルであることはコスト面での利点でもある。微細組織形成により鍛造材の特性も優れたものが得られる。したがって，Mg合金の鍛造は今後広く実用される可能性を持ち得るものと期待される。鍛造加工における組織形成は基本的に時間に支配される現象であるので，加工速度やシークエンスを自由に制御できるサーボプレスは大きな威力を発揮する。ただし，加工による動的再結晶は製品形状や金型方案による材料の流動が大きく影響するので，均一な組織を得るための加工方案を適切に行う技術は今後の重要な課題である。また，このようなプロセスを，サーボプレス以外の汎用のメカプレスに拡張することも今後の課題である。

6.5 おわりに

本解説は「マグネシウム鍛造部材技術開発プロジェクト（H18-H22，独立行政法人新エネルギー・産業技術総合開発機構」の成果の一部をまとめたものである。

文　　献

1）坂本　満ほか，金属，**80**(8)，289（2010）
2）斎藤尚文ほか，金属，**80**(10)，923（2010）
3）小池淳一ほか，軽金属，**54**(11)，460（2004）
4）W.J.Kim *et al.*, *J.Alloys and Compounds*, **460**, 289（2008）
5）F.J.Humphreys *et al.*, "Recrystallization and Related Annealing Phenomena", p.373, Elsevier (1995)
6）斎藤尚文ほか，軽金属，**60**(2)，88（2010）
7）H.Watanabe *et al.*, *Mater. Trans.*, **42**, 1200（2001）
8）H.Iwasaki *et al.*, "Magnesium", p.1091, WILEY-VCH Verlag (2009)
9）H.Iwasaki *et al.*, *Steel Research International.*, **81**, 1279 (2010)
10）岩崎　源ほか，第61回塑性加工連合講演会講演論文集，243（2010）

7　粉末冶金

近藤勝義*

7.1　はじめに

金属粉末を成形・固化する粉末冶金法を用いて，優れた力学特性が求められる構造部材を作製する場合，結晶粒微細化，固溶・析出強化，第2相分散強化など公知の強化機構に加え，固相状態での粉末固化による組成・組織制御技術を利用することで溶解製法材の特性を凌駕する材料創製が可能である。例えば，1970～80年代には粉末冶金法による非晶質相・非平衡相の形成に関する多くの研究が行われた。なかでも，急冷凝固法[1)]やメカニカルアロイング（MA）法[2)]などを用いた粉末原料の組織制御技術により，固化成形後のバルク体における非晶質構造やナノスケールの超微細構造化，非平衡相の微細分散などに関する研究が注目された。21世紀に入っては，環境調和の観点から低炭素化や省エネ化を目指した軽金属材料の高機能化に関する研究が進められている。なかでも，実用金属中で最も軽量なMgは，Si, Al, Feに次いで4番目に豊富であり，またリサイクル性にも優れることからグリーンイノベーションに貢献するエコ・マテリアルと位置付けられる。粉末冶金法を用いた組成・組織制御によるMg合金の高強度化材料設計として，例えば，遷移金属と希土類金属を適正比率でMg中に添加することでα-Mg相と濃度変調を有する長周期積層構造相からなる高強度Mg合金が知られている[3,4)]。また，急冷凝固粉末の固相焼結・押出加工により，難燃性Mg-Al-Ca-Zn系合金にて1μmを下回る微細な等軸粒を形成し，高強度・高延性化および強度異方性の低減が可能であることも示唆されている[5,6)]。他方，粉末冶金法によるナノ・マイクロスケールでの微細複合強化設計として，近年，カーボンナノチューブ（CNT）[7)]を用いた軽金属複合材料に関する研究が行われている。既に量産化されている多層CNTは，高強度・高剛性を有することから有効な分散強化材として期待される。反面，チューブ表面でのvan der Waals引力によりCNTの凝集体が容易に形成され，金属粉末と複合固化した際に凝集体が材料欠陥となる。この問題を解決すべく，MA法を用いた機械的分散技術や，樹脂/CNT/金属粉末の混合体から樹脂を除去して成形固化する製法などにより，MgへのCNTの均一分散強化が検討されている[8,9)]。ここでは，粉末冶金法を基調とするMg合金の高機能化において，多層CNTの均一単分散による組織構造や力学特性，腐食現象への影響に関する最近の研究成果[10～12)]を中心に解説する。

7.2　CNT単分散Mg粉末合金の組織構造と力学特性

CNT凝集体を解消し，1本ずつ単独で分散する，いわゆる単分散状態の形成方法として，溶液中にCNTを添加して化学的安定化処理によりチューブ表面のvan der Waals引力を解消する湿式プロセスを用いた[10)]。具体的には，酸化抑制の観点から界面活性剤を含むイソプロピルアルコールを準備し，気相法で作製した直径150 nm，平均長さ8μmのチューブ1 mass%を添加し

＊　Katsuyoshi Kondoh　大阪大学　接合科学研究所　教授

た後，超音波攪拌処理を施すことでCNT分散液を作製した。この溶液に平均粒径380 μmのAZ61合金粉末（Al; 6.38, Zn; 0.68, Mn; 0.28, Si; 0.04/wt%, Mg; Bal.）を浸漬・乾燥後，アルゴンガス雰囲気で450℃にて熱処理を施すことでCNT被覆AZ61粉末を得る。この熱処理により粉末表面に固形皮膜として存在する界面活性剤の残留物を熱分解する。AZ61粉末表面におけるCNTの被覆・分散状態を図1に示す。CNTは凝集することなく，単分散状態で粉末表面を均一に覆っており，また界面活性剤の残留皮膜も存在せず，目的とするCNT/AZ61複合粉末が得られている。この粉末を放電プラズマ焼結による緻密化，さらには押出加工を施すことで棒状の押出材とした後，X線回折による構造解析，透過型電子顕微鏡観察によるMg素地とCNTの界面構造解析，さらには常温での引張試験を実施した。ここでは，CNT分散液への浸漬条件を調整することで，押出材中のCNT量が0.71, 1.37, 1.56 mass%となる3種類の素材を作製した。図

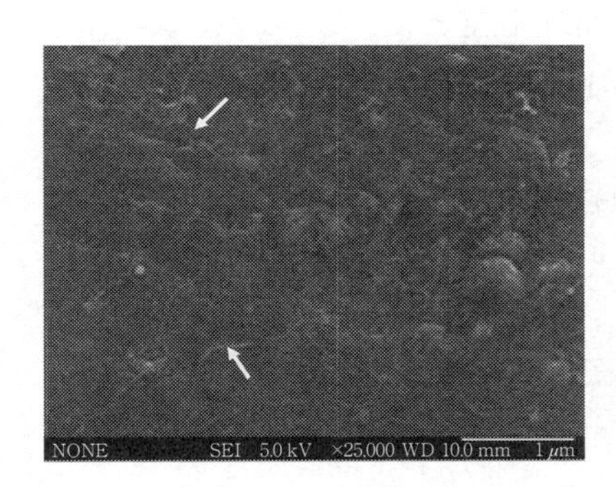

図1　湿式プロセスで作製したCNT被覆AZ61粉末表面のSEM観察結果

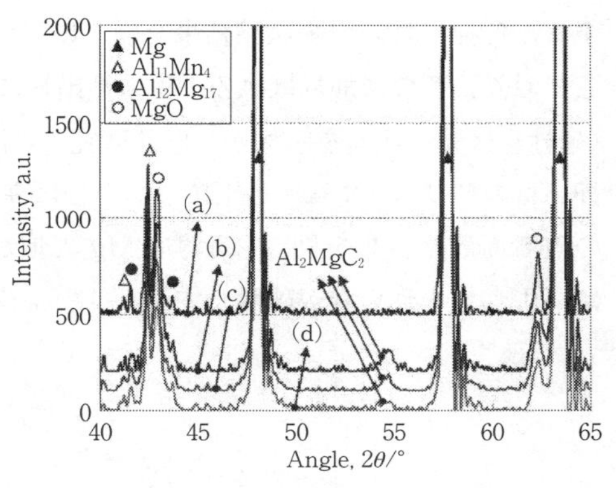

図2　CNT分散AZ61粉末押出材のX線回折結果：CNT; 0 %（a），1.56 %（b），1.37 %（c），0.71 %（d）

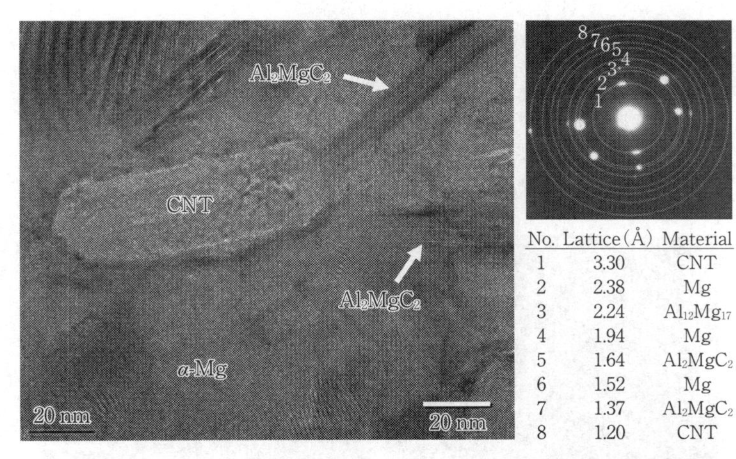

No.	Lattice（Å）	Material
1	3.30	CNT
2	2.38	Mg
3	2.24	$Al_{12}Mg_{17}$
4	1.94	Mg
5	1.64	Al_2MgC_2
6	1.52	Mg
7	1.37	Al_2MgC_2
8	1.20	CNT

図3　1.37 % CNT含有AZ61粉末押出材の透過型電子顕微鏡観察像と電子線回折パターン

２のＸ線回折結果において，AZ61 合金に起因する $Mg_{17}Al_{12}$ や $Al_{11}Mn_4$ に加えて，粉末表面の酸化膜（MgO）に由来する回折ピークが検出された。また，CNT 分散 AZ61 押出材(b)～(d)では $2\theta=54.8°$ 付近に Al_2MgC_2 の回折ピークが同定でき，その強度比は CNT 添加量に準じて増加している。Mg-C 平衡状態図[13]において Mg_2C_3 や MgC_2 などの炭化物は存在するものの，いずれも炭素量が 60～67 mol％の領域で生成し，かつ不安定相であるため[14]，CNT 分散 Mg 複合材においてこれら反応生成物の存在は困難である。他方，炭素繊維（CF）を含む Mg-Al 合金における CF と Mg 素地の界面では，Mg-Al-C 平衡状態図[15]に示される Al_2MgC_2 の針状炭化物の生成が報告されている[16,17]。今回作製した AZ61 押出材内に分散する CNT 近傍における TEM 観察像とその電子線回折パターンを図３に示す。CNT 表面から Mg 素地に対して針状に突き出した化合物は Al_2MgC_2 と同定され，サイズスケールは異なるものの，既往研究で報告されている炭化物と似た形状を有している。また CNT と Al_2MgC_2 の界面整合性は良好であり，高い密着性を有する。各押出材の引張試験結果を図４に示す。CNT 含有量の増加に伴い，耐力値は徐々に増大しており，その増加量は AZ61 粉末押出材に対して 21～29 MPa 程度となった。なお，破断伸び（延性）は減少傾向を示すが，既往研究[10]で報告されている 1.43 mass％ CNT を含む AZ31 粉末押出材の伸び（～3％）と比較して十分に高い値を有する。走査型電子顕微鏡による引張試験後の破断面観察結果を図５に示す。Mg 素地から CNT が抜け落ちた形跡はなく，分散する CNT はいずれもそれ自身が破断しており，引張荷重を担ったことが示唆される。特に，同図(b)に示

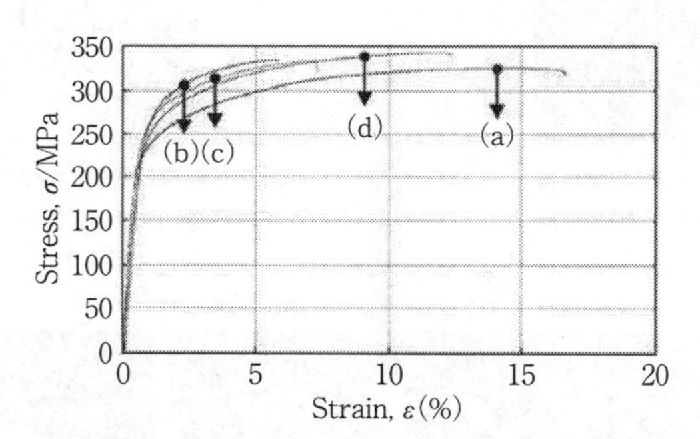

図４　CNT 分散 AZ61 粉末押出材の引張試験結果：CNT; 0％（a），1.56％（b），1.37％（c），0.71％（d）

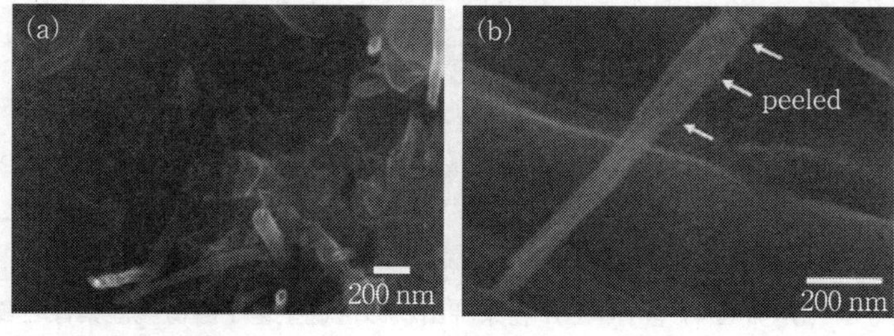

図５　引張試験後の 1.56％ CNT 含有 AZ61 合金試料の破断面観察結果

すように表層部が剥ぎ取られた形態のCNTが試験片破断面に存在する。これらの結果からMg素地とCNTは良好な界面密着性を有しており，なかでもAl_2MgC_2の存在が界面での応力伝達に対して有効に作用することでCNT分散量の増加に伴い引張耐力が増大したと考えられる。

7.3　界面電位差と初期ガルバニック腐食現象

一般に，電位が異なる金属が接する界面ではその電位差に起因して電位の卑な金属が腐食する，いわゆるガルバニック腐食現象が生じる[18]。純金属の電位差はその標準電極電位差や仕事関数の差と相関性を有することから，例えば，負の標準電極電位（−2.356 V）を有するMgは異材界面において卑な側となることが多く，優先的に腐食が進行する。他方，イオン化傾向が小さい物質ほど，標準電極電位が大きくなり，例えば，金や銀などの貴金属は1 Vを超える正の値を有する。炭素は陽イオン，陰イオンのいずれにもなれるものの，イオン化には1090～4600 kJ/mol程度の大きなエネルギー[19]を要するため，炭素をイオン化することは極めて困難である。つまり，炭素は貴金属よりも高い電位を有することでMgとCNTの界面には顕著な電位差が存在すると考えられる。既往研究[11]において，多層CNTを含むAZ31B粉末押出材を用いて塩水浸漬試験（30℃-0.51 M NaCl水溶液にて3時間浸漬）を実施した結果，CNT含有量の増加に伴って腐食による体積減少量が著しく増大することが報告されている。またCNTとMg素地の界面電位差を走査型ケルビンプローブフォース顕微鏡（SKPFM）[20,21]により計測したところ，例えば，図6に示すように約1.1 Vの電位差が確認され，これが初期段階でのガルバニック腐食を誘発した要因と考えられている。他方，Mg素地に含まれるAl含有量が表面電位に及ぼす影響に関して，図7に見るようにAl含有量の増加に伴いその値は増大する[21]。そこで，AZ61中の合金成分であるAlに着目し，熱処理によってCNT周辺にAl濃化領域を形成してCNT/Mg

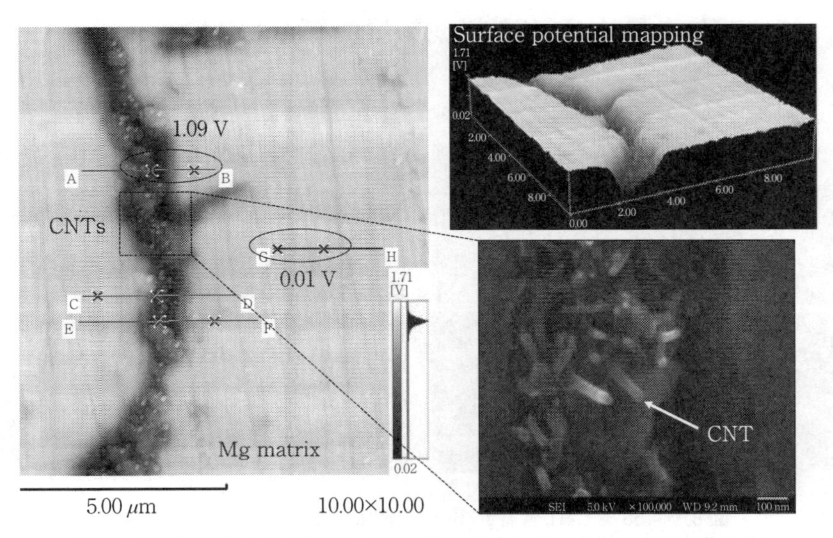

図6　SKPFMによるCNTとMgの界面近傍での観察像と表面電位分布

界面での電位差の低減を試みた。ここでは，1.56 mass% CNT を含む AZ61 粉末押出材を対象とし，熱処理温度を 550 ℃とした。図 8 の SEM-EDS 分析結果に見るように，熱処理前(a)では素地領域において Al は均一に固溶した状態であるのに対して，熱処理(b)を施すことで CNT の周辺に Al が拡散・濃化した。両試料における CNT/Mg 界面での表面電位分布を SKPFM により計測した。その結果，図 9 に示すように熱処理前では界面近傍に急激な電位低下（～0.9 V）が確認されるが，熱処理材(b)では緩やかな勾配を伴って電位が変化している。特に，熱処理により形成された Al 濃化域と Mg 素地の界面での電位差は約 0.2 V に減少した。そこで，各押出材試料を塩水浸漬試験に供じて NaCl 水溶液の pH 値を計測することで CNT 分数 AZ61 複合材の腐食速度を算出した。図 10 に見るように CNT 量の増加に伴い電位差を生む CNT/Mg 界面が増えるため，腐食速度は増大するものの，熱処理を施すことでその値は 1/3～1/4 に低減する。つまり，上記の SKPFM 計測結果が示したように熱処理による Al 濃化域の形成に伴い CNT/Mg 界面での電位差が減少し，その結果，初期のガルバニック腐食現象が抑制されたといえる。

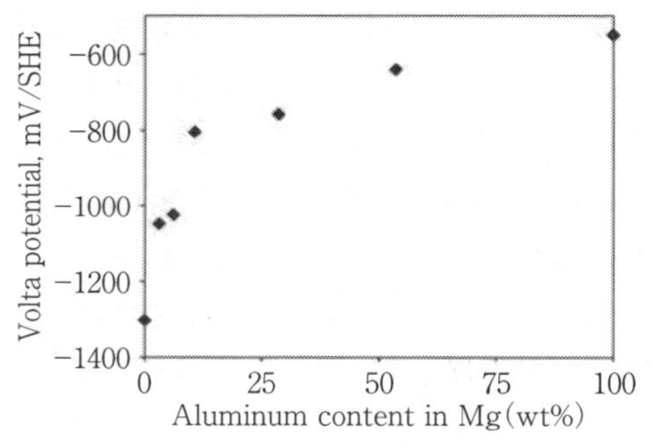

図 7　Mg-Al 系合金における表面電位と Al 含有量の関係[21)]

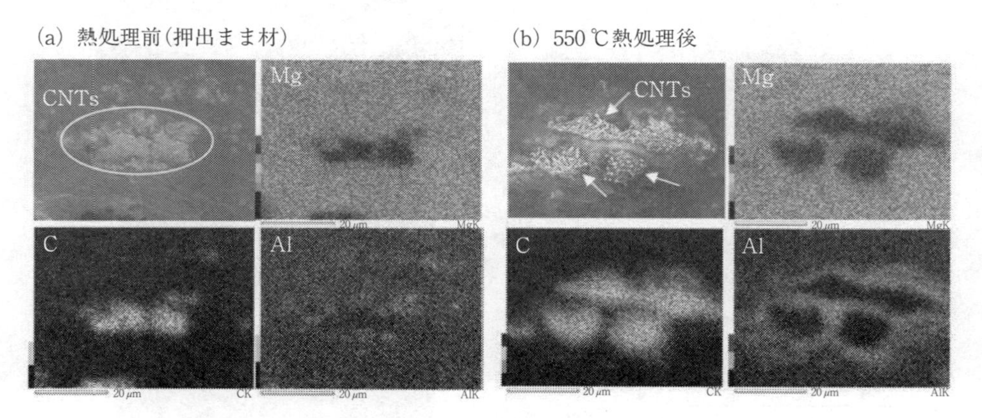

図 8　1.56 % CNT 含有 AZ61 粉末押出材の SEM-EDS 分析結果
熱処理前(a)と熱処理後(b)

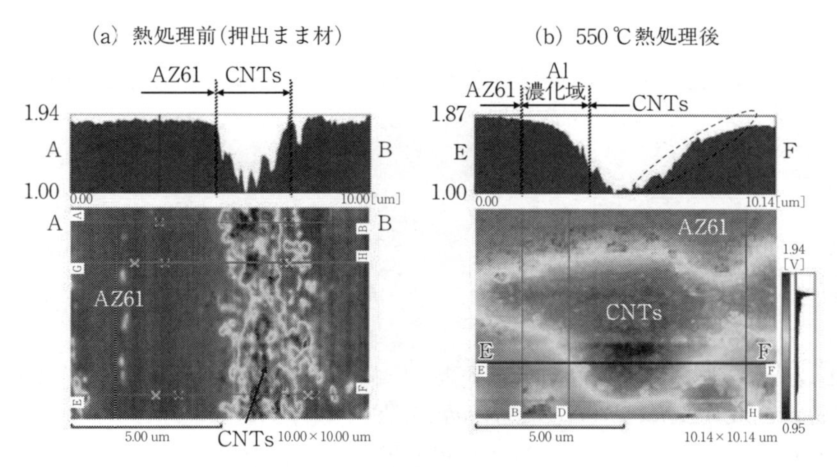

図9　1.56％CNT含有AZ61粉末押出材のSKPFMによる電位分布計測結果
熱処理前(a)と熱処理後(b)

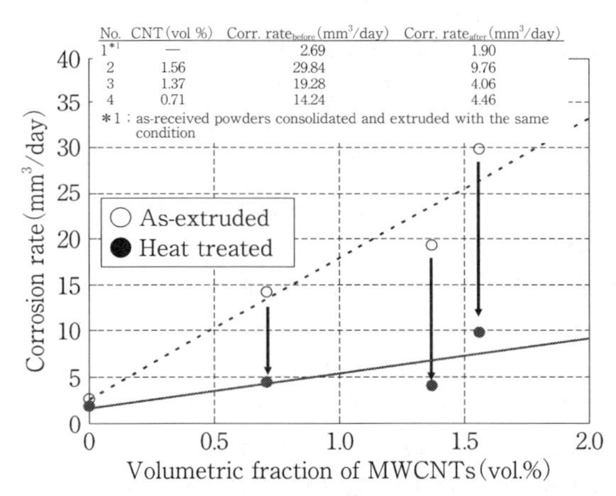

図10　CNT含有AZ61粉末押出材におけるCNT含有量と腐食速度の関係および熱処理の影響

7.4　今後の展望

Mg合金の広範囲における実用化を促すには，機械的特性と耐腐食性のさらなる向上が不可欠であり，組成・組織制御は有効な手法の一つである。その際，析出・分散強化相や素地中への固溶元素が初期のガルバニック腐食現象に影響を及ぼすことが明らかとなったことから，今後はそれらの影響を定量的に解析した上で合金設計に反映する必要がある。他方，表面電位差の低減において，卑側な試料最表面における荷電子密度の制御はガルバニック腐食の抑制に有効であると考えられ，このような観点からの革新的な表面改質プロセスの構築が今後の課題であると考える。

7.5 おわりに

本解説は，公益財団法人軽金属奨学会・教育研究資金により遂行した研究成果の一部を含むものである。

文　献

1）R. M. German 著，三浦秀士，高木研一訳，粉末冶金の科学，㈱内田老鶴圃（1996）
2）J. S. Benjamin, *Metallurgical Transactions*, **1**, 2943-2951（1970）
3）Y. Kawamura *et al.*, *Materials Transactions*, **42**, 1172-1176（2001）
4）M. Matsuda *et al.*, *Materials Science and Engineering A*, **386**, 447-452（2004）
5）K. Kondoh *et al.*, *Materials and Design*, **31**, 1540-1546（2010）
6）E. H. Ayman *et al.*, *Acta Materialia*, **59**, 273-282（2011）
7）S. Iijima *et al.*, *Journal of Chemical Physics*, **104**, 2089-2092（1996）
8）R. George *et al.*, *Scripta Materialia*, **53**, 1159-1163（2005）
9）J. Yang *et al.*, *Materials Science and Engineering A*, **370**, 512-515（2004）
10）K. Kondoh *et al.*, *Materials Science and Engineering A*, **527**, 4103-4108（2010）
11）H. Fukuda *et al.*, *Corrosion Science*, **52**, 3917-3923（2010）
12）H. Fukuda *et al.*, *Composites Science and Technology*, **71**, 705-709（2011）
13）B. Hu *et al.*, *Journal of Mining and Metallurgy*, **46B**, 97-103（2010）
14）K. Kondoh *et al.*, *Scripta Materialia*, **57**, 489-491（2007）
15）J. C. Viala *et al.*, *Journal of Materials Science*, **35**, 1813-1825（2000）
16）A. Feldhoff *et al.*, *Advanced Engineering Materials*, **8**, 471-480（2000）
17）Z. L. Pei *et al.*, *Journal of Materials Science*, **44**, 4124-4131（2009）
18）Harvey P. Hack, Galvanic Corrosion, ASTM STP 978（1988）
19）IUPAC Compendium of Chemical Terminology（2nd ed）, Blackwell Scientific Publications, Oxford（1997）
20）升田博之，表面技術，**59**, 812-817（2008）
21）M. Jönsson *et al.*, *Corrosion Science*, **48**, 1193-1208（2006）

第6章　接合技術

宮下幸雄*

1　はじめに

近年，マグネシウム合金の材料開発および実用化が進み，溶接・接合に関する報告も以前よりは格段に多くなってきている。従来の溶接法に加え，例えば，摩擦攪拌接合（FSW, Friction

表1　各種マグネシウム合金の溶接性[1)]

A，excellent; B，good; C，fair; D，limited weldability

Alloy	Rating
Casting alloys	
AM100A	B+
AZ63A	C
AZ81A	B+
AZ91C	B+
AZ92A	B
EK30A	B
EK41A	B
EQ21	B
EZ33A	A
KIA	A
QE22A	B
ZE41A	B
WE43	B−
WE54	B−
ZC63	B−
ZK51A	D
ZK61A	D
Wrought alloys	
AZ10A	A
AZ31B,C	A
AZ61A	B
AZ80A	B
MIA	A
ZE10A	A
ZK21A	B
ZK60A	D

*　Yukio Miyashita　長岡技術科学大学　工学部　機械系　准教授

Stir Welding）やハイブリッド溶接など，新しい接合法をマグネシウム合金に適用した研究報告も多く見られ，とくに，FSW とレーザの適用例が多い。また，実用的な資料や総説も存在し[1〜8]，表１に示すように各種マグネシウム合金の溶接性についてまとめられている例もある[1]。このように，マグネシウム合金の接合に関する研究報告は多くなっているが，鉄鋼やアルミニウム合金と比較すると，一般には経験の蓄積や実績が少ないため，基礎的な材料特性やノウハウについて，実際の製造現場ではまだ理解が十分とは言えないのが現状であろう。同じ軽金属としてアルミニウム合金と比較され，同様に扱われる場合もあるが，当然，マグネシウム合金特有の材料特性に起因する接合性を理解することが重要である。本章では，構造用材料としての適用において重要な溶融溶接を中心に，マグネシウム合金の接合について述べる。

2　マグネシウム合金の溶融溶接

マグネシウム合金もアルミニウム合金と同様，MIG[9]，TIG[10]，レーザ[11]，電子ビーム[12]，スタッド溶接[13]，抵抗スポット溶接[14]などといった各種溶接法の適用例がある。実際の施工上は，他の金属材料とは異なる，マグネシウム合金の材料特性に起因する問題点があり，工夫が必要である。マグネシウム合金の溶接特性を理解する上で，材料特性に起因して，とくに重要と考えられる点は以下の通りである。

(1)　酸化

マグネシウム合金は，大気中で酸化しやすく，アルゴンやヘリウムなどの不活性シールドガスを用いることが重要である。ただし，用いるシールドガスによっては，酸化のみではなく，他にも影響を及ぼす。シールドガスに関して，アルゴンとヘリウムの混合ガスを用いた場合には，混合比により溶接性が異なり，ヘリウム濃度が高い方が，アーク電圧が増加し，高い入熱となるため，深溶け込みを得やすい。他にも，レーザ溶接においては，プラズマの発生を抑えることができること，などが報告されている[11]。ただし，同程度のシールド効果を得るためには，ヘリウムガスはアルゴンガスよりも必要な量が多く，高価なことが問題である[3]。また，ヘリウムガスのみではスパッタを増加させるという報告もある[1]。その他，酸化の対策として，フラックスを用いる場合もある。

(2)　溶融

マグネシウムとアルミニウムの物理的性質を表２に示す。同表より，アルミニウムと比較してマグネシウムは，熱容量および熱伝導率が小さく，さらに融点が低いために，溶融しやすい。また，表面張力もアルミニウムに比べてマグネシウムは低い。施工上，裏当てを用いることができる場合は良いが，実構造物の溶接における施工時に，トーチ角度が変わると，過溶融による溶け落ちを発生しやすいため注意が必要である。他に，融点と沸点の温度差が小さく，この点も，入熱の困難さの一因である。

(3)　熱ひずみ

表2　マグネシウムとアルミニウムの物理的性質

	Magnesium	Aluminum
Density（Mg/m^3）	1.74	2.70
Melting point（℃）	651	660
Boiling point（℃）	1107	2056
Surface tension*1（mN/m）	559	914
Specific heat*2（J/kgK）	1022	900
Heat capacity*2（J/m^3K）	1778	2430
Thermal expansion coefficient*3（$10^{-6}/K$）	26.1	23.9
Thermal conductivity*2（W/mK）	167	238

*1 at the melting point
*2 at 20℃
*3 at 20～100℃

マグネシウムの熱膨張係数は，アルミニウムと比較して大きく，溶接による熱ひずみや変形を生じやすく，また，残留応力の存在は，応力腐食割れを導く原因にもなる。そのため，変形が著しい板厚・継手形状の場合，溶接中には治具による拘束が重要であり，また，溶接後の熱処理による残留応力の除去を要する場合もある。

⑷　材料組成

マグネシウム合金の添加元素として多く用いられているAlおよびZnの影響は以下の通りである。まず，Alの添加は，10％程度では，溶接部の結晶粒微細化や割れ防止に有効であり，溶接性には良いとされている[3,4]。しかし，溶接時の溶融・凝固過程を考えると，非平衡状態となるため，Alの添加により固溶限が低下し，金属間化合物が生成しやすくなる。さらに，これら共晶の晶出により凝固温度範囲も拡大される。Znの添加は，1％以上では熱間割れを，3％以上では溶接割れを助長するとされている[4]。

以上の材料特性を理解し，各種溶接法において適切な溶接法を用いることが重要である。以下，各種溶接法に関して概要を述べる。

2.1　MIG溶接

MIG溶接は，TIG溶接に比べて高速溶接が可能であり，厚もの溶接にも適している。MIG溶接の基本的なプロセスは，電極ワイヤ先端から溶融した溶滴がアークにより溶融した母材溶融池に移行する。このときの移行形態は，ワイヤの材質，供給速度，電流により変化する。ワイヤ供給速度と溶接電流による移行形態の変化を図1に示す[2]。パルス電源を用いた場合，ワイヤの供給速度および電流の増加にともない，短絡移行，パルス移行，スプレー移行へと変化する。マグネシウム合金は，アルミニウム合金と比較して，電極ワイヤ先端からの溶滴の移行が困難であり，ワイヤ先端で溶滴が蒸発するとスパッタの原因となるため，適切な条件範囲が狭い。なお，近年，マグネシウム用に電源特性を調整した，デジタルインバータ制御式パルス電源が市販されている[7)]。溶加材は，AZ31やAZ61などでワイヤ径1.2～1.6 mm程度の溶接用ワイヤが入手可能である。マグネシウム合金溶接ワイヤは，変形しやすいため，適切なワイヤ供給装置を選ぶことが望ましい。また，マグネシウムは酸化しやすく，ワイヤの保管には十分な注意が必要である。

2.2 TIG溶接

TIG溶接は，MIG溶接のように溶接プロセスにおいて電極の消耗をともなわず，ワイヤの供給条件を細かく調整できる。一般的には，通常の交直両用電源を用いて，交流か，直流の逆極性

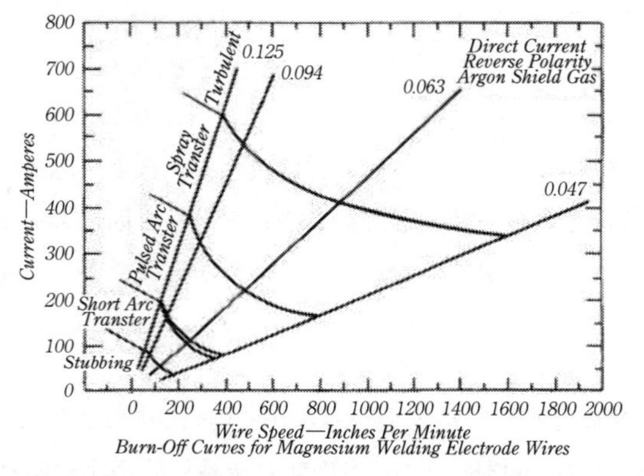

図1　ワイヤ供給速度と溶接電流による移行形態の変化[2)]

表3　各種マグネシウム合金に対する溶加材[1)]

Base alloy	Filler metal for use with indicated base alloys																		
	AM100A	AZ10A	AZ31, AZ31C	AZ61A	AZ63A	AZ80A	AZ81A	AZ91C	AZ92A	EK41A	EZ33A or HK31A	KIA or HZ32A	LA141A	MIA, MGI	QE22A	ZE10A	ZE41A	ZK21A	ZK51A, ZK60A, ZK61A
AM100A	AZ92A, AZ101	…	…	…	…	…	…	…	…	…	…	…	…	…	…	…	…	…	…
AZ10A	AZ92A	AZ61A, AZ32A	…	…	…	…	…	…	…	…	…	…	…	…	…	…	…	…	…
AZ31B, AZ31C	AZ92A	AZ61A, AZ92A	AZ61A, AZ92A	…	…	…	…	…	…	…	…	…	…	…	…	…	…	…	…
AZ61A	AZ92A	AZ61A, AZ92A	AZ61A, AZ92A	AZ61A, AZ92A	…	…	…	…	…	…	…	…	…	…	…	…	…	…	…
AZ63A	(a)	(a)	(a)	(a)	AZ92A	…	…	…	…	…	…	…	…	…	…	…	…	…	…
AZ80A	AZ92A	AZ61A, AZ92A	AZ61A, AZ92A	AZ61A, AZ92A	(a)	AZ61A, AZ92A	…	…	…	…	…	…	…	…	…	…	…	…	…
AZ81A	AZ92A	AZ92A	AZ92A	AZ92A	(a)	AZ92A	AZ92A, AZ101	…	…	…	…	…	…	…	…	…	…	…	…
AZ91C	AZ92A	AZ92A	AZ92A	AZ92A	(a)	AZ92A	AZ92A	AZ92A, AZ101	…	…	…	…	…	…	…	…	…	…	…
AZ92A	AZ92A	AZ92A	AZ92A	AZ92A	(a)	AZ92A	AZ92A	AZ92A	AZ101	…	…	…	…	…	…	…	…	…	…
EK41A	AZ92A	AZ92A	AZ92A	AZ92A	(a)	AZ92A	AZ92A	AZ92A	AZ92A	EZ33A	…	…	…	…	…	…	…	…	…
EZ33A or HK31A	AZ92A	AZ92A	AZ92A	AZ92A	(a)	AZ92A	AZ92A	AZ92A	AZ92A	EZ33A	EZ33A	…	…	…	…	…	…	…	
KIA or HZ32A	AZ92A	AZ92A	AZ92A	AZ92A	(a)	AZ92A	AZ92A	AZ92A	AZ92A	EZ33A	EZ33A	EZ33A	…	…	…	…	…	…	…
MIA, MGI	AZ92A	AZ61A, AZ92A	AZ61A, AZ92A	AZ61A, AZ92A	(a)	AZ61A, AZ92A	AZ92A	AZ92A	AZ92A	AZ92A	AZ92A	AZ92A	(b)	AZ61A, AZ92A	…	…	…	…	…
ZE41A	(a)	(b)	(b)	(b)	(a)	(b)	(b)	(b)	(b)	EZ33A	EZ33A	EZ33A	(b)	(b)	EZ33A	(b)	EZ33A	…	…
ZK21A	AZ92A	AZ61A, AZ92A	AZ61A, AZ92A	AZ61A, AZ92A	(a)	AZ61A, AZ92A	AZ92A	AZ92A	AZ92A	AZ92A	AZ92A	AZ92A	(b)	AZ61A, AZ92A	AZ92A	AZ61A, AZ92A	AZ92A	AZ61A, AZ92A	…
ZK51A, ZK60A, ZK61A	(a)	(a)	(a)	(a)	(a)	(a)	(a)	(a)	(a)	(a)	(a)	(a)	(a)	(a)	(a)	(a)	(a)	(a)	EZ33A

(a) Welding not recommended. (b) Welding data not available

で溶接を行い，溶接時において，電極が正（+），マグネシウム合金母材が負（－）のときに生じる，母材表面の酸化膜を破壊・除去するクリーニング効果を利用する。なお，板厚が厚い場合には，交流電源を用いた方が深い溶け込みを得られるため良い。また，パルスの影響について，ある周波数までは結晶組織の微細化に有効であるとの報告もある[10)]。TIG溶接に用いられる溶加棒は，一般的なAZ系合金をはじめ，様々な種類がある。各種母材に対する適切な溶加材を表3に示す[1)]。

2.3　レーザ溶接

レーザ溶接の特長は，高速溶接が可能であること，キーホール溶接による深溶け込みが得られること，溶融部・熱影響部を小さく抑えることが可能であること，ロボットによる自動化が行えること，などがあげられる。ただし，上述のようにマグネシウム合金は，溶融温度と蒸発温度が近似しているため，レーザのように高密度の熱源では，アンダーカット欠陥が発生しやすく，注意が必要である。レーザ装置としては，一般的にCO_2レーザやNd：YAGレーザが広く用いられている他，最近ではファイバーレーザ，ダイオードレーザなども適用されている。CO_2レーザとNd：YAGレーザによるビード形成の模式図を図2に示す。同図に示すように，CO_2レーザに比べて，Nd：YAGレーザを用いた方が，レーザ誘起プラズマの影響が小さく，良好なビードが形成されやすい。また，レーザ溶接におけるシールドガスの影響を調べた結果によると，ヘリウムガスを用いた場合には，アルゴンガスの場合のような金属蒸気やヒュームの発生がなく，ビード形状が比較的安定している[11)]。他に，ワイヤ供給装置を組合せたレーザによるすみ肉溶接なども行われている。TIG溶接，レーザ溶接，FSW接合によって得られた継手の疲労き裂伝ぱ特性を比較した報告によると，レーザ溶接により得られた継手が最も高い疲労き裂進展抵抗を示すことが明らかにされている[15)]。ただし，疲労特性には，微視組織や残留応力などが複雑に影響を及ぼすため，また，溶接条件によってそれらは変化するため，必ずしも常に同様の傾向を示すとは限らない。

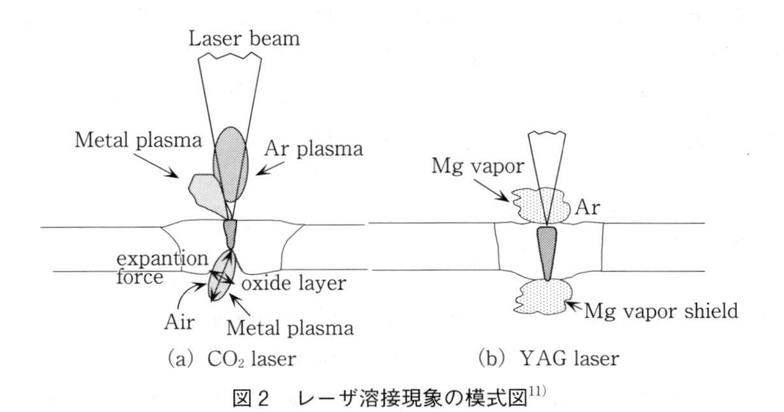

図2　レーザ溶接現象の模式図[11)]

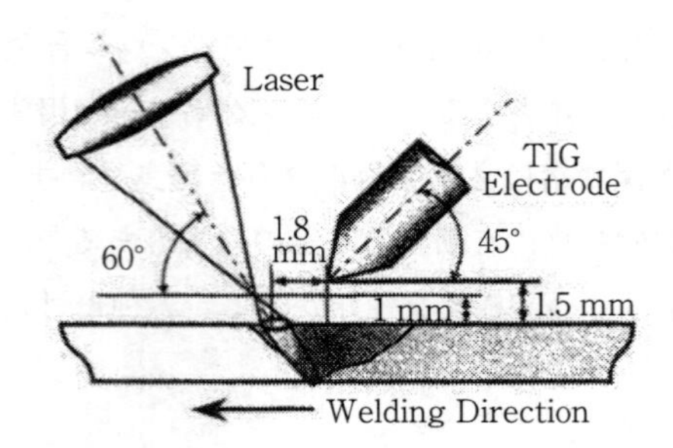

図3　YAG レーザ／TIG アークハイブリッド溶接[17]

2.4　レーザ・アークハイブリッド溶接

二つ以上の異なる熱源を組合せた溶接法をハイブリッド溶接と呼ぶ。近年，マグネシウム合金に関しても，YAG レーザと MIG 溶接を組合せたハイブリッド溶接や YAG レーザと TIG 溶接を組合せた例などが報告されている[16,17]。その効果として，単独の場合よりも効率的な入熱状態が得られ，また，そのために，溶接速度の増加が可能となる。アーク溶接トーチ位置とレーザ照射位置の関係により，当然，溶接状態は異なる。図3に示すように，アーク溶接により生じた溶融池にレーザを照射することにより，深溶け込みが実現できる[17]。また，シールドガスの供給方法を工夫することで，気孔の発生を制御できることが示されている[18]。

2.5　溶融溶接における予熱，溶接後の熱処理および接合体の強度特性

以上述べてきた溶融溶接において，予熱は，とくに鋳物の場合，割れ防止のために行う。また，厚ものの溶接にも有効である。なお，370℃以上の温度で処理を行う場合は，酸化を防止するため，SO_2ガスやCO_2ガスを用いる場合がある。溶接後の熱処理は，異常粒成長の抑制，残留応力によるひずみの除去，また，応力腐食割れの防止のために行われる[4]。

上述のいずれの溶融溶接法によっても，適切に溶接された接合体は，90％以上の継手効率を示す。溶融溶接の場合，破断部は，一般的には熱影響部であり，この部分は，結晶粒が粗大化する。また，構造物においてとくに重要な疲労に関する報告をみると，適切に溶接された TIG 溶接継手では，母材と比較して 92％の疲労強度を示しているが[10]，結晶粒の粗大化や溶接欠陥により，継手効率が 50％以下に低下する場合もある[10,18]。

3　固相接合

マグネシウム合金の固相接合として，摩擦圧接[19]や超音波接合[20]などに関する報告がある。適切な条件の固相接合により得られた接合体は，母材と同程度の強度を示す。また，近年，とくに注目されている接合法である FSW に関しては，マグネシウム合金へ適用した研究報告が多くある[6]。FSW は，1991 年に英国接合研究所（TWI）が開発した接合法である。図4に示すように，

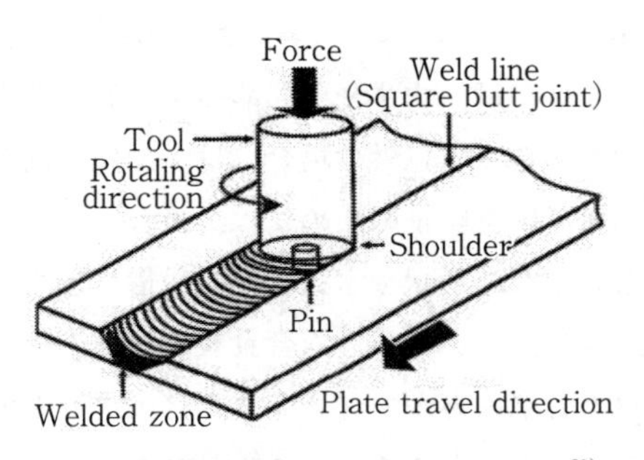

図4　摩擦攪拌接合（FSW）の模式図[21]

金属製の工具を回転させながら母材に押込み，塑性流動を生じさせ，さらに工具を移動させることで接合を行う。この手法の原理は，塑性流動であるため，固相接合であり，材料の溶融・凝固にともなう問題が生じない。マグネシウム合金は，降伏応力が低いために塑性流動を生じやすく，FSWに適しており，適切な条件で接合された継手は母材と同程度の接合強度を示し，また，溶融溶接のような熱影響部がないため，比較的大きい伸びを得られる傾向にある。塑性流動は，ツールの回転数や接合速度によってその様子が変化し，入熱が十分でないと欠陥が発生する。さらに，実用上重要な，FSW継手の腐食[22]や疲労に関する報告もある[23]。例えば，AM50のFSW継手に関する報告では，腐食挙動にはβ相が大きく影響を及ぼしており，また，腐食に対する抵抗は，母材，TMAZ（Thermo-mechanically Affected Zone），HAZ（Heat Affected Zone），SZ（Stir Zone）の順に低下することが示されている。また，AZ61のFSW継手の疲労では，結晶粒の微細化により，母材よりも，FSW継手の方が疲労強度および疲労き裂伝ぱ抵抗が大きい。言い換えると，接合部の微視組織はFSWのプロセス条件により変化するため，腐食抵抗や疲労強度も変わることを考慮する必要がある。

4　ろう接合

マグネシウム合金も他の金属材料と同様に，ろう接合法として，トーチを用いる方法，炉内ろう付および浸漬法など，いずれの方法も用いられる。AZ31BやM1Aが良好なろう接性を示す。またフィラー材としては，Zn-Al系Zn-Mg-Al系合金，Al-Zn-Mn-Mg系合金，AZ92A，AZ125A，などが用いられる[2,24~26]。ろう接合には，塩化物系のフラックスが用いられるが，腐食防止のために，フラックスの組成および洗浄が重要である。

5　機械的締結法

マグネシウム合金の機械的締結法において大きな問題は，異種金属との接触腐食である。そのため，機械的締結に用いるリベットやボルト・ナットの材質は，接触腐食を防止する目的で，

A6053，A6061およびA5056などのアルミニウム合金の使用が推奨されている[2]。ただし，腐食がそれほど厳しくない環境によっては，すずや亜鉛めっきを施した鋼製のボルトが用いられる場合もある。また，相手材がマグネシウム以外の場合には，やはり同様に，塗装やコーティングなどによる腐食防止が必要である。腐食防止のためには，接合部の設計も重要であり，高湿度環境においては，水滴が溜まらないような形状や水抜き穴の設置，また，シール材を適切に用いることなどが有効である。また，近年，マグネシウム合金製ボルトの入手が比較的容易となった。図5に示すように，アルミニウム合金の方がマグネシウム合金よりも引張強さおよび降伏応力は高いが，締付け特性は逆転している[27]。これは，マグネシウム合金製ボルトよりもアルミニウム合金製ボルトの方が摩擦係数が高く，ねじりの寄与が大きくなり，結果として低い締付け強度を示したと考えられる。実用上は，疲労特性や耐食性，ねじ底部での応力集中など，他にも考慮しなくてはならない問題はあるものの，マグネシウム合金の応用としては，興味深い。また，マグネシウム合金を高温環境下で使用する場合には，ボルト軸力の低下が問題となり，被締結材とボルト材との熱膨張率のミスマッチに起因したクリープ変形により軸力が低下する場合がある[28]。

他の機械締結法として，主に自動車産業でアルミニウム合金板材に適用されているSPR（Self Piercing Rivet）接合をマグネシウム合金へ適用した例がある[29,30]。同接合法は，模式図を図6に示すように，上板を貫通したリベットが下板を貫通せずに変形することで接合する。従来のリベット接合と異なり，下穴をあける必要がないため，生産性に優れ，また，接合部の気密性およ

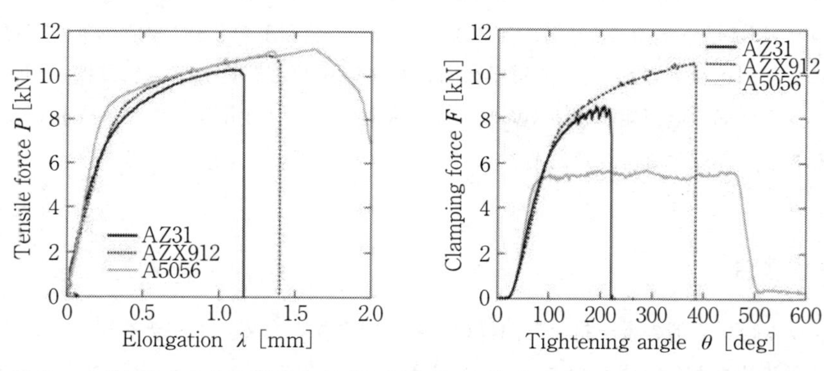

図5　マグネシウム合金製ボルト（AZ31, AZX912）とアルミニウム合金製ボルトの引張特性（左図）および締付け特性（右図）の比較[28]

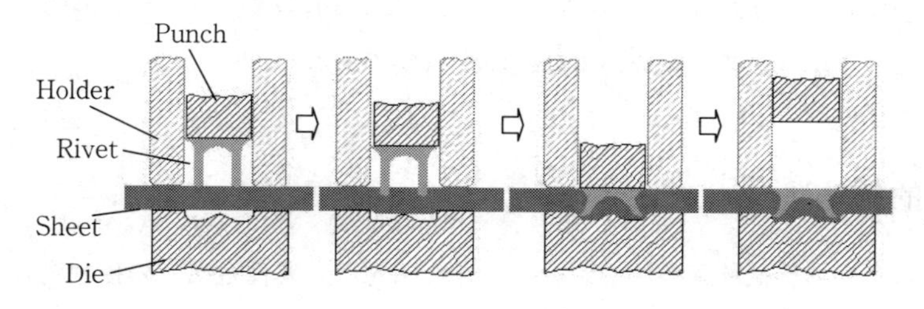

図6　SPR接合の模式図

び耐食性の確保に対しても有効である。同接合法をマグネシウム合金に適用すると，室温では，下板に割れが生じやすいが，加熱により変形能を向上させた状態でSPR接合を行うと割れを低減させることができる。また，下板の割れに対する実用的な解決策として，接着併用SPR接合も試みられている。

6　接着

接着は，接合体の強度特性が接着剤の強度特性に依存し，とくに，高温においては注意を要するが，他の機械的締結法などと併用することで継手としての強度特性が向上することや，作業の容易さ，溶接時の残留応力の問題がほとんどないこと，などは大きなメリットである。接着剤としては，フェノール系やエポキシ系の材料が用いられる。接着前の表面処理として，油分の清浄やブラスト処理，場合によっては，陽極酸化処理なども用いられる[2)]。

7　異種金属接合

近年，異種金属接合に関する報告が多く，マグネシウム合金においても，抵抗溶接[31)]，TIG溶接[32)]，摩擦圧接[33)]，レーザ溶接[34)]，FSW[35,36)]などといった例がある。また，相手材も，アルミニウム合金，チタン合金，鉄鋼，銅など，様々である。基本的に，マグネシウム合金は，電位的には碑の金属であり，接触腐食が生じやすく，異材接合においては大きな問題となるため，相手材としては，比較的電位差の小さいアルミニウム合金が主として取り上げられているようであるが，界面でぜい弱な金属間化合物が生じるため，高い接合強度を得ることは困難である。接合体の強度として，例えば，FSWでは77％程度の継手効率が得られている[35)]。また，レーザ溶接でも，入熱方法を工夫することで界面の温度分布を制御し，拡散接合と同程度の強度を示す接合体は作製が可能である[37)]。他に，ツインレーザビームを適用し，前方のビームで予熱を行い，後方のビームでAl12Siのろう材を溶融させることで，マグネシウム合金とアルミニウム合金の異材接合を行った例もある[34)]。

文　献

1）　M.M.Avedesian, H.Baker, ASM Specially Hand book, Magnesium and Magnesium Alloy (1999)

2）　DOW Magnesium Company, Joining Magnesium (1990)

3）　小松龍造，伊藤　茂，軽金属溶接，**14**(3)，pp.25-35（1976）

4) 中田一博，日本マグネシウム協会，接合技術分科会例会，各種マグネシウム合金接合技術の現状と課題（2003）
5) 笹部誠二，溶接学会全国大会講演概要第 74 集，pp.35-40（2004）
6) 中田一博，溶接学会全国大会講演概要第 82 集，pp.21-25（2008）
7) 上園敏郎，上山智之，溶接学会全国大会講演概要第 82 集，pp.15-20（2008）
8) X. Cao, M. Jahazi, J.P. Immarigeon, W. Wallace, *Journal of Materials Processing Technology*, **171**(2), pp.188-204（2006）
9) 例えば；上山智之，仝紅軍，中田一博，溶接学会全国大会講演概要第 71 集，pp.254-255（2002）
10) 例えば；朝比奈俊勝，時末　光，軽金属，**45**(2)，pp.70-75（1995）
11) 例えば；平賀　仁，井上尚志，鎌土重晴，小島　陽，溶接学会論文集，19(4)，pp.591-599（2001）
12) 例えば；朝比奈俊勝，加藤数良，時末　光，軽金属，**50**(10)，pp.512-517（2000）
13) 例えば；平石　誠，渡辺健彦，高野　格，軽金属，**52**(8)，pp.359-364（2002）
14) 例えば；H. Shi, R. Qiu, J. Zhu, K. Zhang, H. Yu, G. Ding, *Materials & Design*, **31**(10), pp.4853-4857（2010）
15) G. Padmanaban, V. Balasubramanian, G. Madhusudhan Reddy, *Journal of Materials Processing Technology*, **211**(7), pp.1224-1233（2011）
16) 例えば；上山智之，矢澤一蔵，仝紅軍，藤江正嗣，中田一博，牛尾誠夫，溶接学会全国大会講演概要第 72 集，pp.126-127（2003）
17) 金　泰元，長谷川悠，菅　泰雄，沖　義成，溶接学会全国大会講演概要第 72 集，pp.128-129（2003）
18) B. Kleinpeter, M. Rethmeier, H. Wolfahrt, K. Dilger, Proceedings of the 6th international Conference Magnesium Alloys and Their Applications, pp.908-916（2003）
19) 例えば；朝比奈俊勝，加藤数良，時末　光，軽金属，**41**(10)，pp.2674-2680（1991）
20) 例えば；渡辺健彦，安達玄貴，軽金属，**54**(5)，pp.182-186（2004）
21) 中田一博，居軒征吾，長野喜隆，橋本武典，成願茂利，牛尾誠夫，軽金属，**51**(10)，pp.528-533（2001）
22) Rong-Chang Zeng, Jun Chen, Wolfgang Dietzel, Rudolf Zettler, Jorge F. dos Santos, M. Lucia Nascimento, Karl Ulrich Kainer, *Corrosion Science*, **51**(8), pp.1738-1746（2009）
23) 植松美彦，戸梶惠郎，戸崎康成，柴田英明，大棟貴文，溶接学会論文集，**25**(1)，pp.224-229（2007）
24) L. Ma, D.Y. He, X.Y. Li, J.M. Jiang, *Materials Letters*, **64**(5)，pp.596-598（2010）
25) L. Ma, D. He, X. Li, J. Jiang, *Journal of Materials Science & Technology*, **26**(8), pp.743-746（2010）
26) L. Liu, Z. Wu, *Materials Characterization*, **61**(1), pp.13-18（2010）
27) S. Hashimura, Y. Kurakake, Y. Miyashita, S. Yamanaka, G. Hibi, *Journal of Solid Mechanics and Materials Engineering, JSME*, **5**(12), pp.732-741（2011）
28) S. Sujatanond, Y. Miyashita, S. Hashimura, Y. Otsuka and Y. Mutoh, The 9th International Conference on Magnesium Alloys and their Applications（2012）
29) 宮下幸雄，日本マグネシウム協会技術講演会，マグネシウム合金接合・切削の最新技術

(2010)
30) Y. Durandet, R. Deam, A. Beer, W. Song, S. Blacket, *Materials & Design*, **31** (1), pp.513-516 (2010)
31) 渡辺健彦，鈴木悠史，柳沢　敦，佐々木朋裕，溶接学会論文集，**27** (3)，pp.202-207 (2009)
32) L. Liming, W. Shengxi, Z. Limin, *Materials Science and Engineering: A*, **476** (1-2), pp.206-209 (2008)
33) 加藤数良，朝比奈俊勝，時末　光，軽金属，**45** (5)，pp.255-260 (1995)
34) R. Borrisutthekul, Y. Miyashita, Y. Mutoh, *Science and Technology of Advanced Materials*, **6** (2), pp.199-204 (2005)
35) 平野　聡，岡本和孝，土井昌之，岡村久宣，稲垣正寿，青野泰久，溶接学会論文集，**21** (4)，pp.539-545 (2003)
36) 青沼昌幸，津村卓也，中田一博，軽金属，**57** (3)，pp.112-118 (2007)
37) 宮下幸雄，武藤睦治，奥村勇人，R. Borrisotthekul，藤牧正人，溶接学会全国大会講演概要第74集，pp.70-71 (2004)

第7章　切削技術

小川　誠*

1　はじめに

マグネシウム合金製品の製造法には，鋳物，ダイカスト，半溶融・チクソモールディングなど成形加工によるものが多い。それらの製品で精度を要求されるところは，必然的に切削による円筒面，平面，穴あけなどの二次加工は欠かせない。一方，高付加価値の二輪車や四輪車のマグネシウムホイールの製造は，素材から製品までの工程が，材料の90％以上を切りくずとして除去する切削加工で占められている。ところで，マグネシウム合金は反射率95％以上の精密切削面が得られれば，アルミニウム材に代わり，磁気ディスク，ポリゴンミラー，プリンタードラムなどにも応用され，光学的回転体の消費エネルギーの低減につながり，その用途拡大が期待される。

元来，切削加工におけるマグネシウム合金は，他の金属に比べて軟質で且つ脆いため，比切削抵抗がアルミニウム合金の約1/2，鋼種の約1/4と極めて小さい。したがって，発熱も少なく工具は長寿命である。しかも，定常切削領域では切削面の粗さが理論値にほぼ近いこともあって，被削性は非常に良好であるという概念が強い。ところが，現実の切削では他の金属にはあまり認められない切削中の切りくずの燃焼や激しい飛散，逃げ面付着物の発生による仕上げ面の劣化，これに伴う後加工の表面処理への悪影響，切削終了後の切りくずの再利用と安全処理[1]など特異な現象が現れ課題の多い材料である。

本章では，まずマグネシウム合金切削における様々な問題点とその解決手段を述べ，つぎに切削の中で比較的大きな比率を占めているドリル加工について，深穴加工の切りくず詰まりとその対策，並びに成形品薄肉部の小径穴加工の実状について説明する。

2　マグネシウム切削の特異性

2.1　切削による素材から製品への加工

製品は素材に何らかの作用を与えて形を変え，所望の形状・寸法につくられる。鋳造加工であれば，溶融・液化した素材・金属を鋳型に注入し，冷却・固化して必要な形の製品がつくられ，塑性加工では金属板を金型に強引に押し込み，金型とほぼ同じ形が製品となる。切削加工は図1に示すように刃物・切削工具を用いて素材・加工物の内部に高い応力を発生させ，不要な部分を

---

*　Makoto Ogawa　芝浦工業大学　名誉教授

破壊・分離し切りくずとして除去し，新しい表面の製品をつくることである。不要な部分は切りくずとして排出し，通常は廃棄処理されるが，マグネシウム合金切削では，切りくず生成が粉・粒製造の第1工程として扱う場合もある。

切削工具の先端形状は，すくい角γ，逃げ角αおよび切れ刃稜で構成される。すくい角は大きいほうが切れ味はよくなる。逃げ角は正でありさえすれば，切れ味に直接は関係しないが，問題はすくい角や逃げ角を大きくすると，くさび角βが小さくなり刃先強度が低下することである。

一般に，切削工具の具備すべき要件としては，

① 硬さと靭性：硬さが充分に高く磨耗に耐え，衝撃に強くチッピングや欠損が起こり難いこと。すなわち，長寿命工具であること。

② 鋭利な切れ刃：切取り厚さが薄くなると，図2に示すように切れ刃稜の丸味半径ρは，相

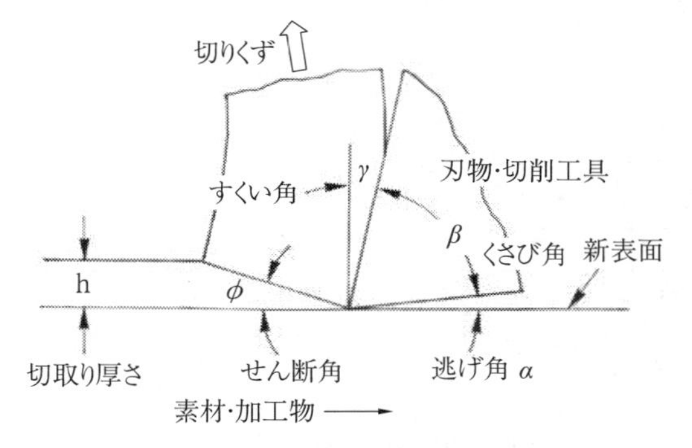

図1　切削工具の切れ刃先端の形状

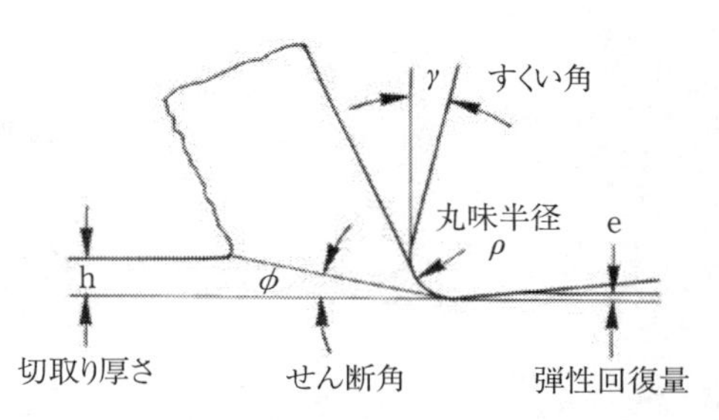

図2　切れ刃丸味半径が切取り厚さに近づいたときの切りくず生成

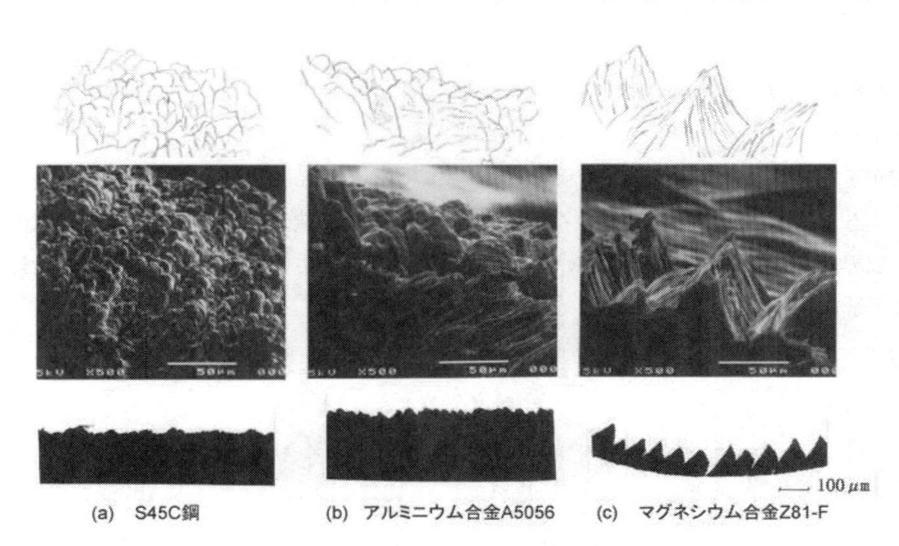

図3　各種金属における切削切りくずの表面と断面形状

対的に大きくなり，実質すくい角が減少し切れ味が低下するので，半径はできるだけ小さくすること。すなわち，刃先が鋭利で精確な切削が持続できること。

図3に鋼，アルミニウム合金，マグネシウム合金の切りくずの表面と長手方向の断面を示す。マグネシウム合金切りくずは典型的な鋸歯状で，薄く切削抵抗がかなり小さいことがわかる。断面の輪郭線は長く表面積が広いことも特徴的である。

鋼やアルミニウム合金の切りくずは流れ形で，表面は各結晶粒のひずみの大きさや粒界間の亀裂の深さの違いにより，不規則な丸味のある凹凸が認められる。アルミニウム合金の切削力は鋼の1/4以下でありながら，切りくず厚さが1.3倍である。これは加工物の延性が大きいと，図4に示す工具すくい面の摩擦仕事の割合が増すからである。マグネシウム合金は脆いので摩擦仕事は少なく，構成刃先などの付着物の発生もあまりみられない。切削に必要なエネルギーの大部分が，せん断面変形仕事で占められるから，ここでの変形の仕方が切りくずの形態を決め，切削の本質を明らかにしてくれる。

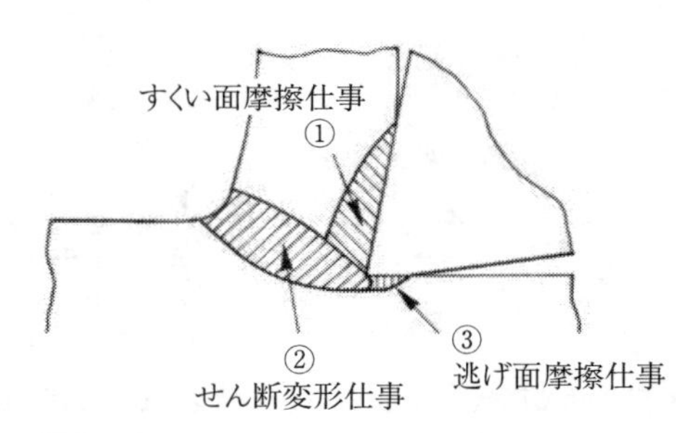

図4　切削仕事が消費される三つの領域

2.2　マグネシウム合金切削の本質

マグネシウムのすべり系を図5に示す。鋼種やアルミニウム合金など延性材の切削では，加工物表層が圧縮力を受けると，図4に示したように幅のあるせん断変形領域の塑性域を経て切りくずが形成される。これに対し，マグネシウム合金では結晶構造が最密六方格子で，常温のすべり面は，臨界せん断応力が極めて小さい底面すべり面に限られているので，切りくずは脆性的破壊によって形成される。

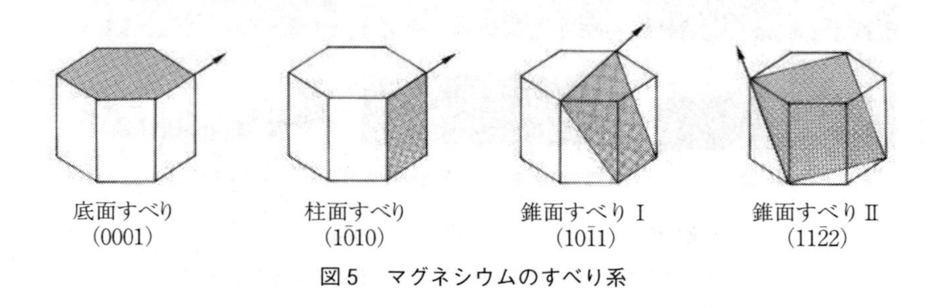

図5　マグネシウムのすべり系

切りくずの形態は，図６(a)〜(c)の三種類に分類できる。

(a)　鋸歯状切りくず[2)]

切りくず本体は僅かに変形しただけで破断を起こし，クラックの発生と集中すべりを周期的に繰り返してできる。主に切取り厚さが0.1 mm以上で発生する。鋸歯の頂角θは60〜70°で，切取り厚さが増すと大きくなる傾向にある。クラックは切取り厚さが薄いと加工物表面から発生し浅い範囲にとどまる。厚くなると刃先から発生し，表面に到達して鋸歯ごとに分離し飛散する。この分離が粉・粒の高能率な製造法として活かされている。図７にクラックが刃先から発生し飛散する様子と，鋸歯状切りくずがチクソモールディングの原料ペレットや，脱硫剤の素材として使われている事例を示す。

(b)　流れ形切りくず

切取り厚さが約0.5 mm以下の薄く削る場合に生成される。鋸歯のピッチが狭く，頂角が45°くらいで，クラックが浅く切りくずは破断することなく連続して流出する。

(c)　羽毛状切りくず

図８(a)のように加工終了時にバイト（単刃工具）の送りが停止し，切取り厚さｈが漸減してゼロに近づく場合や，図８(b)のコーナ半径の大きいバイトを用い，切込みの小さい仕上げ切削の際に発生する。何れも刃先丸味（図２）の影響が相対的に増し，せん断角が著しく減少して鋸歯

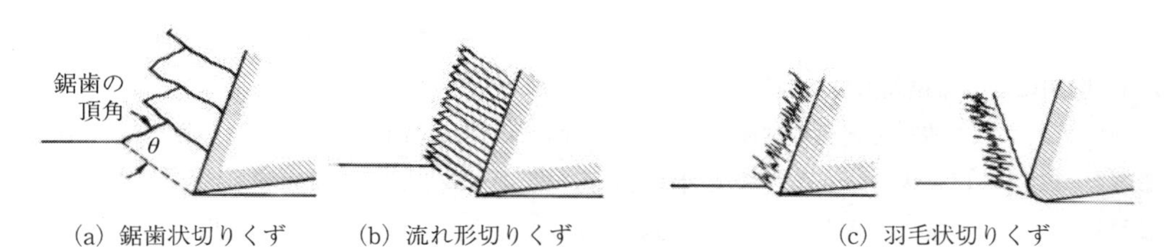

(a) 鋸歯状切りくず　(b) 流れ形切りくず　(c) 羽毛状切りくず

図６　マグネシウム切削切りくずの三つの形態

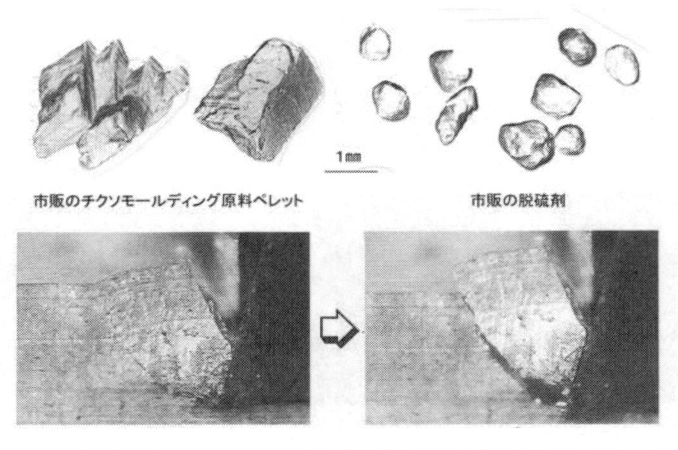

図７　刃先からのクラックによる鋸歯状切りくずと市販の粉・粒剤

の頂角は10°以下となる。切りくずは図8(c)に示すようにまさに羽毛状で浮遊する。尖端が箔状で比表面積（表面積/体積）が極めて大きくなるので，酸化反応熱による温度上昇が著しいものと推測される。

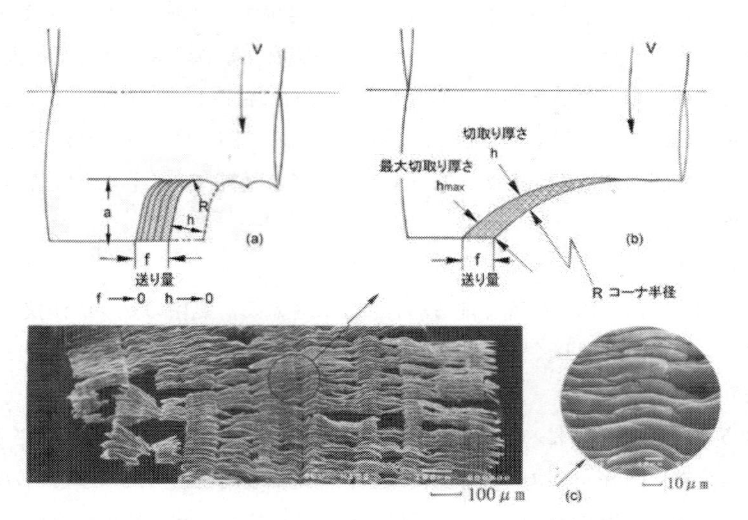

図8　切取り厚さの減少と羽毛状切りくずの表面と鋸歯先端の箔状化

2.3 切削における結晶方位依存性

純マグネシウム鋳物を端面旋削すると，円板平面には結晶粒間に段差が生じ，粒界線を目視することができるほど大きい。段差の要因は切れ刃の通過方向と結晶方位の相対関係により，図2に示した弾性回復量 e が異なるからである。図9は結晶方位の異なる部分を抽出し，電子顕微鏡

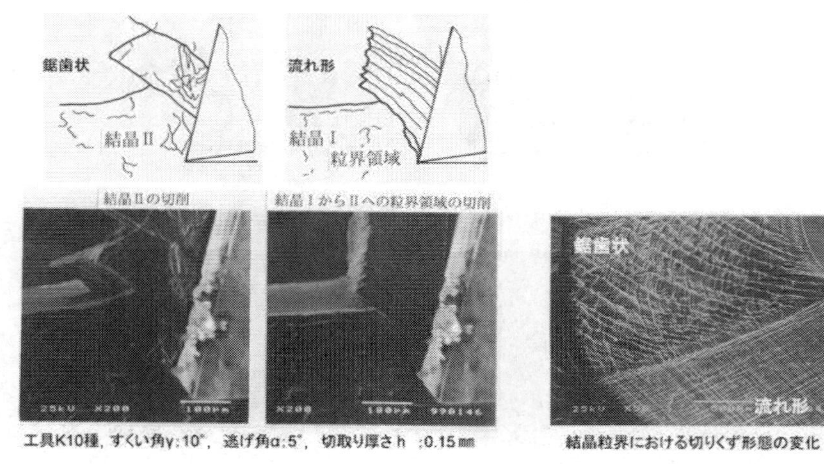

図9　切りくず形態の流れ形Ⅰから鋸歯状Ⅱへの変化（電子顕微鏡内切削その場観察）

内切削その場観察でみられる切りくずの生成形態である。結晶粒ⅠからⅡの境界部で，せん断面幅が5倍に増し，切りくずは流れ形から鋸歯状に急変する。鋸歯状切りくずは外力に耐えながら，ある限界に達してすべるもので，外力・切削力の方向が，最も塑性変形し難い（0001）面に垂直か平行に作用するときに発生するはずである。通常の切削条件では，材料の脆さに加え切込み量や送り量が，結晶粒の寸法をはるかに超えて削るため，粒界破壊も働くので，形状は鋸歯状が一般的である。

2.4　マグネシウム合金切削の役割[3)]

マグネシウム合金切削がもたらす諸項目の因果関係と，それぞれがもつ役割を図式化すると図10のようになる。製品造りの新表面の生成と，切削切りくずのもつ重要な役割を示し，図形の枠外には問題点とその解決指針，今後の課題などを記している。

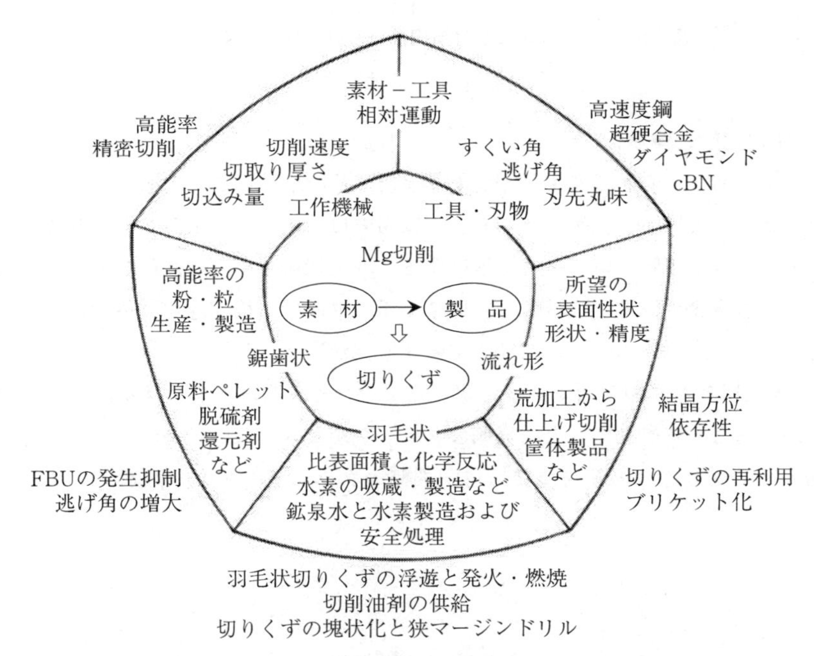

図10　マグネシウム切削の諸現象とそれらがもつ役割

3　旋削・バイト切削

円筒の外周や内面の旋削には，バイトが用いられる。図11に鋼種やアルミニウム合金など比較的延性の高い材料の良好な切削，すなわち定常切削が行われている様子を示す。切りくずの形状は円筒らせん形で自由に流出している。この切りくずを適度な長さに折断し，バイトや加工物に絡みつかないようにすることが処理性の改善であり，作業能率の向上や自動化につながる。マグネシウム合金切削の処理性には，切りくずの飛散，燃焼，安全廃棄，再利用など他の金属にはあまりみられない多くの課題がある。

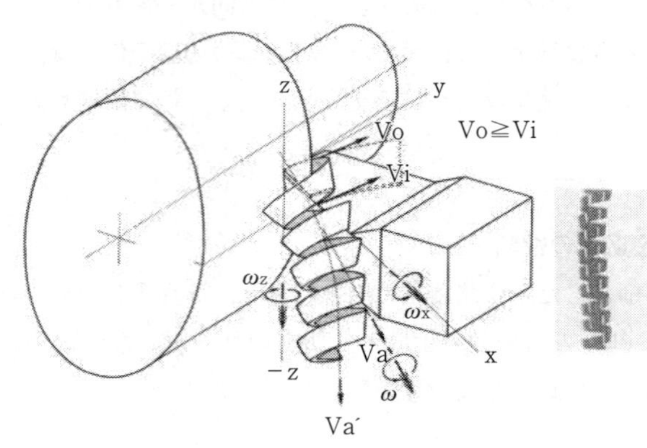

図11　バイト切削における円筒状らせん形切りくずの生成

3.1　切りくずの飛散と連続化

流れ形切りくずはすくい面を離れ工具逃げ面に当たると，図12(a)に示すように半巻きから数巻きの範囲で折断し飛散する。鋸歯状切りくずは刃先にクラックが入ると，それまで受けた圧縮応力・歪エネルギーが瞬時に解放されて飛散する。羽毛状切りくずは回転している加工物表面の空気の流れに巻き込まれ浮遊・飛散する。切りくずの飛散は，後処理が面倒で再利用の観点からも好ましくない。防止対策の一つに切りくずの連続化が考えられる。

図12(b)は飛散切りくずの表面である。切りくずのコーナ側はクラックが浅くその間隔が密で表面が滑らかであるのに対して，自由端側はクラックが大きく深い。この深いクラックが飛散の要因であるから，切りくずの連続化には自由端側のクラックの発生を抑制することで期待できる。

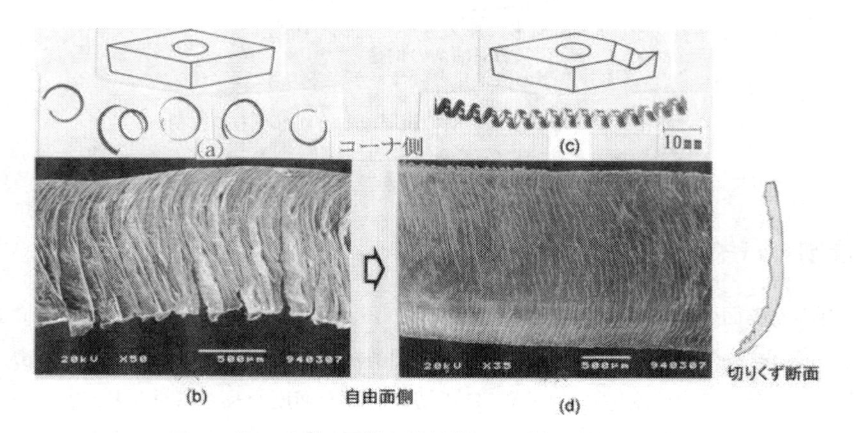

図12　切りくずの飛散と連続化および表面性状の変化

図12(c)は同図(a)の直線切れ刃（コーナ部頂角55°）を曲線状に研ぎ直したバイトと，これを用い飛散切りくずを円筒らせん形に変えた事例である。図12(d)に切りくずの表面と横断面の形状を示す。表面は一様に滑らかで凹状に湾曲しているので，外力に対し表面クラックが閉じるように作用し，切りくずはしなやかになる。滑らかな表面は比表面積が小さく燃焼防止にも有効である。

3.2　切りくずの燃焼とその防止

マグネシウム合金は化学的に活性で，酸化反応熱が高いので酸化による温度上昇が著しい。その反応速度は切りくず温度の上昇とともに加速し，ついには発火温度に到達する。これはアルミニウム合金では酸化膜が緻密で膜が形成後には酸素が進入できなくなるのとは異なり，マグネシウム合金の酸化膜は多孔質で酸素が拡散しやすいため発熱速度が放熱速度を上回る場合が生じるからである。

図13(a)は切削中に切りくずに火花が生じ，やがて同図(b)の連続燃焼に変わる状態を示す。火花は刃先より僅か離れたところ，すなわち切りくず生成後ある時間経過してから発火している。発火・燃焼は刃先部の温度ではなく酸化反応熱による温度上昇が原因であることがわかる。発火・燃焼を防止するには，切りくずの放熱速度が自己加熱速度を上回ることが要件である。すなわち下記の不等号を成立しやすくすることである。

$$\text{放熱速度} > \text{自己加熱速度}$$

自己加熱速度は切りくずの温度上昇速度であり，これは切りくずの初期温度（切削点温度･切削温度），被削材の性質（比熱，密度，酸化反応熱と反応速度，酸化膜の性質），切りくずの形状や寸法および表面性状（比表面積，表面のしわや凹凸……）などで決まり[4]，これらは温度上昇につぎのように関連する。

$$\text{自己加熱速度：温度上昇} \quad \propto \quad \frac{\text{発熱量}}{\text{熱容量}} \quad \propto \quad \frac{\text{反応速度・表面積}}{\text{容積比熱・体積}}$$

切りくずの発火・燃焼の防止は，発熱量を極力抑えることで，これには初期温度と比表面積が

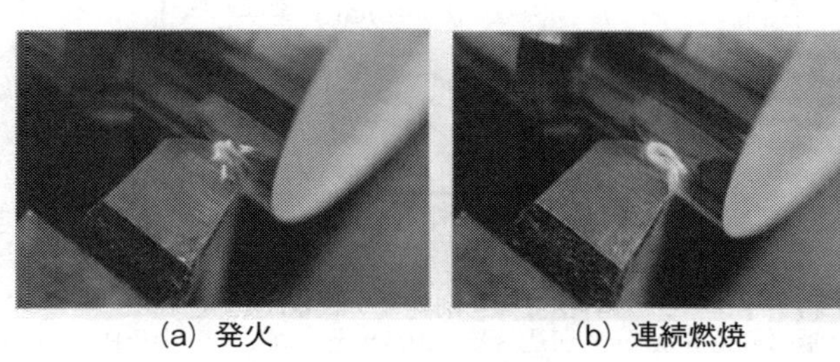

(a) 発火　　(b) 連続燃焼

図13　切りくずの発火と連続燃焼

かかわる。初期温度すなわち切削温度がマグネシウム合金の発火点（490～500℃）以下はもちろん，酸化反応速度が緩慢な350℃以下の領域で削ることが望ましい[5)]。発熱量には比表面積の影響が顕著である。発火防止に考慮すべきことは下記のとおりである。

① 羽毛状切りくずの発生を避ける：切りくずは切取り厚さと切れ刃丸味半径の相対関係に依存するせん断角の著しい減少に伴い，表面の鋸歯尖端のサブミクロン厚さ・箔状化（図8(a)）が原因で発火・燃焼が起こる。したがって，

② 切れ刃丸味半径の厳密な管理：羽毛状に最も敏感に影響するのが丸味半径であるから，鋭利で摩耗に耐える材質の工具を選択する。単結晶ダイヤモンド，鋼玉，ルビー，サファイヤとも呼ばれるコランダム，SiCなどは，丸味半径が数十nmで硬く磨耗に耐える。

切れ刃が摩耗すると切りくずが燃焼しやすくなることを図14に示す。コーナ半径R：5mm，丸味半径ρ：5μm以内に入念に研磨したバイト（材質：高速度鋼）で，直径150mmϕの外周旋削を行う。火花が発生したときの切削距離を確認し，連続燃焼した段階で切削を中断して丸味半径測定する。切削距離が5200mあたりに達すると，半径ρが5倍の23μmに増している。その後再度切削した場合，開始時から切りくずは直ちに発火し，切削距離が300～600mの範囲で連続燃焼に移行する。丸味半径の管理が極めて重要である。

3.3 逃げ面付着物の発生とその抑制

水流の中にくさび形の障害物をおいて流れを2分すると，図15(a)のように分岐点に渦ができる。くさびの面の一方を水平に近づけると斜面側は水流が急に方向を変えるので渦の発生量が多い。切削においても軟鋼やアルミニウム合金のような延性材料の切削では，図15(b)のように工具すくい面側に渦に対応する構成刃先（Built-up Edge）が発生する。その堆積物が脱落して仕

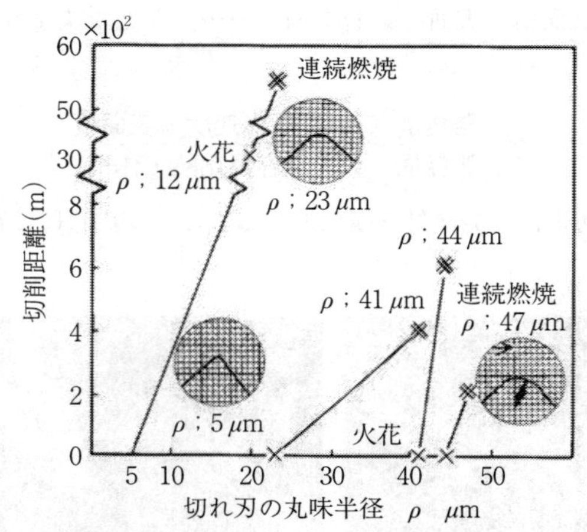

加工物；マグネシウムAZ91，切削速度V；140／min，
送り量f；0.13 minrev，切込み量；0.05 mm，コーナー半径R；5 mm

図14 切れ刃の摩耗・丸味半径の増大と切りくずの燃焼しやすさ

上げ面に付着し，粗さや寸法精度を劣化させる。マグネシウム合金のような脆性材料では，すくい面での座が不安定で構成刃先が発生することはないが，図 15(c)に示すように工具逃げ面側に付着物（Flank Built-up Edge，以下 FBU と呼ぶ）が発生し仕上げ面に悪影響を及ぼす[6)]。

図 16 は横切れ刃逃げ面に発生した FBU が，矢印の方向に回転しながらコーナ下を潜り，やがて目視できるくらいの円板に成長し飽和することを示している。この状態になると切削抵抗・送り分力は 4～5 倍に増し，仕上げ面は鏡面から梨地に変わる[7)]。FBU は仕上げ面・加工物がバイト横逃げ面に接触し，摩擦熱により一部が軟化し付着するものであるから発生抑制には，逃げ面接触を避けることである。それには，

ⅰ）工具横切れ刃逃げ角度を 15° 以上に大きく研いで用いる。

ⅱ）切れ刃の丸味半径 ρ を小さくして，図 2 の弾性回復量 e を減らし逃げ面接触を避ける。

ⅲ）熱伝導率の高いダイヤモンド，cBN，超硬合金 K 種などの工具を用いる。

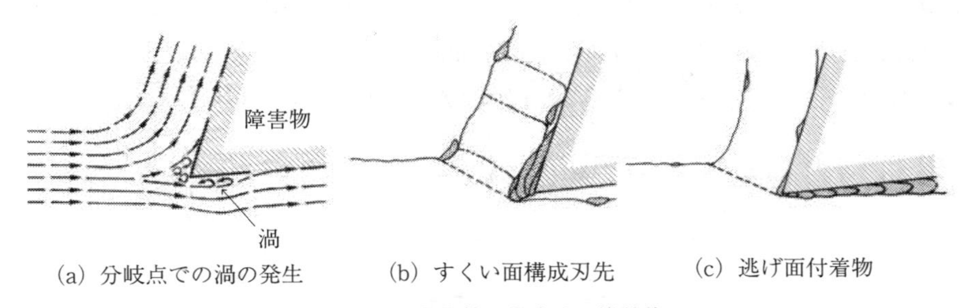

図 15　工具先端に発生する堆積物

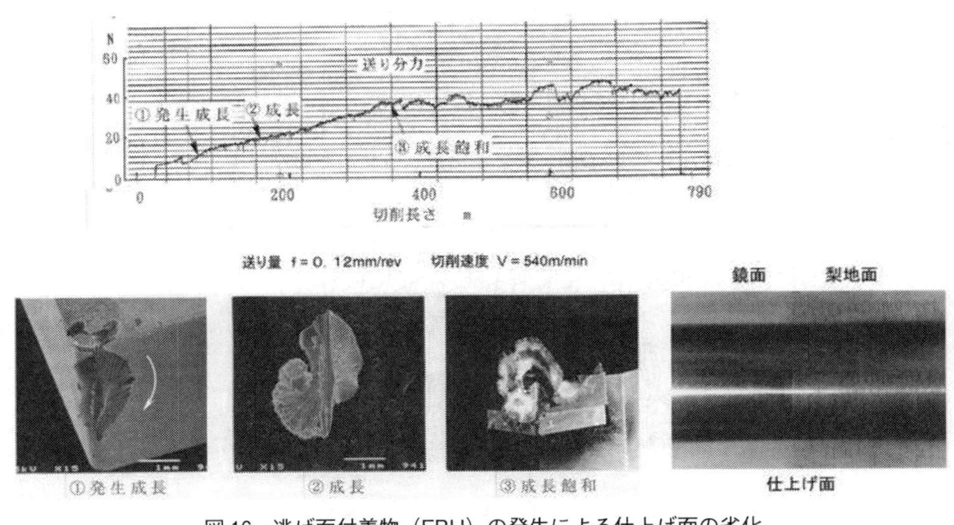

図 16　逃げ面付着物（FBU）の発生による仕上げ面の劣化

4　穴あけ・ドリル切削

穴あけ加工には，まずツイストドリル（以下単にドリルと呼ぶ）が基本工具として用いられ，不都合が生じた場合に限って様々な形状の特殊ドリルや，放電加工，超音波機械加工など，他の手段に変えられる。図17はドリル切削の定常切削状態である。切りくずの形状は円錐らせん形で，このときの切削性能はすくい角20°のバイト切削に匹敵する良好な切削が行われる。ただし，これは穴深さがドリル直径の半分にも満たない浅い範囲までのことで，深さが増すと切りくずは穴内面の拘束を受け流出が妨げられて様々な形に変化し，図18に示す6種類に分類される[8)]。

4.1　ドリル加工の3段階

ドリル切削の本質は，図19に示す穴あけ条件の異なる三つの段階におけるドリル先端の挙動と切りくず流出性の良否にある。ドリルが正しく回転し，切りくずが無理なく流出し，穴出入口周辺の変形も少なく，傾きのない真直ぐな真円の穴があけられることが理想である。各段階の切

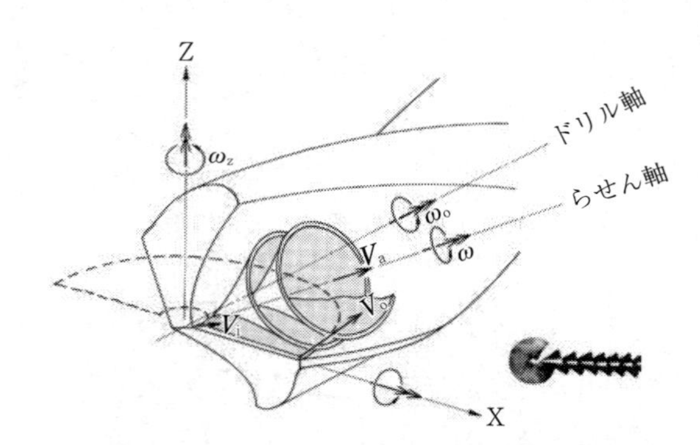

図17　ドリル切削における円錐状らせん形切りくずの生成

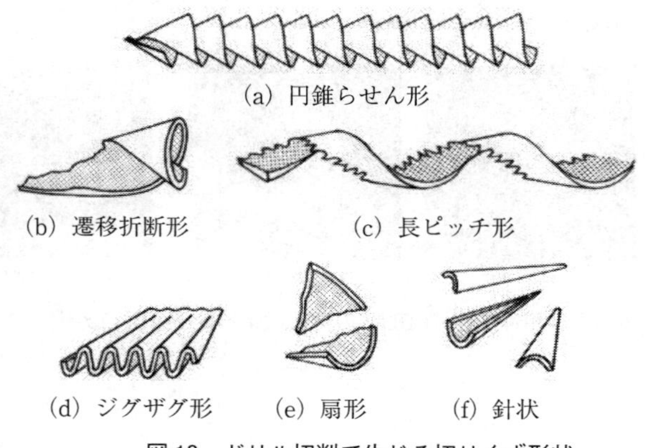

図18　ドリル切削で生じる切りくず形状

削状況はつぎのとおりである。

第１段階：チゼルエッジが加工物表面に達してからコーナが進入するまで

穴あけは鈍いくさび形のチゼルエッジ（すくい角：－50～60°）による切削から始まる。このときドリルはチゼルエッジの中心を中心にして回転するよりも，抵抗の少ないエッジ方向にすべりやすい。回転運動にこのすべり運動が重なってドリルは振れ回り，穴形状は３角形や５角形の奇数角形状になりがちである。穴形状は等径ひずみ円となって真円度が低下する。

第２段階：切れ刃全体による切削からチゼルエッジが加工物裏面に到達するまで

この段階では，切りくずの流出性が穴あけ性能を支配する。図 20 は円錐らせん形が深さで変化し流出性に影響する様子を示す。切りくずは第１段階では，半径方向に障害物がないので自由に流出できるが，第２段階では切りくずの外側はすくい面を離れると，数回転した辺りで穴内面にぶつかり，流出が妨げられて外側の厚さが増す。そのため，切りくずの内部で流出速度のバランスが崩れ，脆ければ内側から亀裂が入り折断する。不連続切りくずは溝に詰まり穴入口までの

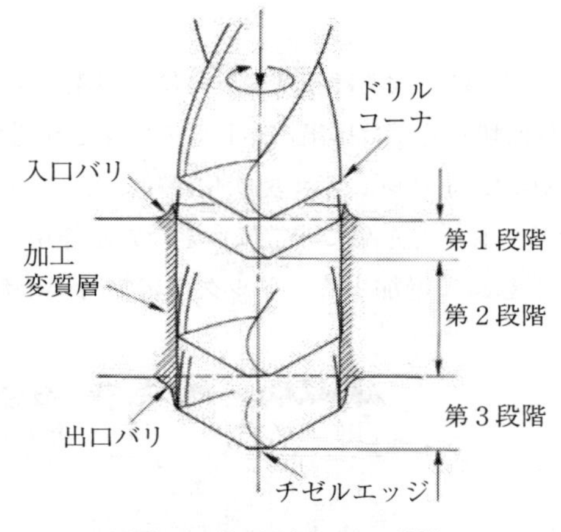

図 19　ドリル加工の３段階

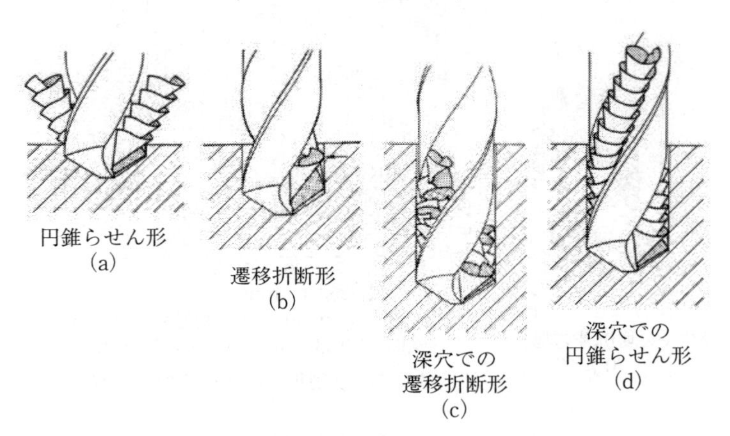

図 20　第２段階における切りくず形状の変化

排出が困難となる。切りくずが薄くたわみやすければ，深さが増してもドリル溝に沿って円錐らせん形状が保たれ滑らかに流出する。

第３段階：チゼルエッジが裏面に達してからコーナが加工物より離れるまで

チゼルエッジが加工物裏面を貫通して裏面の支えが弱まると，穴出口周辺が押し出されてバリとなる。穴出口バリは基本的には，加工変質層が穴周辺にはみ出したものであるから，定常切りくずの円錐らせん形が持続すれば，つぎの関係が成り立ちバリの発生は最小限にとどまる。

ドリルの抜け際の切削力 < 加工物裏面の曲げ強度

しかし，ドリル抜け際には，切りくずは流出が妨げられ厚さが増している場合が多いので，切削力が曲げ強度を上回り，穴底部分が耐え切れず，削られずに軸方向に押し倒されて円筒状のバリが発生しやすい。円筒状バリは除去に二次加工を必要とするので問題である。

4.2　深穴のドリル切削

マグネシウム合金切削切りくずは，穴あけ初期の段階に，円錐らせん形から１巻き以内に折断する扇形や針状に変わる。分断切りくずは排出が難しいので深さが増すとドリル溝に詰り，ついには積み重なって充満し，やがて図 21(a)に示す塊状化が起こる。切りくずはドリル溝に固着し，穴内面と激しく摩擦するので，ドリル先端に非常に大きな力が作用し，図 21(b)のように切削抵抗・トルクおよびスラストが急激に増加する。トルクは定常時の十数倍にも達し，スラストは

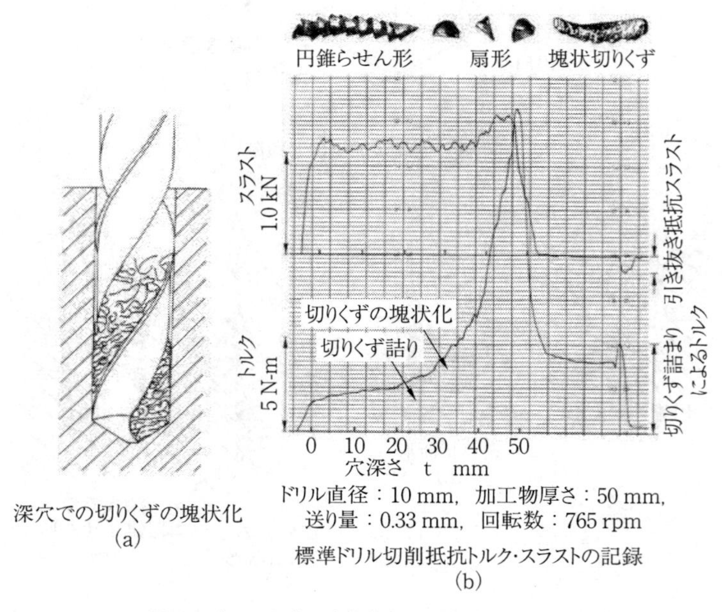

深穴での切りくずの塊状化
(a)

標準ドリル切削抵抗トルク・スラストの記録
(b)

図 21　切りくずの塊状化による切削抵抗の増大

30％増しになる。このときのトルクは鋼の値をはるかに超える極めて大きなものである。ドリル先端が加工物を突き抜けると，切削抵抗は記録されないはずであるが，溝に固着した塊状化切りくずが穴内面と接触しているので，摩擦トルクとして残り，その大きさは穴あけ開始時の切削力の２倍もある。ドリルが戻るときにスラストに引抜き抵抗として記録されている。

塊状化の防止には，マージン幅を狭くしたドリルが有効である[9]。市販の標準ドリルの外周には，ドリル直径の約10％幅のマージンが設けられている。この幅を図22(a)に示すように ϕ10 mmドリルの場合，約1mmから1/10の0.1mmに，実線から破線に研ぎ落とし，幅の狭い狭

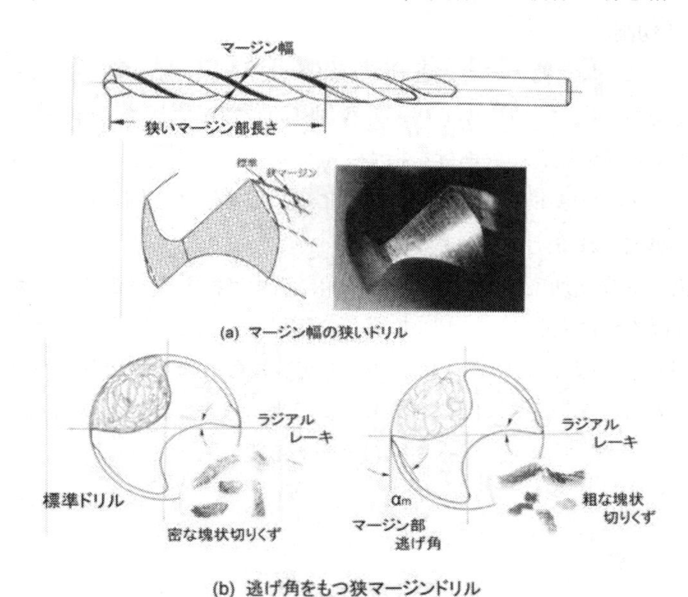

図22　狭マージンドリルによる切りくず塊状化の防止

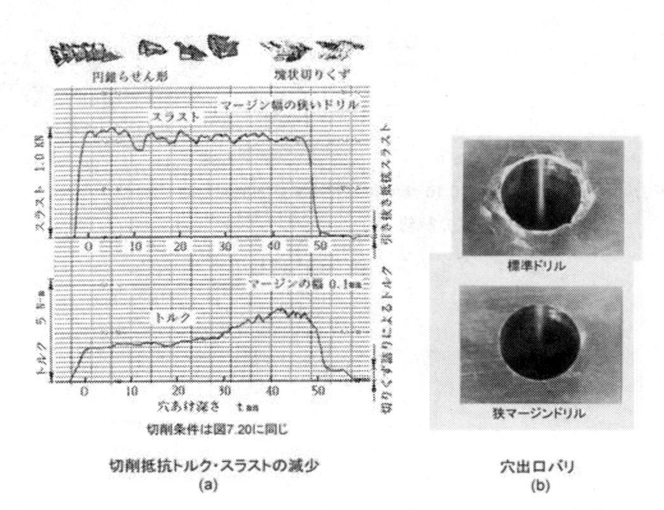

図23　狭マージンドリルによる塊状化の防止と穴出口バリの発生抑制

マージンドリルにすると，図22(b)のように逃げ角 αm が与えられる。

マージンに逃げ角を設けると，刃物の機能をもつようになり，穴内面に付着しようとする溝内の切りくずをすくい取って付着を阻止し，塊状化を防止してくれるはずである。図23(a)は図21(b)と同じ条件の穴あけを，狭マージンドリルであけたときの切削抵抗の記録である。切りくずは塊状化までには至らず，比容積の大きい粗の塊りで切削抵抗トルクは1/6に，摩擦トルクも1/20以下に減少する。したがって，図23(b)に示すように穴出口バリの発生抑制が顕著である。

4.3 薄板のドリル切削

薄板のドリル加工は，加工物の厚さがどれくらいから，といった定義があるわけではない。ドリル加工の第2段階のない穴あけとするのが薄板加工の特性が現れて区別しやすいが，一般には厚さがドリル直径より薄い場合の穴あけを指すようである。成形加工によるノートパソコン，携帯電話，MDなどのダイカストによる製品の筐体には，組み立てや固定ねじの下穴など，薄肉部の小径ドリル加工が施される。

ダイカスト薄板のドリル加工の特徴は，図24(a)に示す摩擦トルクが切りくず生成に使われる切削トルクよりもはるかに大きく，ドリル摩耗の原因であることと，送りが小さいときには穴あけ開始時の振れ回りが，図24(b)のようにドリルの突き抜け段階まで残り，バリの発生が大きく真円度が低いことである[10]。改善にはチゼルエッジのすべりすなわち振れ回りの抑止で，それにはドリルの送りを大きくしてスラストを増すことがある程度有効である。

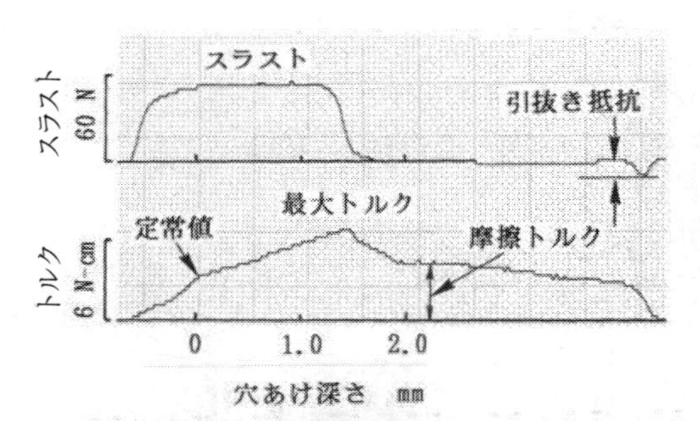

板厚2 mm, ドリル直径;φ2 mm, 送り量f :0.15 mm/rev, 回転数N;415 fpm

(a) 切削抵抗の記録

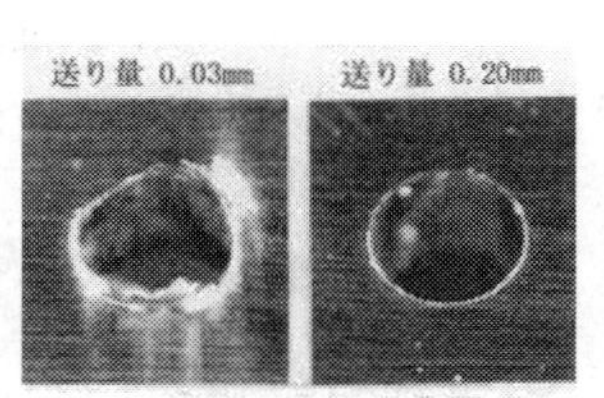

(b) 穴出口に発生するバリ

図24　ダイカスト材AZ91薄板のドリル加工

文　　献

1）マグネシウムの取り扱い安全手引き，日本マグネシウム協会，Ⅲ（2011）
2）中山一雄，切削加工論，17（1975）
3）小川　誠，第 118 回軽金属学会春期大会後援概要，129（2010）
4）小川　誠，嵯峨常生，安田俊司，軽金属，**52**.9，387（2002）
5）M. L. Boussion, L. Grall and R. Caillar, *Rev. Met*, **54**, 185（1957）
6）N. Tomac, K. Tonnessen, *Annals of the CIRP*, **40**-1, 79（1991）
7）小川　誠，機械と工具―別冊，５, 50（1998）
8）中山一雄，小川　誠，精密機械，**43**.4, 427（1997）
9）嵯峨常生，松澤和夫，永井修次，小川　誠，軽金属，**42**, 747（1992）
10）荒川一則，松木　薫，小川　誠，嵯峨常生，第 91 回軽金属学会秋期大会，33（1998）

第8章　マグネシウムの腐食

山崎倫昭*

1　はじめに

Mgは化学的活性が高い金属であるため腐食しやすいというイメージがつきまとう。しかし近年，耐食性に悪影響を及ぼす不純物を低減した高純度Mg合金の開発や急速凝固・高圧鋳造技術の開発により，汎用Mg-Al系合金ダイカスト製品の耐食性はAl合金ダイカスト製品や一般炭素鋼鈑と比べても遜色のない耐食性を示すに至っている。本章では，紙面の関係上，Mg合金を使用する際に理解しておきたいMg金属の水溶液中の腐食挙動とMg合金に適した腐食速度の測定方法に焦点を絞って概説したい。

2　マグネシウムの熱力学

Mg金属は湿潤大気中において表面にMgOと$Mg(OH)_2$を主体とする皮膜を形成する。腐食挙動はこの内層MgOと外層$Mg(OH)_2$の形成皮膜の安定性に依存する[1)]。合金中の不純物元素や溶液中の腐食性物質の影響により健全な皮膜が得られないことがあるが，外層$Mg(OH)_2$が保護皮膜として働いていると仮定すると，Mg金属の熱力学は図1に示すMg-H_2O系電位-pH図で記述される[2)]。図中の線①，②，③はそれぞれ次式(1)，(2)，(3)に対応する。

$$Mg + H_2O = MgO \tag{1}$$

$$Mg^{2+} + H_2O = MgO + 2H^+ \tag{2}$$

$$Mg = Mg^{2+} + 2e^- \tag{3}$$

式(1)と(2)はMgOの形成を記述した式であるが，電位-pH図にはMg $(OH)_2$の安定領域として示されている。これは$Mg(OH)_2$の方がMgOよりも水中では安定であるためである。

Mgは実用金属材料の中で最も電気化学的に卑な金属であり，標準電極電位は-2.36 V vs NHEと低いが，皮膜の形成により中性溶液中での自然浸漬電位は-1.5〜-1.7 V_{NHE}に上昇する。結果としてアルカリ領域以外では，Mgは自然浸漬状態で水素を発生しながら溶解する。

＊　Michiaki Yamasaki　熊本大学　先進マグネシウム国際研究センター　准教授

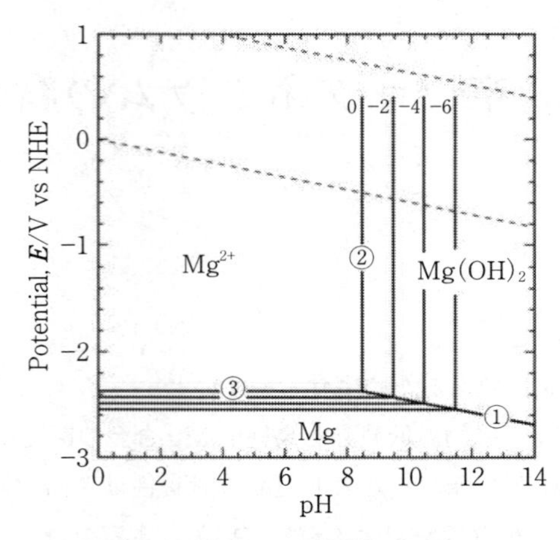

図1　Mg-H_2O 系電位-pH 図

3　マグネシウムの腐食メカニズム

3.1　Negative Difference Effect

Mg のアノード溶解反応には，Negative Difference Effect（NDE）と呼ばれる特異な現象が見られる。NDE はアノード分極をした際の水素発生量が Wagner-Traud の混成電位理論（図 2 (a)）から予想される水素発生量よりも多く測定される現象として捉えられている。この NDE については Atrens が分極図を使った説明を試みている[3]。電気化学においては通常，電位を腐食電位 E_{corr} からある分極電位 E_{appl} まで上昇させると分極図の分極曲線に沿ってアノード反応は増加し，カソード反応は減少する。すなわちアノード分極により金属のアノード溶解が増大し，水素発生は減少していく。しかしながら Mg の場合，分極した時の Mg 溶解量と水素ガス発生量の

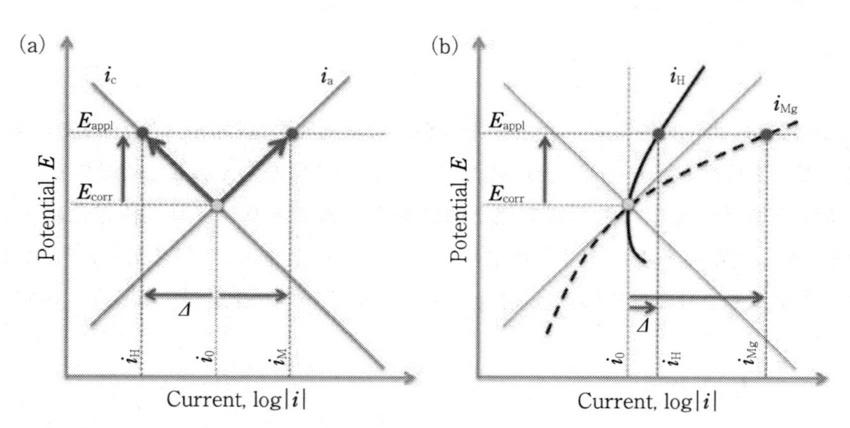

図2　(a)混合支配の分極図，(b) Mg 金属をアノード分極した場合の Mg 溶解アノード曲線（破線，i_{Mg}）と水素発生カソード曲線（実線，i_H）

実測値からそれぞれ金属の溶解速度と水素ガスの生成速度を算出して分極図中にプロットすると図2(b)中の破線と実線で示されるようなMg溶解アノード曲線および水素発生カソード曲線となる。ここで自然浸漬電位（腐食電位E_{corr}）における水素発生速度i_0からある分極電位E_{appl}までアノード分極した際の水素発生速度i_Hの差Δを定義すると，本来正の値を取るべきΔがMgの腐食においては負の値となる。このことからNegative Difference Effectと呼ばれている。

$$\Delta = i_0 - i_H \tag{4}$$

なお，Δが負の値となる金属にはMgの他にAlなどがある。

3.2　マグネシウムの腐食反応

前項で述べたNDE現象の発現はMgの腐食反応が電気化学反応だけで成立しないことを示唆している。NDEを考慮した腐食反応モデルを組み立てるためにMgH_2の関与した反応やMg^+の関与した反応が提案されているが，その中でもPettyが提案したMg^+関与反応モデル[4]を支持する報告が近年多数見られる[5,6]。

Mgの水溶液中における腐食は次式(5)で表される。

$$Mg + 2H_2O = Mg(OH)_2 + H_2 \quad \text{overall reaction} \tag{5}$$

全反応式は次の式(6)，(7)，(8)の電気化学反応式に分割される。

$$Mg \rightarrow Mg^+ + e^- \quad \text{anodic reaction} \tag{6}$$
$$kMg^+ \rightarrow kMg^{2+} + ke^- \quad \text{anodic reaction} \tag{7}$$
$$(1+k)H_2O + (1+k)e^- \rightarrow \frac{1}{2}(1+k)H_2 + (1+k)OH^- \quad \text{cathodic reaction} \tag{8}$$

Mg^+は活性であるため水と素早く反応する。そのためMg^+の一部分kだけが式(7)で示される電気化学反応によりMg^{2+}となり，残りの$1-k$だけは次式(9)で示される化学反応により$Mg(OH)_2$となる。

$$(1-k)Mg^+ + (1-k)H_2O + (1-k)OH^- \rightarrow (1-k)Mg(OH)_2 + \frac{1}{2}(1-k)H_2 \quad \text{chemical reaction} \tag{9}$$

注目すべきは全反応式が電気化学反応式だけではなく，一部化学反応式を使って組み立てられている点である。この電子を介さない化学反応がNDEの正体と考えられており，電気化学測定により予測される腐食速度が実際の腐食速度よりも低く見積もられる原因になっている。なお，この化学反応は表面全面で起こるのではなく，保護機能の高い内層MgO皮膜が存在しない箇所で起こることがTribolletらの局所インピーダンス測定結果から明らかになっている[6)]。

3.3 マグネシウムの腐食形態

Mgおよびその合金の腐食形態は大気腐食，水溶液腐食ともに糸状腐食や孔食といった局部腐食が最初に発生し，その後全面腐食に至る[7)]。図3にAZ31B合金を塩水浸漬した際の糸状腐食の共焦点顕微鏡像およびSEM像を示す。Mg合金における糸状腐食の進行先端部は，塗装鋼鈑に見られる塗膜下糸状腐食と同様に皮膜下で進行するが，その後金属の溶出により皮膜が順次陥没して糸状の腐食痕跡を残す。この際の腐食深さは20～60 μmに達する。糸状腐食が発達し結合することで腐食孔を形成する場合，その深さは百数十 μmに達するものもある。酸性溶液中ではこの糸状腐食は生じず全面的な溶解が起こる。

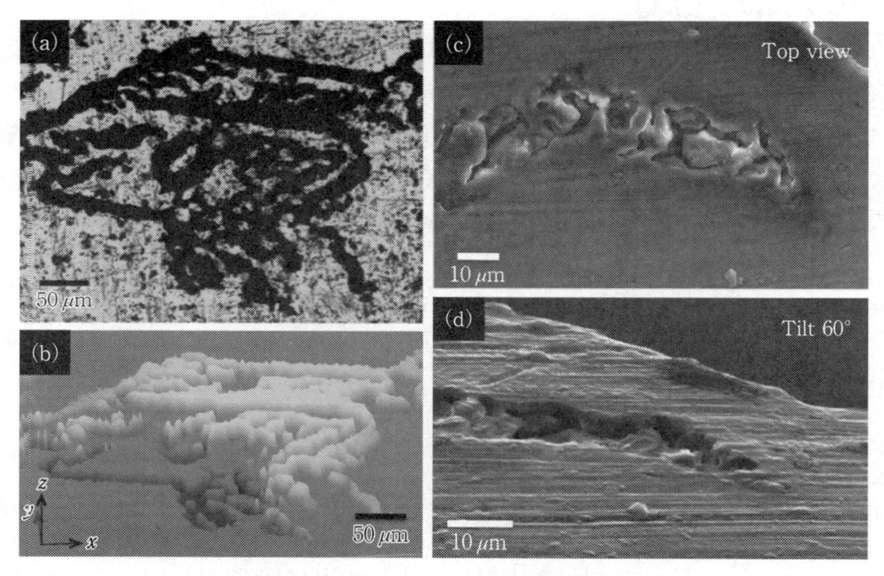

図3　AZ31B合金に発生した糸状腐食の(a), (b)共焦点顕微鏡像および(c), (d) SEM像

4　腐食挙動に及ぼす因子

4.1 不純物元素の影響

Mgの耐食性はFe, Ni, Cu, Coの主に四つの不純物元素濃度に大きく影響されることがHanawaltによって報告されている[8)]。これらの不純物元素は水素過電圧の低いカソードサイトを形成するため，カソード反応促進による耐食性の低下を招く。図4に希釈Mg二元系合金における腐食速度の不純物元素含有量依存性を示す。耐食性を著しく低下させる元素Fe, Ni, Cuの中でも感受性が異なる。AZ91合金の耐食性に及ぼす不純物量の影響が詳細に調べられており，ダイカスト材においては，Fe, Ni, Cuの臨界濃度はそれぞれ0.005 %，0.002 %，0.03 %とされている。

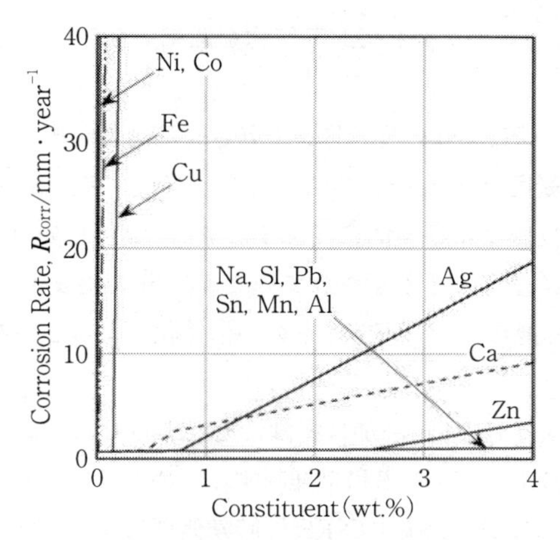

図４　希釈 Mg 二元系合金における腐食速度の不純物元素含有量依存性

この濃度以下であれば炭素鋼や Al 合金 ADC12 ダイカスト材よりも優れた耐食性を示す[9]。但し，不純物の腐食に対する感受性は合金によっても異なるので注意を要する[10,11]。

4.2　合金元素の影響

Mn の影響：

Mn 自体は耐食性を向上させる効果を持たないが，Al を含む Mg 合金への微量添加は耐食性を著しく向上させる。不純物元素，特に Fe と Ni の許容量を上昇させる効果がよく知られている。Mn 添加による耐食性向上は主に二つの理由からなる。合金溶製時の溶湯中の Al-Fe 化合物の沈降による高純度化と，Mn 添加による合金組織内の不純物 Fe 粒子の包み込みによる電位差低減である。

Zr の影響：

Zr の添加は耐食性を向上させる。これは Mn と同様，Mg 合金溶製時に溶湯中の Fe と Zr が不溶性粒子を形成し沈降するためである。

Al の影響：

Al 添加量 4 wt% までは添加量増加に従い耐食性が大きく向上し，さらに 9 wt% までなだらかに向上傾向が続く[12]。Al 添加による耐食性向上は，皮膜に浸透した Al^{3+} は皮膜中でアルミナの骨格構造を形成するため水和を妨げて皮膜を安定化させるためと考えられている。Mg-Al 合金中の Al は一部が母相に固溶するが，その大半は $Mg_{17}Al_{12}$ 相の形成に使われる。AZ91 合金における耐食性改善は皮膜の改質のみならず，$Mg_{17}Al_{12}$ 相によるバリア効果によるところが大きいことが報告されている[13]。$Mg_{17}Al_{12}$ 相を形成しない Mg-RE 系合金においても Al 添加による耐食性の向上が報告され，Al^{3+} が腐食皮膜へ浸透することによる皮膜改質効果が指摘されている[14]。Al と Mn の同時添加は Al-Mn-Fe 化合物形成を促し，カソードサイトの不活性化を促し，Al と Zr

の同時添加は合金溶製中のFeの沈降を促し不純物を低減するため耐食性を高めることになる。

Znの影響：

Znの添加は不純物元素，特にNiの許容量を上昇させる効果があるが，その効果はMnに比べると小さい。最近，急速凝固$Mg_{97.25}Zn_{0.75}Y_2Al_{0.5}$合金に形成する不働態皮膜のGDOES成分分析結果が報告されており，皮膜中に積極的に浸透するAlに対してZnは皮膜と金属基材界面に濃化し皮膜への侵入量は多くないことが示されている[14]。Znの耐食性に与える影響は，皮膜改質によるものではなく内部組織のカソードサイトの不活性化によるところが大きいと言える。

希土類元素（RE）の影響：

WE合金に代表されるように，RE添加は耐食性を向上させる。これは微量のREを含んだ緻密で薄い酸化物皮膜が生成し，Mgの水和を抑制するためと考えられている[15]。微量なREの添加は皮膜改質効果が得られるが，合金中のREは時効処理によりβ'相，β相といった微細析出物を母相内に形成し，この析出物によるガルバニック腐食により耐食性が悪化することもあるので注意を要する[16]。

4.3　第二相の影響

Mg合金における代表的な第二相としては，商用AZ系合金のβ相（$Mg_{17}Al_{12}$），ZE系合金のT相（Mg_7Zn_3RE），開発中のMg-Zn-RE系合金における長周期積層（LPSO）構造相などが挙げられるが，これら第二相は母相に対して貴な電位を示し，カソードサイトとして働くことでα母相のアノード溶解を促進させる。走査型ケルビンプローブフォース顕微鏡（SKPFM）による構成相の表面電位を測定する研究が近年盛んに行われており[17]，AZ91合金ではJonssonら[18]が，ZE合金ではNeilら[19]が表面電位と腐食電位との間に相関関係があることを報告している。LPSO相を有するMg-Zn-Y合金においてもSKPFMによる表面電位分布が測定されており，α相単相合金とLPSO相単相合金それぞれの腐食電位との相関関係が明らかになっている[20]。図5にMg/LPSO二相合金のSKPFM表面電位分布と塩水浸漬時の分極曲線を示す。二相合金の腐

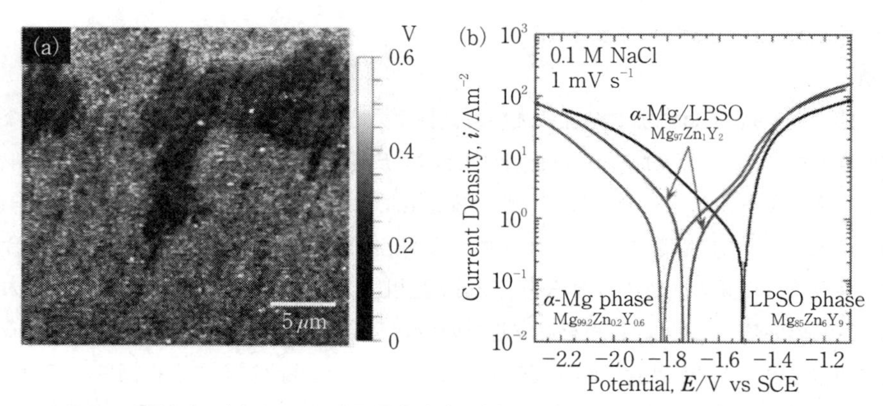

図5　Mg/LPSO二相合金の(a) SKPFM表面電位分布と(b) 0.1 mol/l NaCl中性水溶液浸漬時の分極曲線

食電位は，各構成相の腐食電位の中間電位を示すことがわかる。この結果は二相合金において腐食電位の貴卑により腐食速度を論じることに意味がないことを示唆しており，逆にSKPFMによる合金内部組織に由来する電位分布の直接観察が耐食合金の設計に有効であることを示している。AZ91合金の腐食電位もまたα相とβ相の腐食電位の中間電位を示すことが明らかとなっている[21]。

腐食特性は鋳造方法に大きく影響を受けることがSongらによって報告されている。AZ91Dダイカスト材の耐食性は鋳肌近傍では高く，内部では比較的低いことが知られている。この原因は鋳肌直下ではβ相の体積分率が高く微細かつネットワーク状に形成しているのに対して，ダイカスト材中心部ではβ相がネットワークを形成することなく粗大化合物として孤立形成されているためと説明されている。α初晶の溶解後のネットワーク化した第二相による表面層形成による腐食抑制は，Secondary Phase Barrier Effectと呼ばれている[22]。

4.4　溶媒の影響

導電率の低い純水中ではMg合金の腐食速度は極めて低い。Mgは水溶液中の溶存酸素にあまり影響を受けないが，二酸化炭素が飽和した純水および水溶液中では腐食する。溶液のpHが高くなるにつれて腐食速度は低下し，$Mg(OH)_2$の飽和するpH 10.5に達すると極めて高い耐食性を示す。一方，pHが低くなると一部例外を除き激しく腐食する。Cl^-，SO_4^{2-}，Br^-等を含む水溶液中では，酸性領域はもちろん中性溶液でも皮膜が破壊され局部腐食を起こす。特にCl^-はMgの腐食を促進させる。硝酸塩，リン酸塩，硫酸塩溶液中の腐食は，塩化物溶液に比べると比較的穏やかである。クロム酸，重クロム酸，フッ化水素酸水溶液中では酸性領域であっても腐食しない。特に安定なMgF_2皮膜を形成するフッ化水素酸水溶液中では高い耐食性を示す。

Mgはメタノール以外の各種アルコール類，芳香族炭化水素，ケトン等の有機溶媒，オイル等によって腐食されることは室温ではほとんどない。

5　マグネシウムの分極挙動

図6にMg金属およびその合金に見られる典型的な分極曲線の模式図を示す。

カソード反応活性型：

Mg金属の自然浸漬電位（Open Circuit Potential, E_{ocp}）は-1.5～-1.7 V_{NHE}となることから，アルカリ領域以外では自然浸漬状態で水素を発生しながら溶解する。水溶液に浸漬した際に腐食皮膜が形成されない場合，自然浸漬状態での水素発生はより激しくなる。この時の分極曲線上に皮膜破壊電位（Breakdown Potential, E_b）を書き入れると，99.9 wt% Mg(3N Mg)の分極曲線模式図に示すように，E_bはE_{ocp}よりも卑な電位に位置する[23]。この現象は不純物によるカソード反応の活性化によって引き起こされる。

カソード反応抑制型：

高純度化した純 Mg(6N Mg)は，NaCl 中性水溶液中でのアノード分極において不働態化領域が発現することを Hara らが報告している。これは不純物に起因するカソード反応が抑えられることにより Mg 金属が本来有する不働態化能が発露した intrinsic な不働態と説明されている[24]。そのため 不働態が現れる電位域は $-1.87\ V_{SCE}$～$-1.62\ V_{SCE}$と比較的卑となる。

アノード反応抑制型：

Al を含む急速凝固 Mg 合金を分極した際，もしくは Mg 合金をアルカリ溶液中で分極した際に見られる分極曲線である。耐食性の高い皮膜の形成によりアノード反応が抑制されるため，E_bが貴側に移行し不働態化領域が現れる[14]。皮膜形成によりカソードサイトの不活性化が起こることで，カソード電流を低下させる場合もあり，その時は E_{ocp}の卑側への移行も観察される。

以上のように，E_{ocp}の貴卑は不純物や第二相によって引き起こされるカソード反応の大小と皮膜の形成状態により決定される。

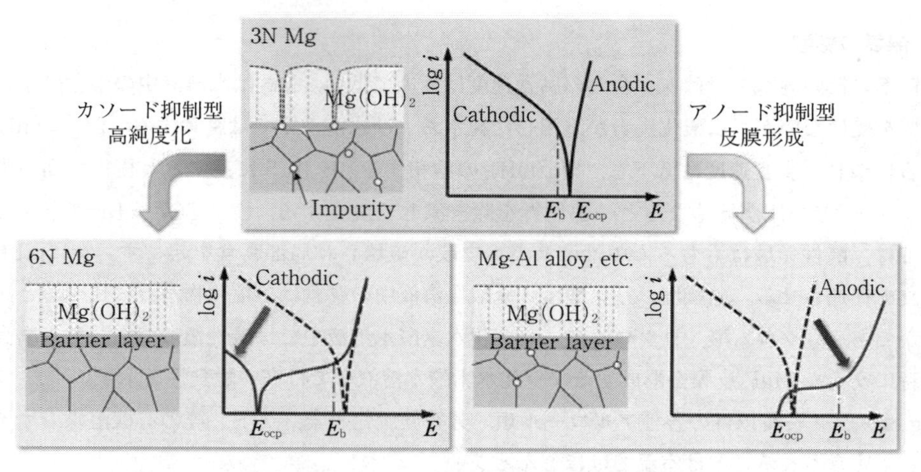

図６　Mg 金属およびその合金に見られる典型的な分極曲線の模式図

6　腐食速度の評価方法

Mg 合金の腐食進行の評価方法としては，塩水噴霧試験（Salt Spray Test, SST）と塩水浸漬試験（Salt Immersion Test, SIT）が一般的である。塩水噴霧試験では ASTM B117 もしくは JIS Z 2371（35 ℃で 5 wt% NaCl 中性水溶液を噴霧）に準拠した試験が行われ，レイティングナンバーで評価するかクロム酸塩水溶液で脱錆処理を施した後に重量減少量を測定して腐食速度を算出する。塩水浸漬試験では JIS H 0541（35 ℃で 5 wt% NaCl 中性水溶液に浸漬）に準拠した試験が行われる。腐食速度は試験後の試料をクロム酸塩水溶液で脱錆処理を施した後に重量減少量を測定するか，水素ガス発生量を測定して腐食速度を算出する。

腐食速度の算出式を具体的に示す。重量減少率 ΔW（$mg \cdot cm^{-2} \cdot day^{-1}$）から算出される腐食

速度を R_w（mm・year^{-1}），水素ガス発生率 ΔV（ml・cm^{-2}・day^{-1}）から算出される腐食速度を R_H（mm・year^{-1}），Tafel 外挿法により得た腐食電流密度 i_{corr}（mA・cm^{-2}）から算出される腐食速度を R_i（mm・year^{-1}）とするとそれぞれ次式が与えられる。

$$R_w = 2.1 \times \Delta W \tag{10}$$

$$R_H = 2.279 \times \Delta V \tag{11}$$

$$R_i = 22.85 \times i_{corr} \tag{12}$$

R_H と R_w の値はよい一致を示すが，R_i は R_H と R_w に一致することなく低い値を示すことが Shi らにより確かめられている[25]。

$$R_i < R_H = R_w \tag{13}$$

Tafel 外挿法で算出した腐食速度 R_i が実際の腐食速度よりも低く見積もられる理由は，3.2 項で述べた通り Mg の腐食反応には電子を介さない化学反応が含まれているためである。NDE を示す Mg 合金の腐食速度を算出する際には，重量減少量測定法，水素ガス発生量測定法の適用が推奨される。

7　おわりに

本章では Mg 金属の特異な腐食挙動と電気化学的挙動について説明し，Mg 合金に適した腐食速度の測定方法を示した。高純度化技術と急冷等による組織制御技術が発達した今日，マグネシウム金属の腐食挙動を正確に把握することで実用上の防食が可能であることを最後に強調したい。

文　　献

1）J. H. Nordlien *et al.*, *Corros. Sci.*, **39**, 1397 (1997)
2）M. Pourbaix, "Atlas of Electrochemical Equilibra in Aqueous Solutions", p. 139, NACE International (1974)
3）G. L. Song *et al.*, *Corros. Sci.*, **39**, 885 (1997)
4）R. L. Petty *et al.*, *J. Am. Chem. Soc.*, **76**, 363 (1954)
5）A. Atrens *et al.*, *Mater. Sci. Eng. B*, **176**, 1609 (2011)

6) G. Baril *et al., J. Electrochem. Soc.*,**154**, C108 (2007)
7) P. Schmutz *et al., J.Electrochem. Soc.*, **150**, B99 (2003)
8) J. D. Hanawalt *et al., Trans. AIME,* **147**, 273 (1942)
9) J. E. Hillis *et al., SAE Technical Paper,* #860288 (1986)
10) W. E. Mercer II *et al., SAE Technical Paper,* #920073 (1992)
11) J. E. Hillis *et al., SAE Technical Paper,* #890205 (1989)
12) J. H. Nordlien *et al., J.Electrochem. Soc.*,**143**, 2564 (1996)
13) K. Nisancioglu *et al.*, Proc. 47th World Mg Assoc., Virginia, p.43 (1990)
14) M. Yamasaki *et al., Appl. Surf. Sci.*, **257**, 8258 (2011)
15) J. H. Nordlien *et al., J.Electrochem. Soc.*, **144**, 461 (1997)
16) L. M. Peng *et al., J. Appl. Electrochem.*, **39**, 913 (2009)
17) P. Schmutz *et al., J.Electrochem. Soc.*, **145**, 2285 (1998)
18) M. Jonsson *et al., Corros. Sci.*, **48**, 1193 (2006)
19) W. C. Neil *et al., Corros. Sci.*, **51**, 387 (2009)
20) 泉　尚吾，博士学位論文，熊本大学 (2011)
21) G. L. Song *et al., Corros. Sci.*, **40**, 1769 (1998)
22) G. L. Song *et al., Corros. Sci.*, **41**, 249 (1999)
23) G. L. Song *et al., Mater. Sci. Eng. A,* **366**, 74 (2004)
24) N. Hara *et al., Corros. Sci.*, **49**, 166 (2007)
25) Z. Shi *et al., Corros. Sci.*, **52**, 579 (2010)

第9章　陽極酸化処理[注1)]

小野幸子*

1　マグネシウム陽極酸化処理の背景

近年，マグネシウムはその軽量性から，携帯電話，パソコンなどのマグネシウムボディ化が急速に進展して注目を集めるようになった。このような家電産業や電子機器産業，さらに自動車産業における環境負荷低減のための新たな用途開発への期待を背景として，腐食耐性・装飾性付与や表面電導性の制御などの表面機能への要求が高まっている。しかし，マグネシウムは標準電極電位の低い卑な金属であり，化学的反応性が高いため，素材として種々の分野で活用するためには表面処理が重要である。非腐食性環境での使用では主として化成処理と塗装の組み合わせが用いられてきたが，自動車関連部品や新しい用途開発においてはより高い耐食性が要求され，陽極酸化処理への関心が顕著に増加した。

マグネシウムはアルミニウムと並んで，古くから陽極酸化によって厚いポーラス皮膜が付与され実用的に使われてきた金属である。アルミニウムにおいてポーラス型の皮膜が成長するのは，酸化皮膜を溶解し得る酸性かアルカリ性溶液中であり，中性の溶液ではバリヤー型皮膜になる。アノード酸化で成長するバルブ金属の酸化皮膜の構造は，一般に電解液の酸化皮膜に対する溶解性の強さと印加電圧に支配される。皮膜を溶解しない電解液では緻密なバリヤー型皮膜，溶解性が高い場合はポーラス型皮膜が成長し，さらに，皮膜のバリヤー層の厚さとセルの大きさはほぼ電圧に比例する。しかしマグネシウムはバルブ金属の範疇になく，Pourbaixの電位-pH図[1)]に示されるように（フッ化物を含む溶液を除いて）アルカリ性溶液中でのみ安定な水和皮膜を生成し，酸性や中性領域では素地の溶解が進行するため，バルブ金属からの単純な類推は適用できない。従って，ポーラス皮膜の成長が可能な条件は，絶縁破壊を伴う場合など，アルミニウムよりごく限られた範囲になる。

マグネシウムの陽極酸化は，ダウケミカル社によって開発された暗緑色皮膜のDow17法（酸性フッ化アンモニウム，重クロム酸ナトリウム，リン酸を含む）あるいは白色皮膜のHAE法（水酸化カリウム，水酸化アルミニウム，フッ化カリウム，リン酸ナトリウム，過マンガン酸カリウム）が長く用いられてきた。Dow17に関しては，生成する皮膜の主成分は結晶性の$NaMgF_3$とMgF_2，それに非晶質の水和酸化物$Mg_{\chi}O_{\chi-2y}(OH)_y$で，$PO_4^{3-}$とアンモニウム塩と$Cr_2O_3$を少量含むことがXPSとXRD解析から求められている[2)]。しかし，現在多用される電解液は灰白色系の皮膜で高耐食性が付与可能なリン酸塩を主体とする電解液である。表1にマグネシウム

*　Sachiko Ono　工学院大学　工学部　応用化学科　教授

合金別のアノード酸化前処理法を示す。

近年，クロムやフッ素に対する排水規制から，環境負荷の低い電解液の開発が注目され，2000年以降に陽極酸化に関する多くの研究論文が報告されるようになった。皮膜特性の向上を目的として，直流以外に交流やパルス電解，交直重畳法も多用されている。最近では，マグネシウムの人体への無害性と腐食しやすさを利用した生体吸収材料としての腐食速度制御のためにアノード酸化処理を施したMg材での研究が盛んに行われている。本稿では実用技術開発とその基礎に主眼を置いているため，アノード酸化皮膜の成長機構に関する詳細については，文献3〜7を参照されたい。

表1　合金組成別のアノード酸化の前処理法

純度/処理	99.95 % Mg	99.6 % Mg	AZ31B	AZ91D
アセトン脱脂（溶剤）	室温3分	室温3分	室温3分	室温3分
アルカリ脱脂	5 mass% NaOH（90℃），6分	なし	なし	5 mass% NaOH（90℃），6分
酸洗い	8 vol% HNO_3^- 1 vol% H_2SO_4，室温，20秒	1 vol% H_2SO_4，室温，20秒	8 vol% HNO_3^- 1 vol% H_2SO_4，室温，20秒	なし

2　合金によるアノード分極挙動の違い

図1に種々のマグネシウム合金におけるアノード分極曲線を示す。マグネシウムの合金元素に

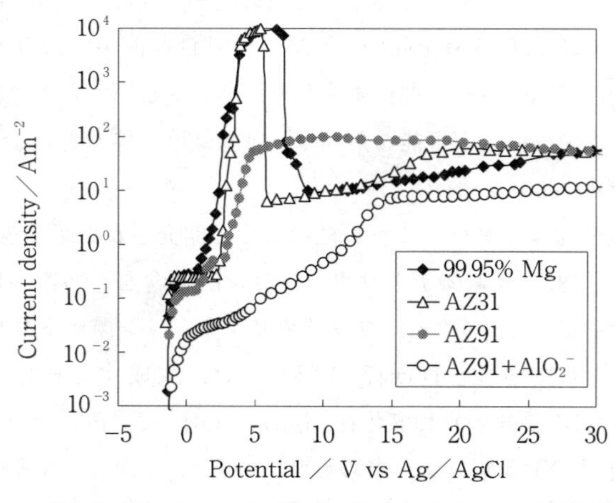

図1　マグネシウムの1 mol dm^{-3} NaOH中でのアノード分極曲線に対する合金組成と電解液中へのアルミン酸イオン添加の効果

注1）　電気化学分野においては，陽極酸化ではなくアノード酸化が正式な学術用語である。

よる表面特性の変化は，水酸化ナトリウム中でのアノード分極挙動に端的に現われる[8)]。99.95％の純マグネシウムの場合，自然電極電位から立ち上がる電流は０V付近で不動態化のために停滞するが，２Vを超えると再び急上昇し，その後５V付近での極大を経て減少し10V以上では低い電流値を保つという特異な分極挙動を示す。この５V付近の電流ピークはマグネシウムに特有なものであり，後述するように，この電位域では厚いポーラス皮膜の生成が可能である[8,9)]。AZ31（Al３％，Zn１％）では不動態化による電流停滞領域が広がり，５V付近での電流ピークはやや減少する。しかしAlを６％含むAZ61では５V付近の電流ピーク自体が消失する。AZ91（Al９％，Zn１％）になると電流は全体に低下し，さらに５V付近での電流ピークも見られない。また，電解液中にアルミン酸イオンを添加すると，すべてのマグネシウム材において電流は減少し，５V付近の電流ピークは消失する。このように，素地中あるいは電解液に含まれるAlがマグネシウムの酸化皮膜に取り込まれ，表面の不動態性・絶縁性を顕著に改善するため，電流が抑制される。しかし，この薄いバリヤー型酸化皮膜の不動態性改善は，厚いポーラス酸化皮膜に期待される塩水噴霧試験におけるような耐食性とは異なるものである。

アノード酸化におけるアルミン酸イオンの添加は，その濃度の対数に比例して皮膜中に取り込まれ，不動態性を向上させる効果を持つ。生成電圧が上昇するほど皮膜中への封入量が増加し，100Vでは Al/Mg 比が0.63に達する[10)]。AlO_2^-を添加した電解液中での高電圧での連続的なスパークにより，結晶性の$MgAl_2O_4$（スピネル）が形成される[10)]ことはしばしば報告されている。

3　アノード酸化皮膜構造に対する電圧の効果

定電圧電解で10分間アノード酸化したときの電流と電圧の関係を図２に示す。アノード分極曲線と同様に，５V付近での高電流領域と，低電流のバリヤー型皮膜生成領域，さらに高電圧で火花放電電解（プラズマ電解）による高電流となる領域がある。それぞれの領域の電圧値は合

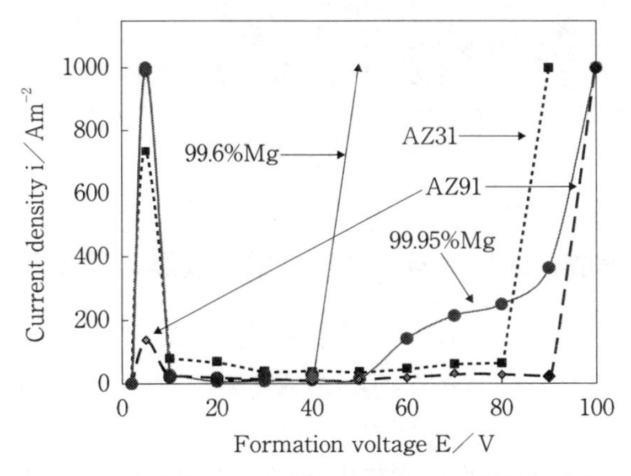

図２　種々のMg合金を1 mol dm^{-3} NaOH中で10分間定電圧アノード酸化したときの最終電流値と電圧の関係

金組成に依存しており，絶縁破壊電圧は 99.6 % Mg，AZ31，99.95 % Mg，AZ91 の順に増大する。最終電流値も素地中の Al 量が増加すると顕著に抑制される。図 1 に示された電解液中のアニオンの電流抑制効果も同様に観察され，5 V 付近の電流は電解質アニオンが PO_4^{3-}，SiO_3^{2-}，AlO_2^- の順に低下し，また絶縁破壊の臨界電圧は NaOH の場合の 130 V に比較し，この順に 200 V，220 V，240 V とより高くなる。

このように，マグネシウムのアノード酸化でポーラス皮膜が成長するのは，①生成電圧が 5 ～ 7 V 付近，もしくは②絶縁破壊（スパーク：火花放電）が起こる 100 V 程度以上の高電圧領域である。その他の電圧ではバリヤー型皮膜が成長する。

5 V 程度の低電圧電解で成長するポーラス皮膜の破断面構造を図 3 に示す[8]。層状に割れた部分を垂直方向から観察すると直径約 50 nm のポアを中心に持つ，直径約 200～300 nm の六角柱セル構造が確認できる。5 ～ 7 V 付近において高電流密度で生成した皮膜は，種々の電解液においてもほぼ同じ孔径およびセル径を持つポーラス型皮膜となる。これらの皮膜は X 線回折より主として水和物 $Mg(OH)_2$ からなり，セル境界で破断しやすく，かつ層状に割れやすい。厚い皮膜であるため，相当の耐食性を持つことができる。

一方，100 V 程度以上の絶縁破壊電圧で火花放電を伴って成長する皮膜のポーラス構造は，Al，Ti，ステンレスなどの場合と同様で，典型的な溶岩状のポーラス酸化皮膜である。火花放電を伴い結晶性のポーラス皮膜を成長させる陽極酸化法は，プラズマ電解酸化法（PEO），マイクロアーク酸化法（MAO），セラミックコーティング法などと呼ばれる。

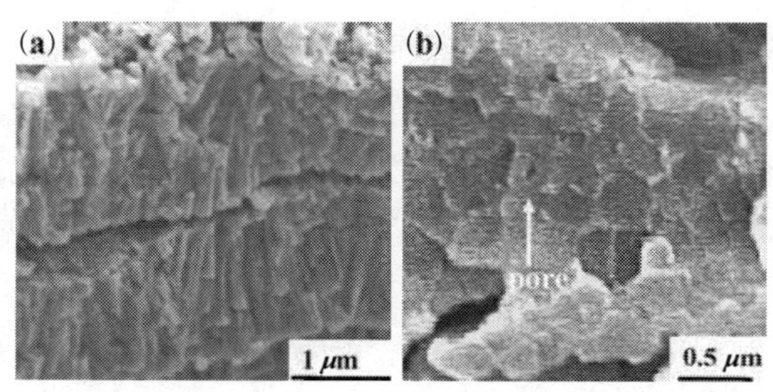

図 3　1 mol dm^{-3} NaOH 中で 5 V で 99.6 % Mg 上に生成した直管セル状のポーラス皮膜 SEM 像
（a）縦破断面，（b）横劈開面

4　プラズマ電解酸化法によるアノード酸化皮膜の構造と組成

実用され得る耐食性を付与するには厚い酸化皮膜が必要であり，実用のアノード酸化は主として定電流電解が用いられる。定電圧あるいは定電流電解のいずれでも，高電圧に達しスパークを伴って生成する皮膜は，ガス発生により生ずる大小のボイドをアモルファスの流動体状の酸化皮膜に内包し，また主として $Mg_3(PO_4)_2$ の結晶質部分が分散した溶岩状の構造を持つ。皮膜構造の詳細は電解液と電解電圧，電解時間に依存する[11]。図 4 に AZ31B を Na_3PO_4 水溶液中で 200

Am^{-2}で生成した際の電圧-時間曲線と外観写真を，図5に皮膜の表面の経時変化，図6に樹脂包埋断面のSEM像を示す。電圧は時間と共に上昇するが，130V程度に達すると微細な青白い点状発光を伴って屈曲し，150V付近から停滞する。この電解初期（150V）には孔は直径1～2 μm程度で比較的規則的に分布しているが，電解が進み放電により電圧振動が見られるようになると，孔径が最大10～20 μmとなった皮膜が元の微細な孔の表面を覆うように成長する。このように，絶縁破壊で生成する皮膜は皮膜/溶液界面でも成長し，既存の皮膜を覆うように上部に生成する様子が確認されており，イオン移動過程は複雑である。従って，この孔径は基本的に電圧に依存するものではなく，火花放電の大きさに支配される[11)]。さらに火花放電が続くと，10 μm以下の薄い部分と50 μm以上に達する厚くて流動体状のアモルファス部分が共存し，皮膜内には直径1～10 μm程度の大きさの多数の気泡状ボイドが分布する[12)]。この皮膜形態は，火花放電による高温で皮膜が流動状態となり，電解時の絶縁破壊で発生するガスが封じ込められるためと推定される。

一般にマグネシウムの陽極酸化皮膜はマグネシウムの水和酸化物を主成分とし[2)]，電解液中に存在するアルミニウム[6,8)]やリン[13～16)]，フッ素・ナトリウム[2,14,17)]，ケイ素[12)]，有機溶媒[18)]が多量に

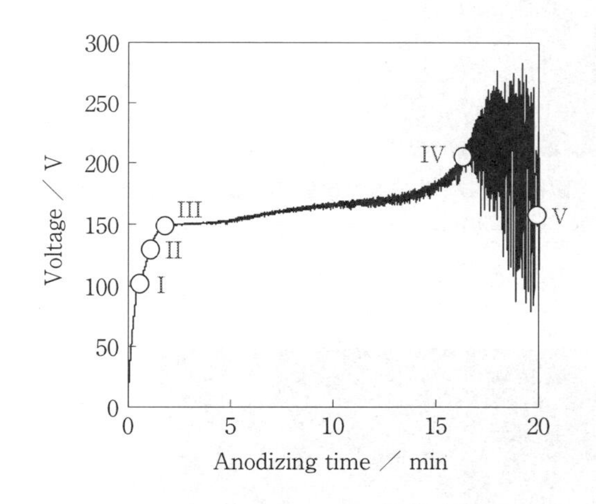

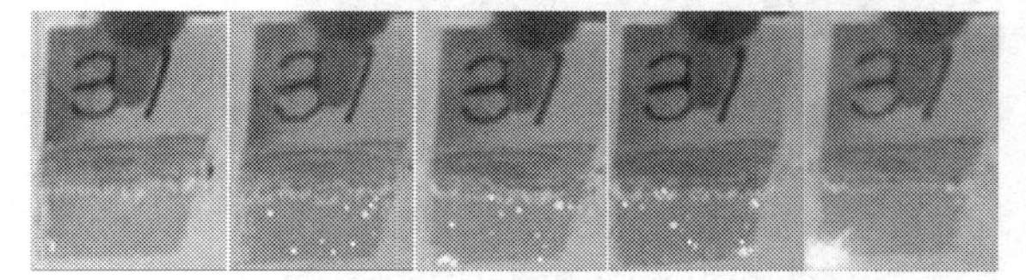

図4　Na_3PO_4水溶液中でAZ31Bを200 Am^{-2}で陽極酸化した際の電圧-時間曲線（上）とスパーク発生の外観写真（下）

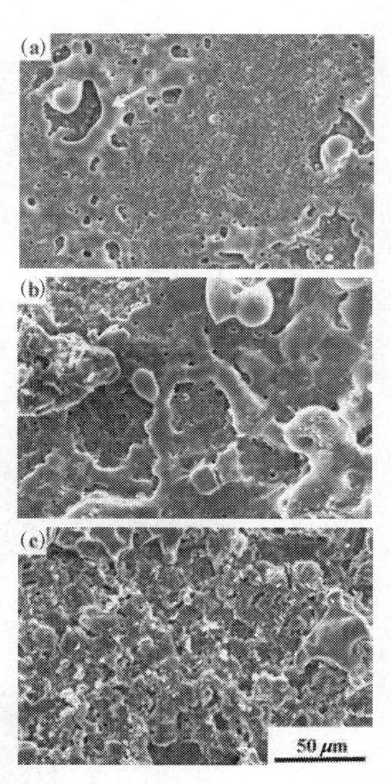

図5　Na_3PO_4水溶液中でAZ31Bを200 Am^{-2}で陽極酸化させた際の表面SEM像の変化
（a）150 V，（b）166 V，（c）200 V
(a)中の矢印のように流動体状の皮膜が皮膜/溶液界面で成長する。

取り込まれ皮膜構成成分となる。このことは，アノード酸化皮膜の特性が電解質アニオンによって大きく左右されることを意味する。

AZ91D をリン酸ナトリウム中，200 V でアノード酸化させた際に生成した皮膜断面の TEM 像と皮膜内層の 5 nm に絞った電子ビームによる EDX による元素分布および電子回折像を図 7 に示す[13]。皮膜は暗いコントラストの上層，電子線照射により敏感に変化する中間層，300 nm 程度の厚さで暗いコントラストを示す素地に密着した内層の 3 層構造である。上部の結晶部分を

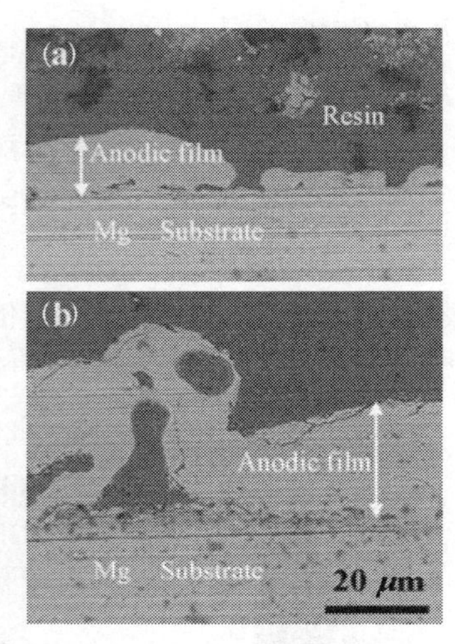

図 6　Na_3PO_4 水溶液中で AZ31B を 200 Am^{-2} で陽極酸化して生成した皮膜の樹脂包埋断面 SEM 像
(a) 5 分後，(b) 20 分後

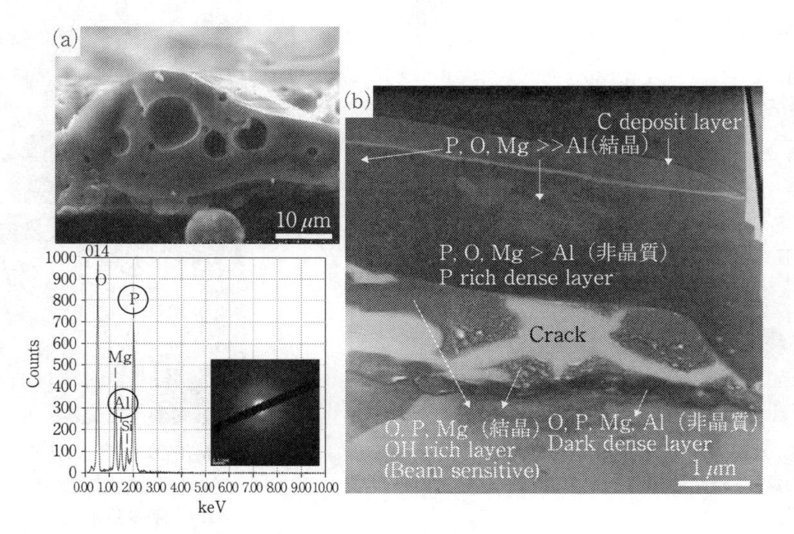

図 7　Na_3PO_4 水溶液中，200 V で AZ91D に生成したアノード酸化皮膜の (a) 破断面 SEM 像と (b) 薄い皮膜部分の断面 TEM 像，および暗いコントラストの皮膜内層の電子回折および EDX による分析結果

除き，いずれも非晶質中に微結晶が分散した構造である。特徴的であるのは，EDX 分析で検出されるP濃度の高さで，約 30 %に達する[13]。AZ91 合金の場合，組成比率はおおよそO：45 %，P：29 %，Mg：18 %，Al：8 %であった[13]。X 線回折からは，$Mg_3(PO_4)_2$[11] および $Na_4Mg(PO_4)_2$が検出される。おそらく，放電と同時にマグネシウムが多量にアノード溶解し，電解液のリン酸イオンと反応して皮膜上層に析出する過程を経ると考えられる。皮膜組成のP含有量が高いことは，電解質アニオンの取り込みが顕著であることを示している。

図8に素地界面付近の暗いコントラストを示す緻密な 0.5 μm 程度の内層の線分析結果を示すが，Al は内層において濃縮しており Al/Mg 比 0.5 に近い高い含有率を示した。この内層はバリヤー層とも呼ばれるが，その厚さは電圧に依存せず，また耐食性も皮膜全体厚さに強く依存するため，この層の役割は明らかでない。上層，中間層も Al 含有量は低下するがP比率が約 30 %と高く，$Mg_3(PO_4)_2$ が主成分と言える。ケイ酸ナトリウムでの電解では，皮膜上部はマグネシウムが存在せず，ほぼアモルファスの SiO_2 からなる。

20 V 以上で，絶縁破壊電圧以下の電圧で成長するバリヤー型皮膜の厚さと電圧の比，すなわちアノーダイジングレシオ（anodizing ratio）は用いた電解液により異なり，NaOH では 1.9 nm V^{-1} で，アルミニウムの 1.4 nm V^{-1} より厚いが，電解液がエチレングリコールのような有機溶媒系の場合，1.1 nm V^{-1} である。この皮膜はマグネシウム素地の光沢を残す透明性と 120 h の塩水噴霧試験に耐える耐食性を示す[18]。

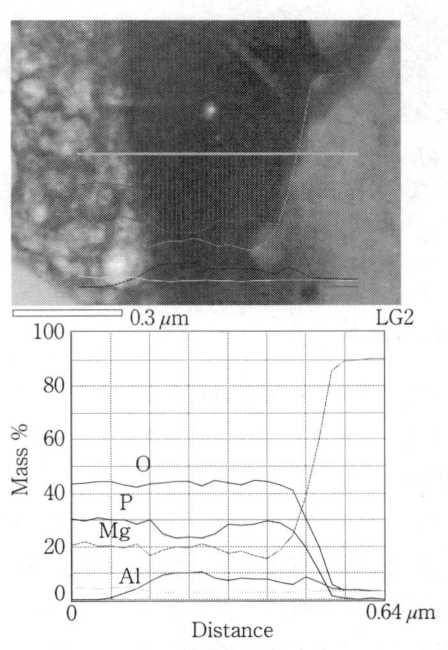

図8　リン酸ナトリウム中 200V で AZ91D に生成した皮膜の内層（上部 TEM 像）とその元素の EDX による線分析結果

5　Dow17 電解液で生成した皮膜の構造

Dow17 電解液は，高い耐食性を付与可能なため，従来最も多用されたアノード酸化処理法である。200 Am^{-2} 定電流で 70 V までに生成した皮膜の断面 TEM および SEM 像を図 9 に示す[2,19~21]。皮膜はアモルファス（PO_4^{3-}とアンモニウム塩と Cr_2O_3を少量含む Mg の水和酸化物：約 30 %）中に結晶質（$NaMgF_3$，MgF_2：両者で約 70 %）が分散した構造を持つ。皮膜/素地界面の構造から，微細なセルとバリヤー層を持つ構造であり，また，AD91D の場合に明らかなように，厚い皮膜の外層は火花放電によりボイドを含む流動体形状を示す。

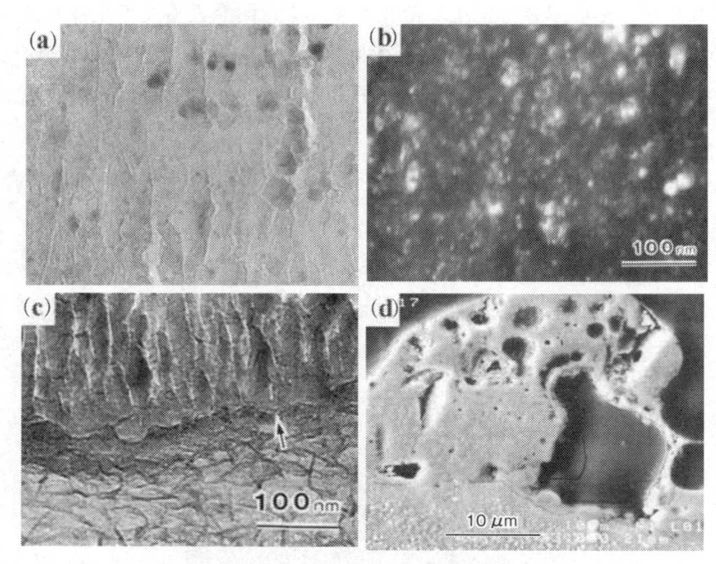

図 9　Dow17 電解液中，200 Am^{-2}定電流で 70 V まで生成した皮膜の断面像
(a~c) 99.6 % Mg 上に生成した皮膜のウルトラミクロトーム断面 TEM 像と暗視野像(b)。
(c) では素地界面にポーラス構造が観察される。(d) AZ91D 上に生成した皮膜の断面 SEM 像。

6　新しい陽極酸化法の開発

素地由来以外の高耐食性を付与するための検討課題は，大きく電解液組成と電解波形の影響に分類される。皮膜の組成と構造，耐食性にこれらのパラメーターがどのように相関するかを明らかにする目的で多くの検討がなされている。

近年の排水規制の強化に伴い，Dow17 などクロム/フッ化物系電解液から，リン酸ナトリウムを主成分として含むリン酸系電解液やケイ酸ナトリウム電解液，過マンガン酸カリウム電解液が注目され，生成する皮膜の組成や成長挙動が，アンモニアやアルミン酸イオン，アルコール類の添加の効果と共に検討されている。これらの電解系成分はリン酸，ケイ酸，マンガン酸のそれぞれのマグネシウム塩が皮膜中に相当量混入することが示されている。これらの皮膜組成と耐食性の詳細な関係は十分明らかにされてはいないが，少なくともリン酸ナトリウムを含む電解液を使用した場合に皮膜組成として検出される $Mg_3(PO_3)_2$ が耐食性向上に寄与すると考えられる。皮膜のP/O比は50 Vで0.03に対して，330 Vでは0.29に達する[6]。

アンモニアやエチレングリコール，エタノール，メタノールなど各種アルコール類やアミン類の添加効果は，主として火花放電により成長する皮膜の凹凸の平滑化・緻密化に寄与すると言われる。アルミン酸イオンの添加は，その濃度の対数に比例して皮膜中に取り込まれ，不動態性を向上させる効果を持つ[8]。生成電圧が上昇するほど皮膜中への封入量が増加し，100 VではAl／Mg原子比が0.63に達する[6]。AlO_2^- を添加した電解液中での高電圧での連続的なスパークにより，結晶性の $MgAl_2O_4$（スピネル）が形成されることはしばしば報告されている。

ケロナイト（Keronite coating）処理，アノマグ（Anomag）処理と呼ばれる陽極酸化処理方法が市場に存在し，リン酸塩を主とする電解液を用いていると類推される。電解法や電解液組成が公開されていないため詳細は不明であるが，リン酸塩を含むこと，火花放電電解であることが高い耐食性の一因と考えられる[16]。新しい電解法として，K_2ZrF_6 を含有する電解液を用いて緻密で耐摩耗性の高い ZrO_2 含有セラミック被覆を行う方法が開発されている[22,23]。ポリテトラフルオロエチレン（PTFE）の分散，あるいはスズ酸ナトリウムを含む電解質を用いて生成した場合の耐食性の向上も報告されている[24]。無水のメタノール，あるいはエタノールに硝酸イオンを含む電解液を用いると，組成はMg，O，Cのみである黒色で数十 μm の厚さの緻密な皮膜が生成する[25]。

マグネシウムの生分解性インプラントへの応用として，ゾルゲル TiO_2 をシーリング剤として付与した純マグネシウムの陽極酸化が，Hank溶液（擬似体液）中での適度な耐食性を付与するプロセスとして報告されている[26]。マグネシウムは腐食（分解）する際に多量の水素を放出するという問題点があり，この腐食速度を適度に調整する必要がある。低電圧でポーラス皮膜を作製し，交互浸漬法で水酸アパタイトを付与したマグネシウムは耐食性がプラズマ電解皮膜の場合より顕著に高められる[27]。

マグネシウムの陽極酸化では，直流以外に交直重畳やパルス電解，高周波電解がしばしば適用される。マグネシウム合金に比較的高周波数で形成させた酸化皮膜は低周波数におけるそれより小さなボイドを持ち，より緻密であるため，優れた耐食性を示すと考えられる。これらの効果については既報[28]に述べている。紙面の関係で割愛した部分については，別記の解説論文など[7,12,28,29]を参照されたい。

文　　献

1） M. Pourbaix, “Atlas of Electrochemical Equilibria in Aqueous Solutions”, NACE, Houston, p.

141（1974）
2） S. Ono, T. Osaka, K. Asami and N. Masuko, *J. Electrochem. Soc.*, **143**, L62（1996）
3） E. F. Emely, "Principle of Magnesium Technology", Pergamon Press, London（1966）
4） 小野幸子，日本マグネシウム協会編，"マグネシウム技術便覧"，p.335，カロス出版（2000）
5） S. Ono, K. Asami, T. Osaka and N. Masuko, *J. Electrochem. Soc.*, **143**, L62（1996）
6） 小野幸子，木島秀夫，増子　昇，表面技術，**53**(6)，406（2002）
7） 小野幸子，アルトピア，**34**，23（2004）
8） 小野幸子，三宅めぐみ，阿相英孝，軽金属，**54**(11)，544（2004）
9） 小野幸子，木島秀夫，増子　昇，軽金属，**52**(3)，115-121（2002）
10） 小野幸子，木島秀夫，増子　昇，表面技術，**53**(16)，406（2002）
11） 阿相英孝，松岡早織，佐山博信，小野幸子，軽金属，**60**(11)，608（2010）
12） 小野幸子，表面技術，**58**(6)，342（2007）
13） 小野幸子，奥平浩平，阿相英孝，表面技術協会 第115回講演大会（芝浦工大，豊洲キャンパス）講演要旨集，p.181（2007）
14） S. Ono, T. Osaka, K. Asami, N. Masuko, *Corrosion Reviews*, **16**, 175（1998）
15） F. A. Bonilla, A. Berkani, Y. Liu, P. Skeldon, G. E. Thompson, H. Habazaki, K. Shimizu, C. John, K. Stevens, *J. Electrochem. Soc.*, **149**, B4（2002）
16） 日野　実，村上浩二，村岡　賢，西條充司，金谷輝人，軽金属，**57**(12)，583（2007）
17） S. Ono, H. Kijima, N. Masuko, *Materials Transactions*, **44**, 539（2003）
18） 阿相英孝，酒井郁洋，生出章彦，小野幸子，軽金属，**54**(12)，567（2004）
19） 小野幸子，斉藤　誠，堀口　誠，寺島慶一，松坂菊生，志田あづさ，逢坂哲彌，増子　昇，表面技術，**47**(3)，268（1996）
20） 小野幸子，斉藤　誠，堀口　誠，寺島慶一，松坂菊生，志田あづさ，逢坂哲彌，増子　昇，表面技術，**47**(3)，263（1996）
21） S. Ono, *Metallurgical Science and Technology*, **16**, 91（1998）
22） Y. Han, J. Song, *J. Am. Ceram. Soc.*, **92**, 1813（2009）
23） H. Luo, Q. Cai, B. Wei, B. Yu, J. He, D. Li, *J. Alloy. Compd.*, **474**, 551（2009）
24） J. Guo, L. Wang, S. C. Wang, J. Liang, Q. Xue and F. Yan, *J. Mater. Sci.*, **44**, 1998（2009）
25） J. G. Brunner, R. Hahn, J. Kunze, S. Virtanen, *J. Electrochem. Soc.*, **156**, C62（2009）
26） J. Ship *et al.*, *Alloy. Compd.*, **469**, 286（2009）
27） 小林大記，阿相英孝，小野幸子，腐食防食協会第58回材料と環境討論会講演集，p.361（2011）
28） 小野幸子，表面技術，**61**(2)，163（2010）
29） 小野幸子，阿相英孝，機能材料，**27**(7)，13（2007）

第10章　マグネシウム合金の化成処理

松村健樹*

1　はじめに

マグネシウムは実用金属材料の中で熱力学的に最も活性な部類の金属であり，合金化により改善されてはいるが，腐食しやすいという言葉が絶えずつきまとう合金である。従って塗装も含めた表面処理の防食の役割はほかの合金に比較して非常に大きい。化成処理は現在実用化されているマグネシウム合金の表面処理の中で，最も適用されている方法であり，その重要性は特に大きいといえる。本稿ではこのマグネシウム合金材に対する化成処理の概要，特に近年実用化が最も進んでいるクロムフリー化成処理を主体に実用面を中心に解説する。

2　化成処理の定義と歴史

金属表面処理は表1に示すように工業的に様々な種類がある。この中で化成処理（Chemical Conversion Coating）と一般に呼ばれている処理のおおまかな定義は，“金属表面を化学的に処理して，その表面に不溶性化合物の皮膜を生成させる方法”である。具体的には対象とする金属素材を無機塩，さらに樹脂などの有機物を含有する水溶液と接触させて，表面上に無機質，あるいは無機，有機の複合された薄い皮膜を形成させる表面処理方法である。基本的メカニズムは初期反応であるエッチングを駆動力として，金属−処理液の界面近傍のPH変動により無機結晶質，あるいは非晶質の皮膜を析出させ，防食性を付与させる。英名にもあるConversion＝変換，は素地表面の金属が溶け出して，処理液成分の金属成分と転換して沈着形成される原理から来ている。

この生成原理から，その皮膜は薄膜（0.02～3 μm程度）であり，単独ではそれほど強大な防食性は有しない。これは陽極酸化や電気メッキなどのように反応が外力によるものではなく素地の溶解という微力なエネルギーで形成される点や，微視的にみれば，アノード部の残存があるためと考えられる。歴史的には，19世紀に古代エジプトのピラミッドを発掘した際に出土品から化成皮膜処理された鉄片が発見されていることは有名で，さらにこれにヒントを得て，1906年に英国でりん酸塩皮膜処理の原型が特許出願された。これが発端となり，主にりん酸塩皮膜により金属部材の防錆皮膜として約100年の間発展してきた。

化成処理の最大の特徴は素地を溶解して析出する点であり，このことにより素地と，表面コー

＊　Takeki Matsumura　ミリオン化学㈱　製品本部　部長

表1　金属表面処理の種類

(1)　化成処理：クロム酸塩，りん酸クロム，りん酸亜鉛，りん酸マンガン，りん酸カルシウムなど
(2)　気相処理：PVD，CVD
(3)　電解処理：陽極酸化，電解エッチング，電気メッキ
(4)　溶射，コーティング，塗装

ティング（塗装等）の仲立ちをする皮膜としての機能があり，特に塗装下地として採用されるケースが多い。また，引抜き加工，鍛造加工，押出し加工等において潤滑剤と併用することで塑性加工を容易とする目的にも用いられ，伸線業界にも使用されてきた。また対象となる金属は鉄鋼，亜鉛合金，アルミ合金，マグネシウム合金，チタン，ステンレス鋼等ほとんどすべての金属を対象に適用されており，化成処理は表面処理の中でもその汎用性の面から最も一般的な処理方法である。金属表面と接液させる手段は処理液に浸漬するか，あるいは処理液をシャワー状に噴霧して接触させる方法があり，特殊な方法としては塗布する場合もある。身近な金属塗装製品はほとんどの場合化成処理が実施されている。化成処理の種類としてはクロム酸塩系，りん酸塩系，そのほかの金属塩系が主流である。最近では水溶性樹脂を含有し，皮膜にその樹脂分も同時に析出させ，有機無機複合化により高性能化を図る動きも出ている。最も身近で代表的な化成処理は自動車体，部品に採用されているりん酸亜鉛系処理である。

3　マグネシウム合金の表面処理の種類とその要求機能

マグネシウム合金の表面処理としては，様々な処理種が存在するが，現在のところ，工業的に実際に実用化されている処理は陽極酸化処理と化成処理の二つである。また化成処理は大きく分けてクロム系とノンクロム系に分かれる。陽極酸化は数～数十 μm という厚膜化が可能であるので耐摩耗性やより過酷な環境での用途に適用される。表2に両処理方法の比較をまとめた。現在では用途に応じて両処理方法の使い分け，棲み分けがなされていきつつある。

マグネシウム合金の化成処理に求められる機能を図1にまとめた。現在マグネシウム合金の成型部材は，大きく分けて携帯電子機器の内部部品や，筐体部材として用いられる場合と，自動車部品として用いられるケースが多い。いずれの場合も軽量化を目的にアルミからの転換採用のケースがほとんどであるので，少なくともアルミと同等の表面機能を持たせることが必須となる。従って，マグネシウム合金の場合素地の耐食性がアルミより低いので，裸耐食性の向上が最

表2　マグネシウム合金の化成処理と陽極酸化処理の比較

化成処理	陽極酸化
・汎用性に優れる	・厚膜であり裸耐食性に優れる
・設備，ランニングコストが比較的安価	・設備，ランニングコストが比較的高い
・塗装下地として優れる	・封孔処理が必要
・導電性皮膜が容易に形成できる	・耐疲労強度が低下する場合がある（厚膜）

も重要かつ，困難な課題である。なおマグネシウム合金の弱点である異種金属接触腐食については化成処理単独では困難であると考えられ，有機系コーティングとの併用などによる対応が必要である。さらに特徴的なことは，化成処理皮膜にも表面低電気抵抗性が求められることである。これについては別項で述べる。

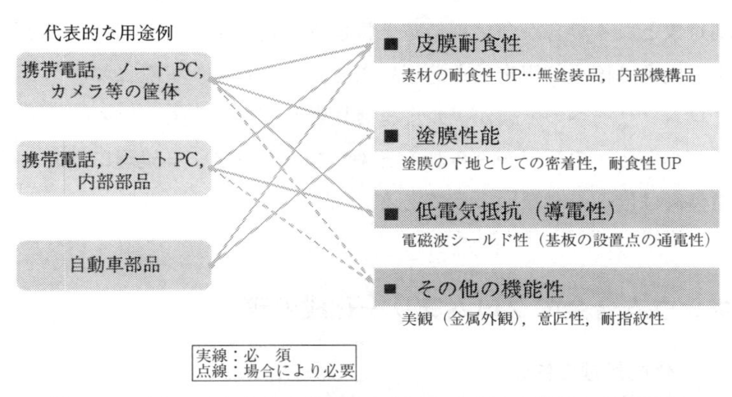

図1　マグネシウム合金の代表的な用途とその表面処理の必要機能

4　マグネシウム合金のクロム系化成処理

クロム系化成処理には，六価クロムクロメート皮膜と，三価クロムクロメート処理がある。アルミ合金材においては，クロム酸塩を主成分とする六価クロムクロメート系化成処理が古くから適用されており，その秀でた防食性，管理容易性，汎用性からまさに万能化成処理といえ，防食メカニズムや皮膜構造については詳細な研究がなされ，六価クロムによる自己修復性によるものと解明されている[1,2]。マグネシウム合金においても六価クロムクロメート化成処理は非常に有効で，古くから実施されており，Dowシリーズ[3]，JIS[4]でも分類規格化されている。その浴構成は，重クロム酸塩やフッ化物，鉱酸などであり，作業環境や，排水処理など環境への負荷が大きい。その防食機構はアルミ合金材と同様と考えられるが，鉄鋼，アルミの場合のような研究報告はほとんどみられない。皮膜中には六価クロムと三価クロム，及びフッ化マグネシウムが主な構成成分となり，非常に耐食性の良い皮膜を形成することができる。図2はマグネシウム合金の六価クロムクロメート系化成処理の反応式である。初期反応(1)(2)によりマグネシウム合金が溶解

$$Mg \rightarrow Mg^{2+} + 2e \qquad \text{———(1)}$$
$$Cr_2O_7^{2-} + 14H^{2} + 6e \rightarrow 2Cr^{3} + 7H_2O \qquad \text{———(2)}$$
$$2H_2 + 2e \rightarrow H_2 \qquad \text{———(3)}$$
$$2Cr^{3+} + 3H_2O \rightarrow Cr_2O_3 + H_2O \qquad \text{———(4)}$$
$$Cr_2O_7^{2-} + 2H^{1} \rightarrow 2CrO_3 + H_2O \qquad \text{———(5)}$$
$$Mg^{2+} + 2F^{-} \rightarrow MgF_2 \qquad \text{———(6)}$$

図2　マグネシウム合金のクロメート化成処理反応式

され，(4)(5)(6)により，六価クロム化合物，三価クロム，フッ化マグネシウムを含有した皮膜が形成される。

近年の欧州共同体EUの環境規制法としてのWEEE，RoHsなどの廃電気電子機器の有害物質使用制限が発令され，またELVの廃自動車の回収，リサイクルのための規制等の厳しい政策がとられ，世界的にも影響力が大きい。特にマグネシウム合金の場合，使用されている部材の主力がこれらの規制対象となる場合が多い携帯電子機器や，自動車部品であり，規制物質である六価クロムを使用する処理は極めて限定的な適用になるとみられる。実際にマグネシウム合金の化成処理の場合，クロムフリーへの転換がアルミ材と比較して早く進んでいる。なお，亜鉛メッキ部品やアルミホイールなどへの採用がみられる三価クロムクロメート処理については，マグネシウム合金への適用事例はほとんどないようである。

5　マグネシウム合金のクロムフリー化成処理

5.1　クロムフリー化成処理の種類

表3にマグネシウム合金のクロムフリー化成処理の種類をあげた。クロムフリー化成処理はその皮膜化成の成分構成により，りん酸塩系，多種金属塩，そのほかに分類される。文献，特許を調査するとアルミ用と同様に実に様々な系の皮膜系が提案されている[5)]。これらの内，現在実際に実用化されている主な化成処理はりん酸塩系，ジルコン系，過マンガン酸系である。この内，国内外で最も実績のある処理は，りん酸カルシウム-マンガン系やりん酸カルシウム-バナジウム系などのりん酸カルシウム-X（Xは酸化還元型元素）系皮膜である。この系の皮膜は，裸耐食性や，塗装密着性に優れ，また表面電気抵抗の低い皮膜も形成させやすいという特徴を有する。特にりん酸カルシウム-マンガン皮膜は優れた塗膜下地としての性能バランスを示すが，その裏付けの一つとして，皮膜の耐アルカリ性を汎用のりん酸マンガン皮膜と比較した。図3をみると，PH13水溶液中におけるりん酸カルシウム-マンガン複合皮膜主成分のPの溶解量は，汎用りん酸マンガン皮膜の場合より少なく，塗膜下腐食の要因の一つとして考えられている皮膜の耐アルカリ性が良好であるといえる[6)]。図4にりん酸カルシウム-マンガン皮膜の反応模式図を示す。ミクロアノード部で遊離りん酸によるエッチング反応が起こり，界面近傍でのPH上昇により，平衡反応がりん酸を発生する方向に傾き，りん酸カルシウム-マンガンの析出が起こり，皮膜として形成される。

表3　マグネシウムのクロムフリー化成処理の種類

系	皮膜種類
りん酸塩系	りん酸マンガン，りん酸カルシウム-マンガン，りん酸カルシウム-バナジウム
多種金属塩	過マンガン酸系，Ti系，Zr系，Mo系，V系，Ce系，W系，Sn系そのほか
そのほか	有機金属

図5はAZ91D材に形成されたりん酸カルシウム-マンガン皮膜のSEM像，図6は同じくX線回折チャート（XRD），図7はXPSデプスプロファイルである。XRDによりその非晶質性が確認され，XPSによるとその皮膜構造は素材から供給されるAl，Mgと，処理液から供給されるCa，Mn，Pがそれぞれ，酸化物，たとえばりん酸カルシウム，りん酸マグネシウムなどの形

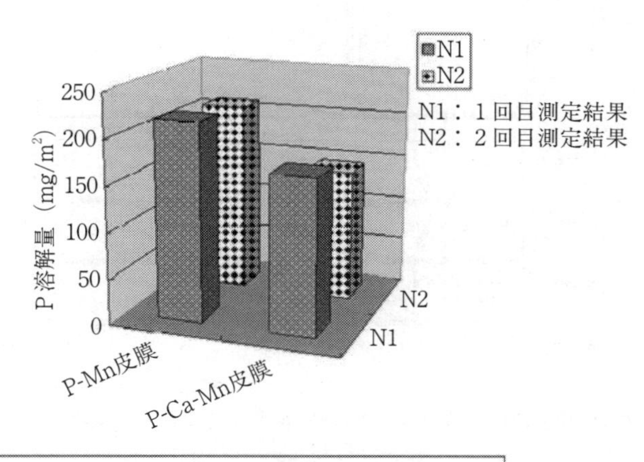

試験方法：化成処理品をアルカリ水溶液（0.1 mol-L NaOH, PH 13, 30 ℃, 3 min）に浸漬後，XRFにより溶解量を測定

図3　アルカリ水溶液中でのP-Mn皮膜とP-Ca-Mn皮膜の溶解量の比較

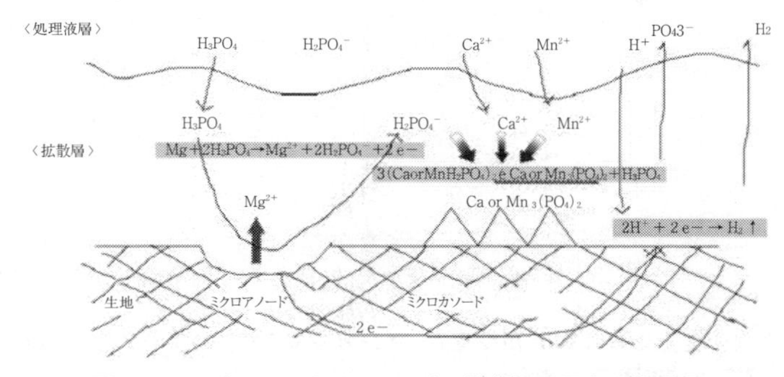

図4　りん酸カルシウム-マンガン化成処理反応の模式図

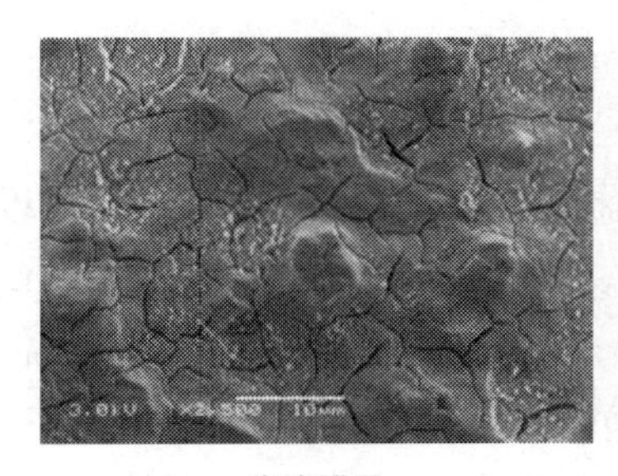
高皮膜量

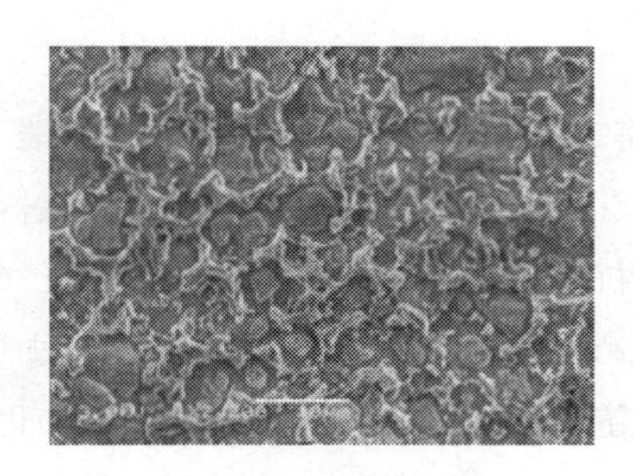
低皮膜量（低電気抵抗）

図5　マグネシウム合金上のりん酸カルシウム-マンガン皮膜のSEM像（素材：AZ91D）

で複雑に存在する非晶質の混合物であると推測された。皮膜量は低皮膜量（低電気抵抗皮膜）タイプで Ca が 30～80 mg/m^2，P が 70～150 mg/m^{2}である。

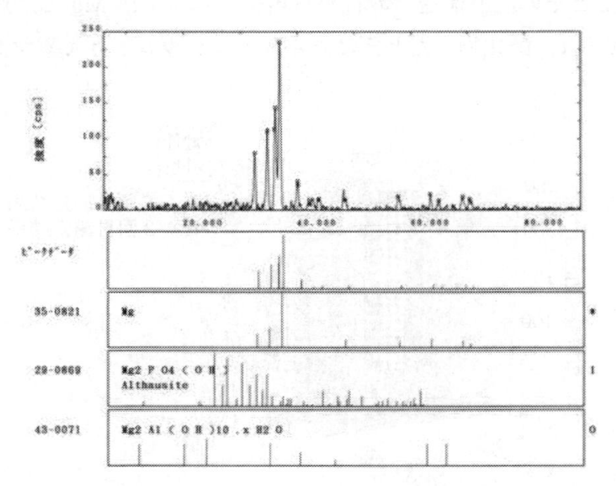

図 6　マグネシウム合金上のりん酸カルシウム-マンガン皮膜の X 線回折チャート（素材：AZ91D）

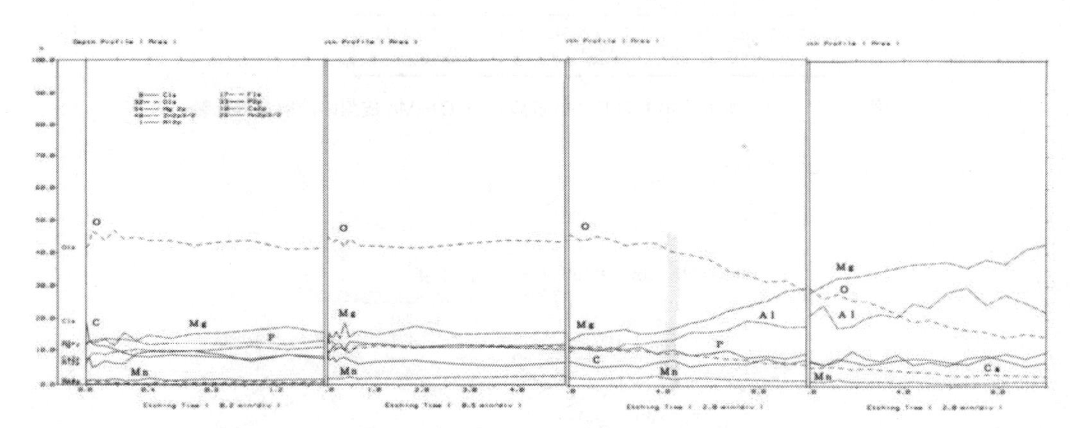

図 7　マグネシウム合金上のりん酸カルシウム-マンガン皮膜の ESCA デプスプロファイル（素材：AZ91D，低電気抵抗皮膜）

5.2　携帯電子機器の表面処理への要求機能

マグネシウム合金材は現時点では電子機器筐体，部品に使用されるケースが多いために表面の低電気抵抗値を要求されることがほとんどである[7]。アルミの場合はそのままでも耐食性が良好であるため，内部部品などは無処理で済ませることが多く，また塗装を施す筐体部品であっても，抵抗値がほとんど上昇しない超薄膜の化成処理が適用できる。

マグネシウム合金の場合，耐食性を持たせ，かつ皮膜形成により表面電気抵抗値を上げないために，その相反する二つの機能を満足させる処理が必要であり，携帯電子機器への採用が多いクロムフリー化成処理には特にそのことが求められる。低電気抵抗皮膜は，主に基板の設置点から筐体部品へのアースをとるために必要とされている。その表面抵抗値の測定方法は，各メーカーにより細かく制定されているが，抵抗率計やテスター等により，化成皮膜表面の二点間の抵抗値を測定する方法が主である。実際には接触抵抗の因子が関与するので，押し当てるプローヴの形状や，押し当て圧力，製品表面の歪みなどの影響を受ける。

従って，プローブ形状や押し当て圧力，距離，測定点などがメーカーや，製品毎に具体的に細かく設定されている。表面の抵抗値が高いと電波特性が低下したり，ノイズの発生など不具合現象が起きる。表4に携帯家電製品の表面処理，塗装規格例を示す。経時による抵抗値上昇を想定した環境試験後の抵抗値（二次抵抗値）の項目もメーカーによっては求められている。

表4　マグネシウム合金の表面処理，塗装規格例（携帯電子機器部品）

皮　膜	塗　膜
1．外　　観	1．外　　観
2．スマット残留	2．一次密着　　碁盤目
3．表面抵抗	3．二次密着
①一次抵抗値	①塩水噴霧試験
A：抵抗率計等による表面接触抵抗測定	A：連続噴霧
B：破壊電圧測定	B：サイクルテスト
②二次抵抗値	噴霧→休止の繰り返し
下記裸耐食性試験終了時の表面抵抗値	②冷熱サイクルテスト
4．裸耐食性	③温水浸漬
①塩水噴霧試験	④耐湿試験
A：連続噴霧	⑤人体汗付着，人工汗試験
B：サイクルテスト	
噴霧→休止の繰り返し	
②高温，恒湿試験	
③冷熱サイクル	
以上の試験後，変色，腐食を判定	

5.3　マグネシウム合金の化成処理プロセス

化成処理は最終段階として皮膜化成工程で皮膜を形成させるが，その前段階として表面素地調整の目的で様々な工程が設けられている。その目的は，素地を清浄化し，最終の化成処理反応を阻害する酸化物層や離型剤などの残留層を除去し，皮膜化成反応がスムーズに進むような表面にすることである。マグネシウム合金の場合，現在は俗にいう鋳物であるダイカスト品が主流であるために，特にこれらの素地調整が重要である。

マグネシウム合金の化成処理は鉄鋼，アルミニウムのような標準工程はなく，様々な工程が提案，実用化されているが，いずれにおいても表5に示すような4つの工程が基本となっている。この4工程を基本として一部を省略したり，場合によってエッチングを二段処理，あるいは皮膜

表5　マグネシウム合金の化成処理基本工程の内容とその目的

工　程	主 成 分	目的，メカニズム
脱　脂	アルカリビルダー，界面活性剤	表面の汚れ除去，離型剤やプレス油等の除去
エッチング	鉱酸，有機酸	酸エッチングにより，離型剤や素材表面に析出した合金不均一層を溶解除去する。この際，不溶性の金属塩（スマット）が沈着する。
デスマット	アルカリ	エッチングで発生したスマットの除去
皮膜化成	リン酸塩，多種金属塩，そのほか	目的とする防食皮膜の生成。処理液と接触し界面PHの上昇により皮膜が析出

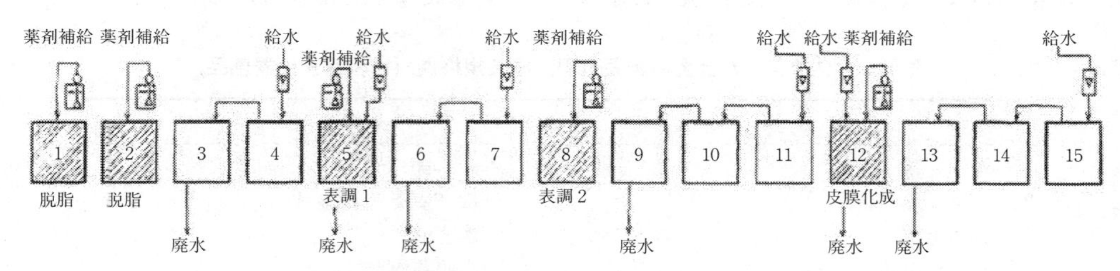

図8　マグネシウム合金のクロムフリー化成処理ライン構成

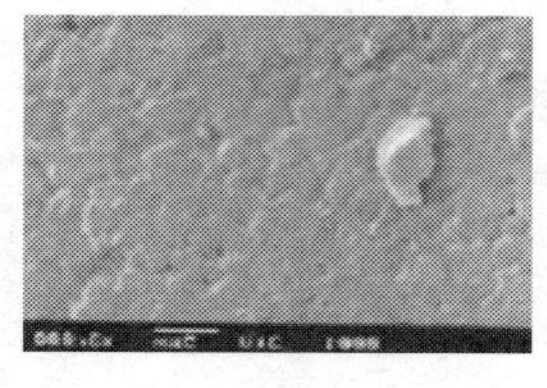

処理前

脱脂後

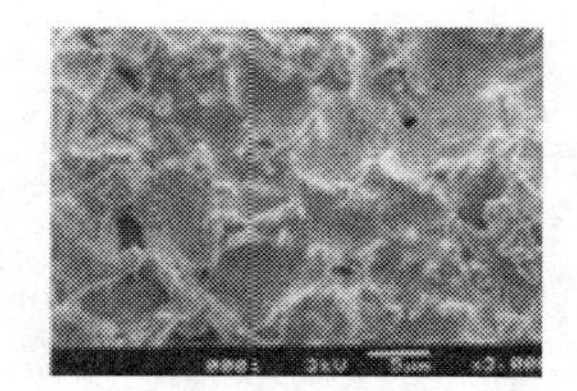

エッチング後

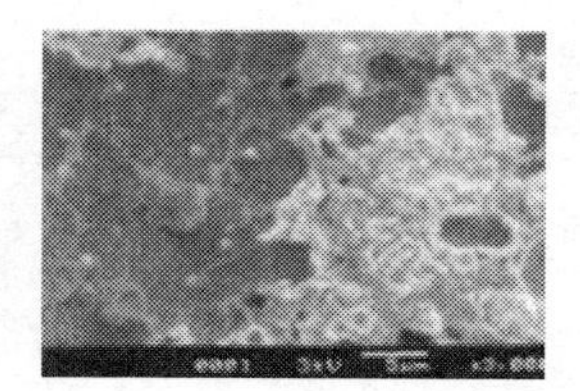

デスマット後

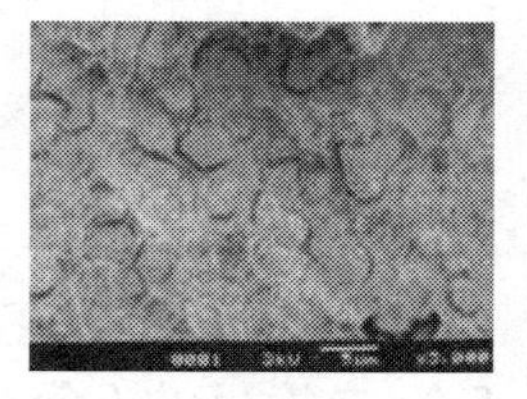

化成処理後

図9　マグネシウム合金のクロムフリー化成処理各工程後の表面SEM像（素材：AZ91D）

化成後に後処理工程を加えるなどのバリエーションがある。これは素材，履歴，目的とする皮膜の性能等に応じて適用されており，いずれにしてもこの基本4工程を発展させたものである。

まずマグネシウムをエッチングしない強アルカリ脱脂により，表面の汚れや離型材，切削油，プレス油等を除去する。鋳造材の場合，表面に潜り込んでいる離型剤は脱脂工程では除去できない場合が多く，従って次の酸エッチングにより一定の層を除去し，潜り込んでいる離型剤を除去する。また鋳造材は合金不均一層が存在する場合も多くこれも除去する作用がある。このエッチング工程ではスマットと呼称される素地金属と酸の化合物が再付着する場合が多く，次のデスマット工程で除去する。最後に目的とする皮膜を形成させる。皮膜化成工程にこれらの工程の間ではほかの化成処理と同様に2段から3段の向流水洗を実施する。現状は浸漬式が主流であり，図8に標準的なライン構成を示す。また図9にそれぞれの工程後の表面SEM像を示す。

5.4　マグネシウムプレス成形材の化成処理

プレス材に使用されるマグネシウム合金はAZ31などに代表されるようにアルミの含有率を低下させている。しかしこれは基本的には合金の耐食性の低下を導く。図10に5％塩化ナトリウム溶液中での腐食速度に及ぼすAl含有率の影響を示す。Alが4％以下で急激に腐食速度が上昇しているが展延性は逆に上昇するので耐食性との両立は難しい。マグネシウム合金展伸材は鋳造

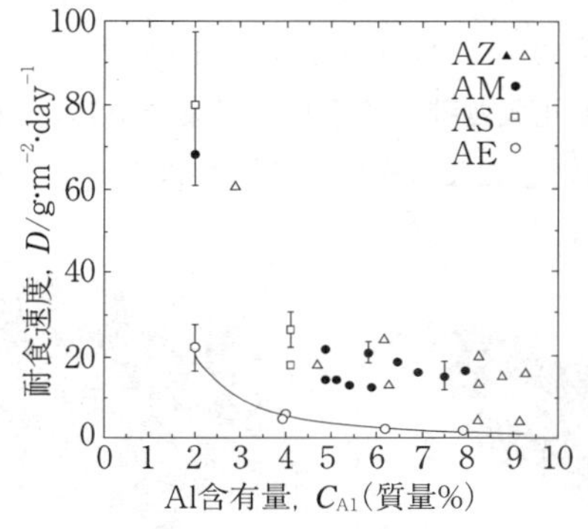

図10　マグネシウム合金の耐食性に及ぼすAl含有量の影響[9]

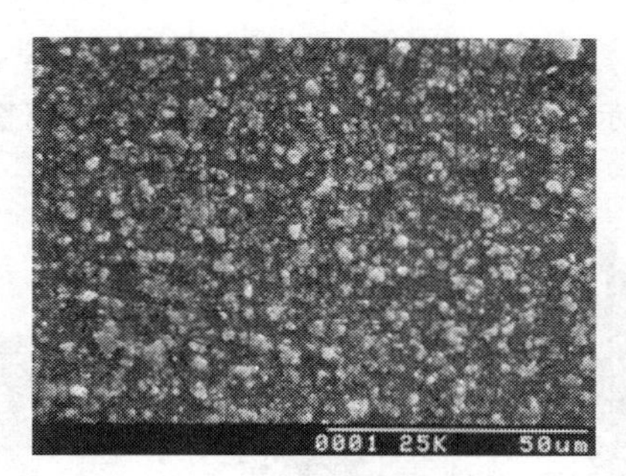

図11　AZ31化成処理皮膜のSEM像

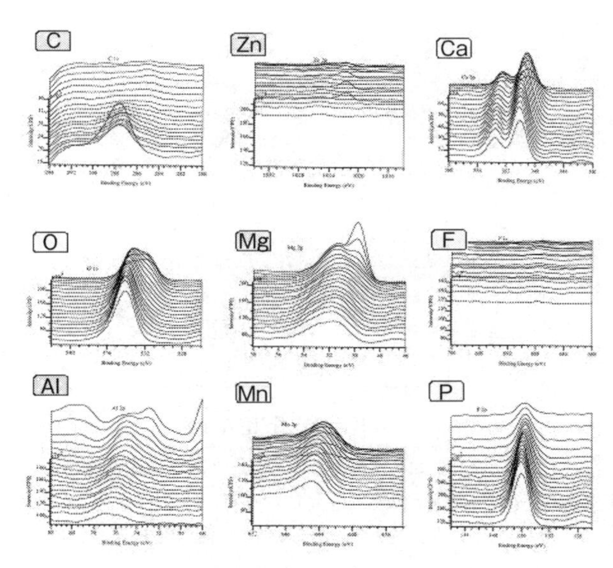

図12　AZ31化成処理皮膜のESCA深さ方向解析結果

材が主流であったが2000年にはAZ31プレス成形材による初めての実用製品化がMD筐体になされ，2003年にはノートPC筐体に初めて適用された[8]。これに対する化成処理は，皮膜の緻密化を主眼にAZ91の化成処理に調整を加えて実施された。図11に皮膜のSEM像，図12にESCAによる皮膜の深さ方向の解析結果を示す。皮膜の解析結果によると，皮膜構成元素は処理液のCa，Mn，Pと素地から取り込まれたMg，Al，及びOを構成元素とする水和酸化物であり，その厚さは140 nmであった。

6　塗膜二次密着性向上への化成処理皮膜の適合化

軽量化を目的として自動車部品にマグネシウム合金が採用されるケースが多いが，その場合塗装を施す部材の下地として化成処理が用いられる。代表的事例として二輪フレームやマグネシウムホイールに採用された[10]。図13，14に外観図を示す。これらの部材の化成処理には亜鉛めっき素材と同様に二次密着性へ注意を払う必要があり化成処理の適合化が必要である。図15にその例を示す。皮膜液構成元素を特定比率に調整することにより耐水二次密着性を向上させる。耐

図13　二輪フレームのマグネシウムダイカスト

図14　マグネシウム合金ホイール外観

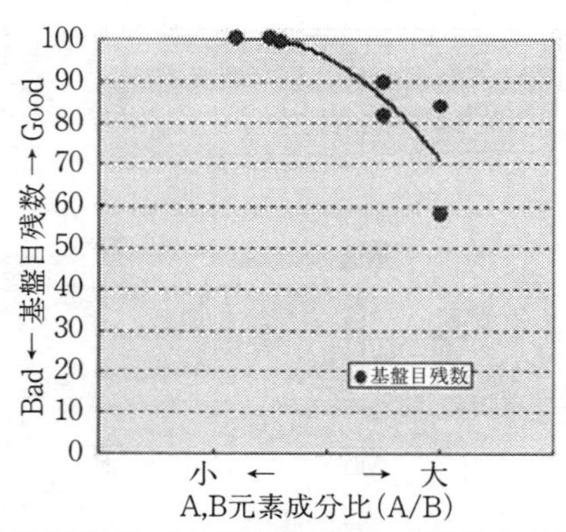

化成処理	りん酸カルシウム-マンガン複合皮膜
塗装系	粉体塗装を含む4コート4ベーク
塗装性能評価	温水浸漬試験：60℃ 2 mm碁盤目

図15　皮膜の構成元素比と耐水二次密着性

水二次密着不安定原因として，耐水試験時においての皮膜成分イオン溶出が原因として考えられた。その検証として，耐水試験の合格皮膜と不合格皮膜の化成皮膜板を温水に浸漬し，表面のSEM像観察，及び皮膜からのイオン溶出量測定を行った結果，図16のように，不合格皮膜は皮膜のダメージが観察され，また図17に示すように皮膜成分元素のイオン溶出量（皮膜の構成元素P）が大きいことが判明した。

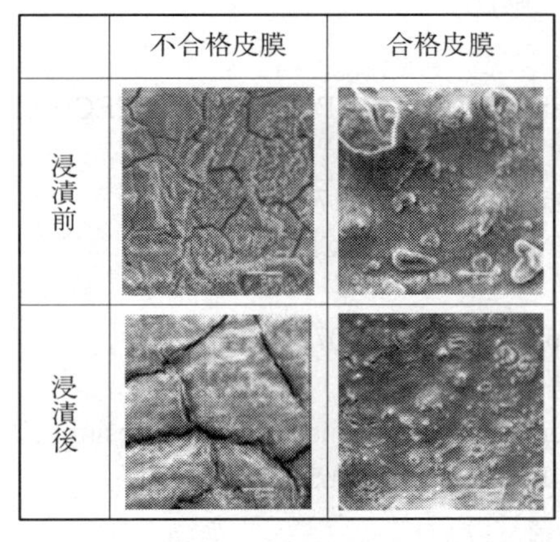

図16　化成皮膜の温水浸漬前後の表面変化（SEM像）

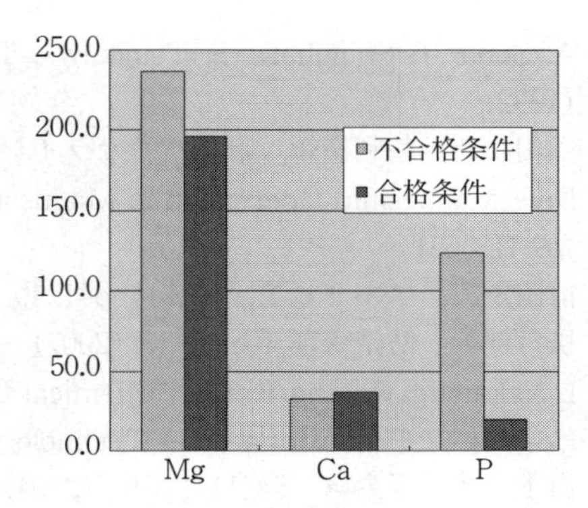

図17　化成皮膜の温水浸漬におけるイオン溶出量

7　マグネシウム合金の化成処理に対する新しい要求

7.1　低電気抵抗性と高裸耐食性

携帯電話の高機能化，コンパクト化などに伴い，携帯内部部品に用いられているMg合金材では，これまでよりもさらに表面抵抗値を低く，またどの部分でも安定化して低い抵抗皮膜が要求される場合がある。さらに，防水携帯や自動車部材への採用が多く，さらなる高裸耐食性が要求されている。

7.2　金属外観無色透明処理

マグネシウム合金材は軽いことが最大の利点であるが，樹脂系素材や，カーボン素材などには不可能な，金属調外観を出すことができれば，さらに大きなメリットとなる。アルミ素材は高温のリン酸水溶液を用いた化学研磨による光輝処理が可能であり，アルミホイールなどで実用化されている。マグネシウム合金の場合，アルミ含有量の低いAZ31では，硝酸–有機酸系エッチング液により光輝外観が得られることがわかっておりすでに実用化されている[11]。しかしこの方法はエッチング処理のみなので，化成処理皮膜のような塗装密着性の向上効果は得にくく，また一般的なAZ91材用の光輝外観化学研磨方法はまだ開発されていない。従って光輝外観を得られなくても，少なくとも表面を変色，白色化させない透明化成皮膜処理の開発が望まれていたが，近年実用化されつつある[12]。詳細は参考文献 12 を参照されたい。

文　献

1） A. Suda, T. Shinohara, S. Tsujikawa, T. Ogino, S. Tanaka, Proc. GALVATECH'92，250（1992）
2） 須田　新，朝利満頼，日本パーカライジング技報，NO12，p17-25（1999）
3） Dow Magnesium Opereation in Magnesium Finishing（Dow Chemical Co.,）
4） JIS-H-8651
5） 前田重義，アルトピア，**37**(5)，p41-49；**37**(6)，p57-62（2007）
6） 松村健樹，防錆管理, 9, p30-37（2007）
7） I. Nakatsugawa and F. Dai, "Chemical Conversion Coataing used for Magnesium Electric Housings" : Proc. Magnesium Technology in the Global Age, p519-532（2006）
8） 白土　清，軽金属，**54**(11)，510（2004）
9） 日本マグネシウム協会編，中津川　薫，マグネシウム技術便覧，p311（2000）
10） 稲波純一ほか，アルトピア，**38**(1)，p41（2008）
11） 小原美良，軽金属，**60**(3)，p117-123（2010）
12） 松平邦臣，佐藤久夫，松村健樹，塗装技術, 6, p73-76（2011）

第11章　マグネシウム合金用塗料と塗装

部谷森康親*

1　マグネシウム合金と塗装の現状

マグネシウム合金は，軽さ，高硬度，電磁波シールド性，放熱性，リサイクル性，原料としての豊富さと多くの利点があるが，塗料・塗装関係者にとっては対応に注意を要する素材の一つである。

マグネシウム合金は実用金属中で最も活性な金属であり，腐食しやすいので樹脂防錆のみでは不十分であり，マグネシウム合金に適した前処理，防錆顔料の選定がポイントとなる。

一方，マグネシウム合金素材の耐食性もマグネシウム合金 AZ91D の開発により向上し，さらに検討が続けられている。しかし，塗装に対しては成形時に発生する，湯じわ，引け，クラック，へこみ，巣穴等の欠陥により，塗膜にピンホールと称する微小なフクレを生じさせる恐れがあり，美装仕上げをするためには多くの障害が残っている。

ただ，鋳造技術の進歩により，マグネシウム合金ダイカスト部品の信頼性が向上したことから，ここ数年の間に情報機器分野を中心に，プラスチックからの置き換えも増えてきている。

特に，モバイルパソコンのような携帯機器では，安価で製造性に優れる樹脂ボディ（筐体）が使用されてきたが，機器のさらなる薄型軽量化の要求と，マイクロプロセッサの高性能化に伴う発熱量増大対応のための高い放熱性の要求があり，薄肉高強度と高放熱，電磁波シールド性という特徴を併せ持つマグネシウム合金筐体を使用するケースが増えている。

標準的なマグネシウム合金の塗装工程を図1～3に示す。

下塗り:MGガード#1−SP（1液型　変成エポキシ樹脂系）

上塗り：マグラック#636（1液型　アクリルメラミン系）

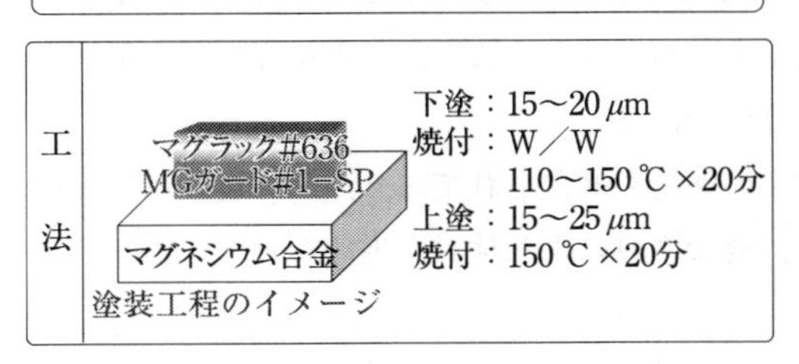

図1　標準塗装仕様例Ⅰ（1液型プライマー）

下塗り:MGガード#13シリーズ（2液型　エポキシアミン系）

上塗り:MGトップ（1液型　アクリルメラミン系　高硬度）

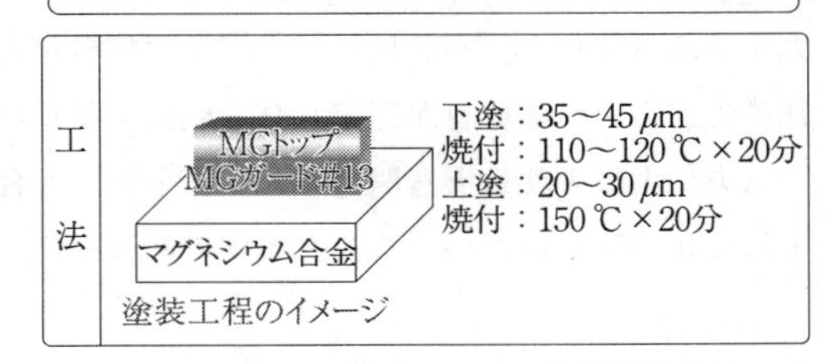

図2　標準塗装仕様例Ⅱ（2液型プライマー）

* Yasuchika Hiyamori　大日本塗料㈱　技術開発部門　開発部　技術開発第2グループ　グループ長

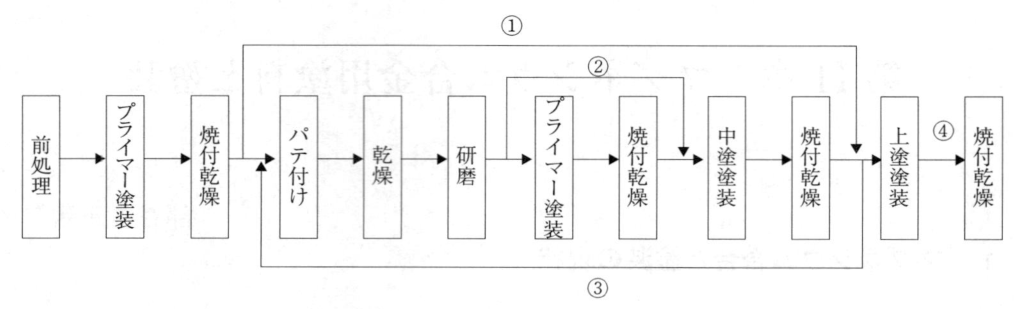

図に添付の番号は，下記の状況を説明。

① マグネシウム合金素材の表面状態が良好で，パテ工程の必要のない場合（成形欠陥がなく仕上がり性に問題がない状態で，現状では稀な状況）。
② パテの研磨時に素材表面の露出が全くなく，十分な平滑性が得られる場合。
③ 中塗の仕上がり状態が不良で，上塗ではカバーできない凹凸やクラック等の欠陥が残る場合は再度パテ付けを実施。
④ パテ研磨の際に素地の一部が露出する場合の工程。

図3　一般的なマグネシウム合金の塗装工程

パテ工程は，人手による作業であり，研磨作業が不可欠で作業工程がかかり，生産性とコスト面の足枷になっている。これらのことから，プライマーによる素材欠陥部の隠蔽性を高めて，パテ付け工数削減が図れる塗装系の開発が求められている。

2　前処理

現状はクロム酸系前処理剤が多いが，ノンクロム酸系の前処理剤に移行しつつある。詳細については，前処理の章（第9章 陽極酸化処理，第10章 化成処理）にて確認頂きたい。

3　マグネシウム合金用塗料と塗装

マグネシウム合金の塗装は現在溶剤型塗料による仕様が主流で，家電用等の加熱可能な小物が大半である関係上，パテ以外は1液型の塗料が大半を占めている。また，最近は環境への配慮と作業性から，粉体塗料が選定される機会も多くなりつつある。

一方，大型の輸送機器関連へのマグネシウム合金の適用も検討されており，その場合は加熱による硬化が難しいため，2液タイプの常温硬化が可能な塗料により検討が進められている。

3.1　溶剤型塗料

3.1.1　プライマー

一般的なマグネシウム合金用プライマーとしての重要な塗膜性能を下記に示す。

① マグネシウム合金素材に対し，付着性が良好であること

（ペーパー研磨による化成処理が除かれた部分への付着性も考慮）

② 素地欠陥の隠蔽性（下地被覆性）があること

③ 塗膜の耐食性，耐久性，耐薬品性が優れていること

④ 幅広い上塗塗料に対する付着性が優れていること

塗料用樹脂の中で金属素地や上塗塗料に対する付着性，耐薬品性，乾燥性，耐食性に優れる樹脂として，高分子エポキシ樹脂がある。このエポキシ樹脂において，分子量・軟化点，官能基の種類，架橋密度，硬化速度から架橋材との組み合わせを選び，顔料を種類および顔料の粒径・形状などから選抜する。

・熱硬化型エポキシ樹脂塗料

高分子エポキシ樹脂をメイン樹脂とし，アミノ樹脂での架橋による緻密な三次元網状構造を作ることにより，塗膜性能の向上を図る。

・２液硬化型エポキシ樹脂塗料

焼付温度を低くする必要があるか，焼付を行えない場合にはポリアマイド系または，アミンアダクト系の架橋材を使用し，硬化させる。

3.1.2　パテ

一般に硬化乾燥性が良く，付着性の良い，不飽和ポリエステル樹脂を選定し，過酸化物を使用して反応させることが多い。補修後の研磨性が必要であり，体質顔料の種類と量，各種ビーズの添加により調節をする。

3.1.3　中塗

中塗は一般的に，アクリル樹脂，ウレタン樹脂系の塗料が使用され，トップコートの仕上がり状態で，プライマー上とパテ上での外観差をなくすための役割を受け持つ。また，トップコート塗装前の表面欠陥の探査性の観点から，色，艶の調整を行う場合もある。

3.1.4　トップコート

トップコートに要求される項目としては，商品の評価を決定する重要な要素の一つである意匠性が挙げられる。特に，家電分野においては，手で直接触れる機会の多い携帯電話，タブレット，ノート型パソコン，デジカメ，デジタルビデオカメラ等の情報機器周辺分野では，汗やハンドクリーム，整髪料，サンスクリーン等に対する特殊な耐薬品性や摩耗性などの機能が特に重要となる。また，アルミニウム顔料やパール顔料等の光輝材を使用したより意匠性の高い外観も多くなりつつある。また，塗膜の耐久性についても従来のアクリルメラミン樹脂系から傷つき性や耐摩耗性，耐指紋性を考慮し，より高硬度のアクリルシリコン樹脂系，ＵＶ硬化樹脂系塗料等が採用され，種々の用途に対応できる選択性がより広がっている。

3.2　粉体塗料

3.2.1　粉体プライマー（下塗塗料）

プライマーの役割は，溶剤型塗料と同様にマグネシウム合金との付着性，上塗塗料との層間付

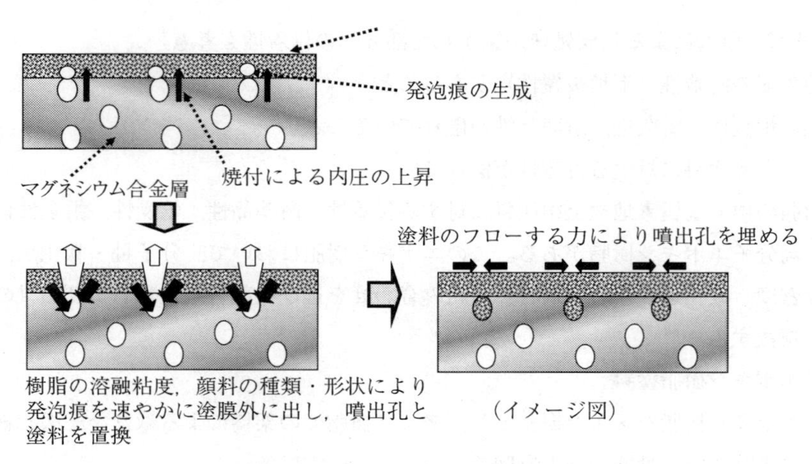

図4　抑発泡性の効果（イメージ図）

着性，表面欠陥の探査性，表面欠陥のカバー性，防食性，機能性付与等であり，極めて重要な役割を持っている。付着性および防食性付与のためには，樹脂特性から見て，エポキシ樹脂系およびエポキシ／ポリエステル樹脂系のいわゆるハイブリッドタイプが適用され，樹脂の分子量・軟化点，官能基の種類，種々の硬化剤，触媒，架橋密度，硬化速度，フィラー配合量等を考慮した設計になっている。また，表面欠陥の探査性の観点から艶消タイプとしている。さらには，ピンホール対策として，発泡抑制技術を組み込んだ塗料もあり，マグネシウム合金以外にもアルミダイキャストやどぶ漬亜鉛メッキ鋼板，鋳物など，焼付により塗膜の発泡を起こしやすい素材に対して抑制効果を発揮している。付着性で留意する点としては，塗装する前までの工程（成形品の品質のバラツキ，前処理条件の適正化）が重要な因子となることは既に述べてきたが，そういった中で，作業性の幅の広いプライマー設計を目指している。

3.2.2　1コート仕上げ用粉体塗料

ここで言うトップコートとは，1コート仕上げ用粉体塗料を指しており，プライマーの役割はもちろんのこと，トップコートとしては，消費者の嗜好に合った色調，光沢，艶が求められる。最近のノート型パソコンや携帯電話などのように，技術の進歩と共に機能面ではどのメーカーでも他社との差別化を図るために，デザイン面や色調に工夫を凝らしてきているため，高輝度メタリック仕上げ，パールメタリック調，艶消し塗料，スエード調，リンクル調，サテン調模様等の意匠性，デザイン性が重要視されている。また，携帯用という点から，耐摩耗性，耐擦り傷性，耐汚染性なども重要である。

3.2.3　粉体塗料，粉体塗装の今後の課題

マグネシウムは従来の金属に比べて活性で，腐食しやすい。また，成形が難しく密着しにくい性質を持ち，成形時には湯じわや引けの表面欠陥が生じやすい。塗料に要求される課題は密着性・隠蔽性・ワキ対策・意匠性である。これらの課題に対しては粉体塗料単独で解決できれば理想だが，あらゆる塗装系にて対処しているのが現状である。

以下に，粉体塗料，粉体塗装の今後の課題について列記する。

1）　彩色での薄膜外観・隠蔽力の向上

今後さらに薄膜化（軽量化，コストダウン）が進む時に，隠蔽力がないために薄膜にできないことがある。適切な樹脂選択，着色顔料，製造方法（分散性）の検討が必要である。

2）　発泡対策（図４）

あらゆるマグネシウム合金素材・欠陥に対応する発泡抑制技術の確立。

3）　低温・短時間焼付型粉体塗料の開発

既存の溶剤型塗装ライン（乾燥炉）を有効利用，あるいはエネルギー有効利用という面から，低温・短時間という条件が必須となる。

4）　少量・多色化対応

現在でも対応可能であるが，製造コストが高くなり，製造するメーカーも購入する側もメリットが少ないと思われる。したがって，今後調色方法が簡略化されれば（従来の溶融混練に代わる方法），少量・短納期も実現可能である。

5）　意匠性粉体塗料

個人の嗜好によるデザイン性の多様化から，様々な意匠塗料が要求されている。溶剤型塗料並の白く・高輝度なメタリックもその一つである。また，ランニングコスト面から，回収粉を使用した場合の外観安定性も重要である。

6）　粒度分布がシャープな粉体塗料

これは塗装技術面から見た課題であるが，現状での方法では，微粉カット（分級）しかなく，収率が大きく低下しコストアップとなる。今後は粉体塗料と製造方法の見直しを含め，粉砕，分級，捕集装置等の検討が必要である。

4　各塗膜の要求事項

今後，マグネシウム合金の用途が拡大すれば，それぞれの分野で独自の要求事項が発生することになるが，表１に現時点で実用化されている家電向け塗料の一般的な要求性能について一例を載せる。

5　マグネシウム合金塗装の注意点，問題点

①　膜の剥離現象の要因

成形材には湯じわが発生しやすく，その湯じわの部分には離型剤が多く残りやすい。その離型剤が多く残っている部分は，脱脂工程で離型剤が除去されず，正常な化成処理皮膜が形成されていないためにプライマーの付着力が低下し剥離現象が見られる。

このようにマグネシウム合金の表面は成形の工程で用いる離型剤の付着や酸化皮膜がある

表1　塗膜性能試験結果

項　目	条　件	結　果
付着性	1 mm 角× 100 個　テープ試験	100/100　合格
鉛筆硬度	三菱ユニ鉛筆	2 ～ 3 H
耐衝撃性	デュポン式 1 / 2 インチ× 500 g	基材割れ 塗膜剥離なし
耐酸性	0.1N 硫酸 0.2 ml スポット　23 ℃× 24 h	異状なし
耐アルカリ性	0.1N NaOH 0.2 ml スポット　23 ℃× 24 h	異状なし
耐揮発油性	揮発油 2 号 23 ℃× 24 h 浸漬	異状なし
耐ガソリン性	レギュラーガソリン 23 ℃× 24 h 浸漬	異状なし
耐温水性	40 ℃温水× 500 h	異状なし
耐湿性	50 ℃，98 % 以上 RH　500 h	異状なし
耐塩水噴霧性	35 ℃，5 % 塩水噴霧（クロスカット）500 h	異状なし
促進耐候性	サンシャインウェザーメーター 400 h	70 % 以上 ΔE ＝ 1.0 以内
耐人工汗試験	人工汗（D 法－PH 4.5）を塗布し乾燥しない状態で，温度 60 ℃ 24 時間放置し，常温 30 分後に碁盤目テープ試験，テープ密着試験を実地	異状なし 100/100 合格

基材：AZ91D＋Mg 合金用化成処理
プライマー：MG ガード #1-SP
上塗：マグラック #636　ホワイト
焼付：150 ℃× 20 分

ため，化成処理の脱脂，エッチング工程を十分考慮して化成処理を行う必要がある。離型剤や酸化皮膜が残っていると，プライマー塗膜の付着低下につながる。

現状のマグネシウム合金成形素材は以下のことが必ず付きまとうことを，考慮する必要がある。

1）成形素材は同一のものがない。鋳造（成形）メーカーごとに仕上がりレベルが異なること，さらには同一メーカー品でもロットごとのバラツキや一個一個の微妙なバラツキが日常茶飯事である。

2）表面活性度が部位によって大きく異なる。

3）離型剤の巻き込みが必ずある（特に Si）。

4）前処理の良否が塗膜の付着性に大きく起因する。

② 外観低下とフクレの原因

マグネシウム合金の成形時にはダイカスト工法，チクソモールディング工法共に表面に湯じわや引けが生じるため，パテ付けによる外観対策が必要となる。

また，ブリスターと称するクレーター状の塗装欠陥は，微細な巣穴や亀裂に入り込んだ処理液が前処理乾燥時に完全に抜けきれずに，塗装の焼付乾燥時に，プライマーまたは上塗り塗膜の下で，巣穴中の液がガス化して体積膨張し，塗膜を突き上げるのである。この対処法として，空焼きして塗装するか，あるいは，この欠陥部をパテ付けし，必要に応じて，再度プライマー塗装し欠陥部を完全に捕集した後，上塗り塗装して要求される美観を確保している。

③　前処理との関係

前処理は塗装時の付着性と重要な関連があり，以前はクロム酸系の前処理が主流であったが，現在ではノンクロム処理に代わりつつある。

6　これからのマグネシウム合金の塗装仕様

マグネシウム合金の塗装仕様は，現在，一般的に溶剤系塗料の仕様が主流を占めている。

塗料，塗装業界を取り巻く環境規制を考えると地球にやさしい塗料および塗装が要求される。さらに，現行の塗装仕様はパテ付け工程が不可欠で，工数がかかり，生産性とコスト面の足枷となっている。

環境規制の対応と生産性アップを図るには粉体塗料，ＵＶ硬化塗料，水性塗料の導入による塗装確立が必要である。また，現在塗装されている対象物は携帯される物が大部分であるが，今後，対象物が大きくなり焼付できない場合も想定されるので，低温または常温で乾燥可能な塗装仕様についても準備が必要である。

最後に，参考までに上市されているマグネシウム合金用焼付塗料の塗装仕様を表２に示す。

表2　マグネシウム合金用焼付塗装仕様例一覧

素　材		AZ91D（ダイカスト材・チクソモールディング材）				
化成処理		マグネシウム合金用化成皮膜処理				
塗装系		溶剤系		溶剤系／粉　体	粉　体／溶剤系	粉　体
塗装工程		2C-2B	2C-2B	2C-2B	2C-2B	1C-1B
下塗塗料	樹脂系	1液型エポキシ	2液型エポキシ	2液型エポキシ	エポキシ／ポリエステル	－
	膜　厚	15～20	15～50	15～50	25～50	－
	焼付条件	160℃-20分	100℃-20分	100℃-20分	170℃-20分	－
パテ付け		耐熱型ポリパテ	－	－	－	－
上塗塗料	樹脂系	アクリル				
	膜　厚	15～30	15～30	30～40	15～30	30～40
	焼付条件	160℃-20分	160℃-20分	170℃-20分	160℃-20分	170℃-20分
塗膜性能	付着性	○～◎	◎	◎	○	○
	耐汚染性	◎	◎	○	◎	○
	耐溶剤性	◎	◎	○	◎	○
	耐湿性	○～◎	◎	◎	○	○
	耐食性	○～◎	◎	◎	○	○
特徴	塗装作業性	溶剤系プライマー使用による標準仕様2C-1B工程も可能	スプレーパテ使用によるパテ工数削減仕様	スプレーパテ使用によるパテ工数削減と粉体上塗りの使用による溶剤量削減仕様	抑発泡型粉体プライマー使用によるパテ工数と溶剤量削減仕様	抑発泡型模様粉体の1コート仕様工数削減と溶剤量使用量0％
	性　能	付着性，耐食性，耐湿性に優れる。	高付着性，耐食性，耐湿性に優れる。	高付着性，耐食性，耐湿性に優れる。	硬度，耐汚染性，耐溶剤性に優れる。	艶消，サテン，リンクル，パールメタリック等の意匠性に優れる。
用　途		情報電子機器：ノートパソコン，デジタルビデオカメラ，デジタルカメラ，一般カメラ，液晶プロジェクター光ピックアップ，MDプレーヤー，電子機器部品				

文　　献

1）佐藤康成，大田正幸，塗装と塗料，**10**(624)，37-43（2001）
2）稲葉哲也，工業材料，**50**(4)，31-34（2002）
3）増田善彦，アルトピア，**29**(10)，35-40（1999）
4）大幡誠也，アルトピア，**32**(6)，29-33（2002）
5）芹田一夫，表面技術，**53**(3)，12(176)-17(181)（2002）
6）大幡誠也，塗装技術，**39**(2)，102-126（2000）
7）大幡誠也，塗装技術，**38**(2)，81-85（1999）
8）岡　光夫，池田英司，塗装技術，**38**(2)，71-74（1999）
9）細川浩司，塗装技術，**42**(2)，71-75（2003）
10）田村　直，塗装技術，**39**(2)，92-95（2000）
11）岡　光夫，池田英司，塗装技術，**39**(2)，96-101（2000）

第12章　インハウスリサイクル

石附久継*1，才川清二*2

1　はじめに

地球温暖化の抑制に向けたCO_2排出量削減のためにも，製造段階における効率的なエネルギー使用の追求は，従来にも増して益々必要とされつつある[1)]。このことからも，マグネシウム鋳造メーカーでの重要な取り組みの一つとして，鋳造後に不要となった鋳物部品以外の部材，すなわちビスケットやランナー等の部分を工場内で再溶解して鋳造に再使用する，いわゆるインハウスリサイクルとも呼ばれる材料の再利用手法が，およそほとんどの鋳造メーカーで定常的に行われている。この手法は，再生する材料を，自社工場以外の再生専門メーカーに移送して行う場合に比べて，エネルギーコストが低く，生産効率の観点からも望ましいとされている。

本章においては，近年，主にダイカストメーカーにおいて実用されている，代表的なインハウスリサイクル・システムについて述べる。

2　比重分離を利用した溶解・保持炉（ノルスクヒドロ社2ポット炉）

装置の概略を図1に示す[2)]。2ポット法はノルスクヒドロ社により開発された方法で，溶解炉と鋳造炉（保持炉），サイフォンチューブ及び給湯ポンプで構成されている。溶解炉にはガス炉または電気炉が使用されるが，再生材の品質に差がないため，コスト的に優れるガス炉が用いられている。溶解炉側から余熱されたリターン材，インゴットを投入し，比重差により浮上してきたドロス（酸化物を主とする介在物）を定期的に除去する。材料投入によるドロスの拡散を防止

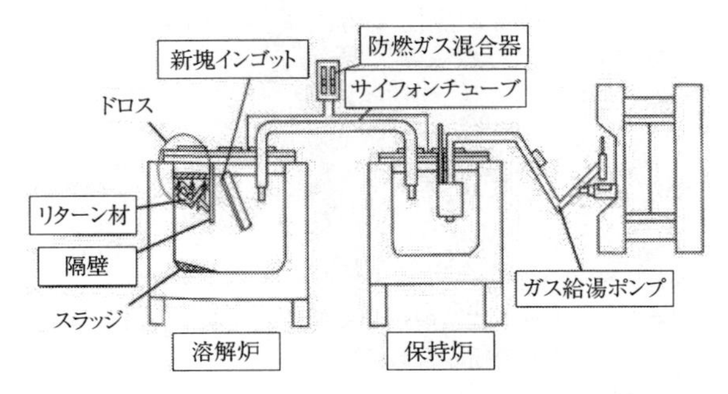

図1　2ポット式溶解・保持炉（ノルスクヒドロ社）の概略

＊1　Hisatsugu Ishizuki　㈱アーレスティ　製造本部　技術部　技術開発課
＊2　Seiji Saikawa　富山大学　工学部　材料機能工学科　准教授

するため，リターン材投入口とインゴット投入口は隔壁により仕切られている。溶湯品質を維持するためには，溶解炉の定期的なスラッジの除去が必要である。

溶解炉と保持炉の湯面レベルはサイフォンチューブにより同一に保たれるため，給湯ポンプによりダイカストマシンへ溶湯を供給し保持炉の湯面レベルが低下すると，溶解炉よりサイフォンチューブで溶湯を自動補給する。溶湯を補給する溶解炉側のサイフォンチューブは湯面下 100 mm 付近に設置されており，比較的清浄な溶湯が搬送される。溶解炉の湯面レベルが低下していくと，サイフォンチューブが湯面付近のドロスを吸入してしまうため，湯面レベルの管理が必要である。なお，本方式は日本国内のダイカストメーカーにおいて広く普及している。

ダイカストにおける量産インライン再生設備概要を図2に示す。製品のトリミングにより発生するリターン材であるビスケット，ランナー，湯だまり，オーバーフロー，チルベント等の方案部は，溶解効率の向上とコンベアによる搬送を容易にするため，トリミングプレスと同時に破砕・細分化される。細かな鋳ばり，切粉はドロスの発生を増加させるため除外する。ホットトリミングされたリターン材は，返材コンベアによりそのまま溶解炉へ搬送されるため，余熱エネルギーを低く抑えられる利点がある。溶湯レベルを一定範囲内に保つため，規定湯面高さの下限レベルまで湯面が低下すると，インゴットとリターン材が投入される。リターン材は酸化物をはじめ，ドロスが多く発生するため隔壁で仕切られた別室から投入される。新塊インゴットは比較的清浄であるため，サイフォンチューブ手前の投入口より投入される。

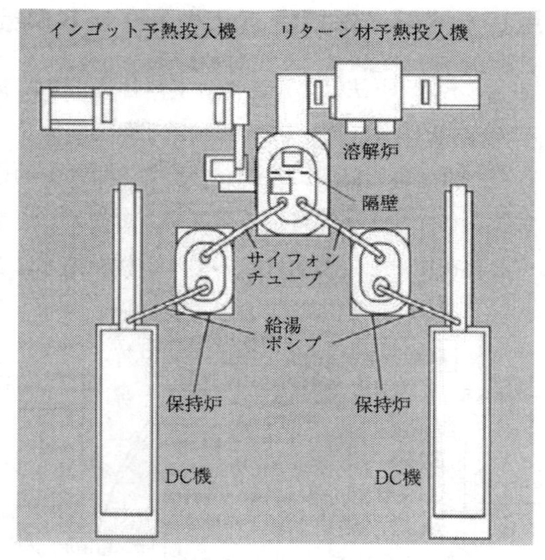

図2　2ポット式溶解炉の実使用例（ダイカスト鋳造機との組み合わせ）

3　ガス吹き込みによる溶解・保持炉（ラウフ社）

装置の概略を図3に示す[3]。炉内は隔壁により溶解室，静置・純化室及び出湯室の3室から構成される。各部屋は隔壁中下部の貫通穴にて隣接する部屋と繋げられている。静置・純化室にてArをはじめとする不活性ガスを溶湯内に吹き込み，バブリングを行う。バブリングにより溶湯内に多数の微細な気泡が広がり，介在物・酸化物，固溶水素が親和性と表面張力により気泡表面に吸着され，溶湯表面までに浮上する。比重差によりドロス及びスラッジは比重差により分離され，清浄な溶湯のみが出頭室へ移送される。

浮上したドロスと炉底に沈殿するスラッジは定期的に除去する必要がある。本方式は前述2節の比重分離法により一般的に清浄な溶湯が得られ，主に欧州において広く普及している。

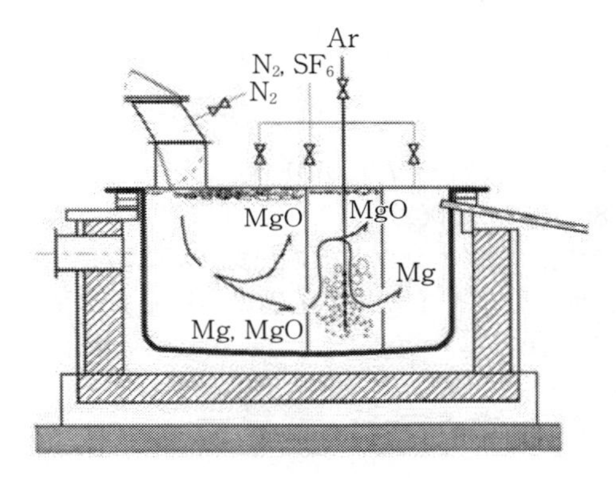

図3　隔壁ガスバブリング炉（ラウフ社）の概略

4　比重分離とガス吹き込みを併用した溶解・保持炉（アーレスティ）

近年においては，より清浄な溶湯をより効率的に得るために，前述の二つの方式，すなわち比重分離ならびにガス吹き込みを併用した，新しいタイプの溶解・保持炉も実用されはじめてい

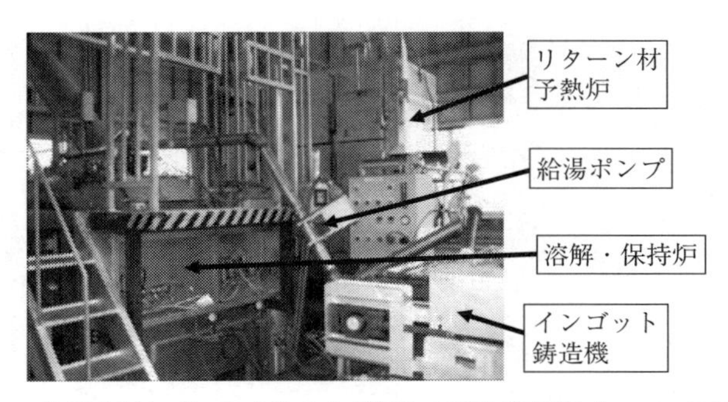

図4　比重分離とガス吹き込みを併用した再生溶解炉（アーレスティ）

る。図4に，アーレスティにて開発され実用中である再生・溶解炉の概観を示す[4]。炉内の構造は，主に四つのゾーンに大別され，①リターン材（ビスケット，ランナーなど）を投入して溶解する部分，②隔壁構造により比重分離効果にて介在物，酸化物を分離する部分，③不活性ガス吹き込みにより脱水素と介在物を浮上分離する部分，ならびに④溶湯の沈静化と炉外への給湯を行う部分から主に構成されている。これらを通過して清浄化された溶湯は，最終の④ゾーンに設置された給湯ポンプによって炉外へ溶湯が移送され，インゴット鋳造されるか，あるいはそのまま鋳造用の溶湯として使用される。溶湯の清浄化の維持と確認は，インラインにて定期的な検査（介在物および含有水素量）を行うことにより達成される。

文　　献

1）才川清二，軽金属，**60**(11)，571-577（2010）
2）神谷孝則，素形材，8，15-20（2002）
3）日本マグネシウム協会編，マグネシウム技術便覧，370-371，カロス出版（2000）
4）榊原勝弥，“マグネシウム合金ダイカスト工場における省エネ・安全・環境対策事例”，素形材セミナーテキスト（2011）

第13章　リターン材リサイクル

伊藤　茂*

1　はじめに[1)]

Mg合金は，軽量化が求められる用途によく利用され，自動車などの輸送関連部品，ノートパソコン，携帯電話，デジカメなどの情報電子関連部品や光学機器，或いはチェーンソウなどのアウトドア用品，自転車関連部品などに使用されている。Mg生産の約80％を中国に依存しており，Mg自体はレアメタルではないが資源戦略を考慮せざるを得ず，材料を安定的に手当する必要がある。スクラップの再生は有効な対策であり，同時に新素材のエネルギー消費量の約4％で再生可能である。スクラップの再生はダイカスト製品のコストの削減でも有益である。POSCO（韓国）やGKSS（ドイツ）などでは圧延材・押出材を車などに利用しようとする積極的な動きがあり，展伸材の利用促進のためにはリサイクルが欠かせない。ダイカスト材のリサイクル品に比べ展伸材の再生品は，より高度の品質評価法と再生技術の革新が必要であろう。

	%AL	%Mn	%Zn	%Si	%Cu	%Ni	%Fe	%Zr	%RE	%Y	%Ag
AZ91D	9.0	0.17	0.7	(0.05)	(0.025)	(0.001)	(0.004)				
AM60B	6.0	0.26	(0.2)	(0.05)	(0.008)	(0.001)	(0.004)				
AM50A	5.0	0.28	(0.2)	(0.05)	(0.008)	(0.001)	(0.004)				
AM20	2.1	0.20	(0.2)	(0.05)	(0.008)	(0.001)	(0.004)				
AS41B	4.3	0.35	0.10	1.0	(0.015)	(0.001)	(0.0035)				
AS21	2.2	0.2	0.2	1.0	(0.008)	(0.001)	(0.004)				
AE42	4.0	0.1	(0.2)		(0.04)	(0.001)	(0.004)		2.5		
AZ91E	9.0	0.2	0.7	(0.20)	(0.015)	(0.0010)	(0.004)				
AE41			4.2					0.7	1.3		
EZ33			2.5					0.6	3.3		
QE22								0.6	2.5		2.5
WE54								0.6	3.5	5.3	
AZ31	3.0	0.2	0.7								
AZ80	7.8	0.2	0.2				(0.004)				
ZK60			5.5					0.6			
WE43								0.5	3.0	4.0	

□：成分の平均値，（　）：不純物規制値

図1　各種Mg合金とその代表的組成例

＊　Tsutomu Ito　伊藤技術士事務所　技術士

2　マグネシウム合金[2~5]

図1には各種Mg合金とその代表組成例を示す。Mgは目標の材料特性を得るために各種合金成分を規定しており，同時に耐食性を大きく阻害する不純物の含有量を制限している，特にFe, Cu, Niは厳重に管理しなければならない。現在，製品の多くはダイカスト成形されているが，押出，圧延材などとしての利用も研究開発が進んでいる。

3　スクラップの分類と国内での再生企業[2,5,6]

現在主なスクラップはダイカスト工程および後加工から発生している。表1に代表的なスクラップ分類例を示す。専門再生業者でもすべてを処理はできず，再生対象材はその一部である。多くは純度的に良好な1Aと1Bが再生されている。分類3の塗装品でライフサイクルの短いパソコン筐体が，国内P/Cメーカの主導で塗装剥離・再生し，部品化するシステムが確立されている。分類2と分類3および酸化させずに凝固させたドロスは，限定用途向けに再生使用されている。切削チップはオイルが付いたものは油を回収後に再生可能であるが，切削液で腐食したもの，微粉が混在したものは再生価値が低くなる。ただし海外では量的に安定して発生するチップ類は鉄鋼への利用や回収メタルとしてAlへの添加剤に利用されている。汚染物の混じらないものは価値があるので発生場所での管理が重要である。

表1　マグネシウム合金スクラップの分類

清浄スクラップ		低級スクラップ	
1A型	高級清浄スクラップ 例）スクラップ鋳物，ビスケットなど	4型	汚れた金属スクラップ 例）油，水で汚染 次のものを含んでもよい Si汚染　例）タンブリング，ビート，砂など Al合金，Cuで汚染した合金 Mgでない清掃ごみ
1B型	表面積の大きい清浄スクラップ 例）薄肉鋳物	5A型	チップ，屑，切断片：清浄/乾燥/汚染されず
2型	鋼/アルミの挿入物をもつ清浄スクラップ 銅または黄銅の汚染がない	5B型	チップ，屑，切削片：油または水いずれかまたは両者で汚染
3型	塗装したスクラップ鋳物 Fe/Alの挿入物の有無に拘わらない 銅または黄銅の汚染がない	6A型	フラックスを含まない残滓 るつぼスラッジ，ドロスなど乾燥し，珪酸を含まない 例）砂の入らないもの
		6B型	フラックスを含む残滓 例）るつぼスラッジ，ドロスなど乾燥し，珪酸を含まない

表2　マグネシウム合金の国内における再生企業

会社名	溶解設備（基）	生産能力（t/y）
丸平産業㈱：岩槻	1.5t×4基 0.8t×1	6,000
日本金属㈱：岩手 ：二島	2.5t×2基 2t×2	2,400 2,400
中央工産㈱：小山	1t×11基	5,000
小野田森村マグネシウム㈱：土岐	1t×3基	6,000
日本マテリアル㈱：土岐	1.6t×1基	2,500

JMA資料H23.12

表3　国内ダイカスターにおける社内再生

会社名	方法
アイシン精機㈱	* In-cell recycling * 2-pot炉タイプ * 溶湯を鋳造炉へ移送 * 社内発生スクラップを対象
㈱アーレスティ栃木	* In-house recycling * 長方形仕切り炉タイプ * インゴットとして鋳造 * 社内発生スクラップを対象

表2には国内における最近の再生会社リストと溶解能力ならびに表3には国内ダイカスターにおける社内再生法を示す。

4　合金の再生工程[2,3)]

リサイクル業者がMgを再生する場合には塩化物系フラックスを使用する。製造工程と作業基準の例を図2に示す。純Mgインゴットから合金を製造する場合もほぼ類似工程であるが，スクラップ再生では原料への不純物混入防止のために，発生場所および入荷後の分別保管などを徹底することが求められる。合金成分が不足する場合は追加し，不純物の鉄含有量を下げるためにはMn添加と溶湯温度の管理が重要である。スクラップは一般に表面積が地金よりも大きいので酸化物，特に微細な酸化皮膜が多いので精錬工程では塩化物系フラックスを使い，撹拌，ガスバブリング法により吸収・分離し，脱ガスを行っている。酸化物などの介在物分離とフラックスの混入防止は再生工程で特に重要である。

フラックスを使わずにリサイクル材を溶解精錬する方法（フラックスレス再生法）は，ダイカスター社内などで溶湯のまま鋳造に利用する場合（＝インセルリサイクル）やインゴットへ鋳造し，再利用する場合（＝インハウスリサイクル）がある。

作業環境が比較的よく，材料の利用効率とコスト削減効果が大きいので，車両メーカやエクステリ製品メーカのダイカスト工場では主流となっている。ただし再生対象材は品質的に良好なものに限定され，その他のものはフラックス精錬法を行う外部の再生業者に依存している。

なお，今後は展伸材の利用が進むと，工場で発生する破材スクラップ，スラブ，ビレットの外削切粉などの社内リサイクルが必要であるが，容積の大きい返り材からクリーンなメタルを効率よく得られるように再生・溶解する工夫が求められよう。

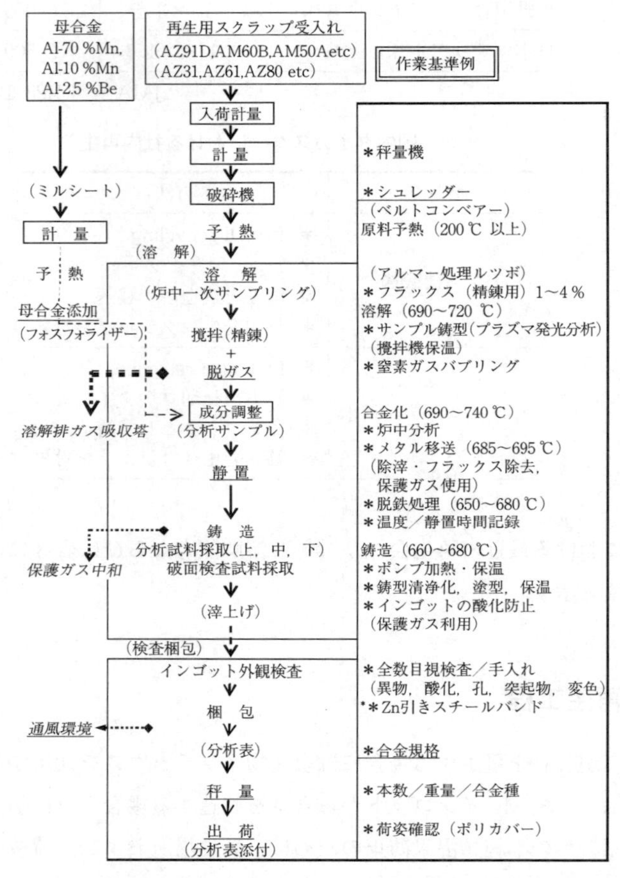

図2　マグネシウム合金の再生工程（原料受入れ～出荷）

5　マグネシウムおよび合金の溶解設備[2～4,7,8]

マグネシウムの溶解設備の中で，溶湯に接触するるつぼ，治工具類には鉄鋼材料が使われる。鉄サビの発生が少ないステンレス鋼を使用する場合はNiを含まない材質（例えばSUS430など）を選ぶ。フラックスを使用する溶解炉の上部には，るつぼからの排ガスを吸引する可動式フードが取付けられ，ガス中和塔に接続しておく。

（1）　溶解・鋳造炉

国内では一基の炉体を使ってマグネシウム合金スクラップを溶解，精錬，保持した後に，メタル給湯機によりインゴットなどに鋳造する場合が多い。海外では溶解・精錬炉と保持・鋳造炉がそれぞれ独立しており，溶解炉の溶湯を保持炉にポンプや移送管などにより連結移送し，保持炉の機能を安定させている。溶解，鋳造の炉容量は中型から大型の設備を使用し，大量生産と鋳造の連続化が図られている。

（1－a）　フラックスを使用する溶解の場合

①国内ではマグネシウム合金スクラップの溶解・鋳造の場合，前述のようにガス加熱式るつぼ溶解炉を一基使ってフラックスを使用して溶解・精錬後，るつぼ内を除滓し湯面を保護ガス雰囲気に保持しながらメタルを鋳造に供する。溶解炉が鋳造炉を兼ねるので炉数が少ない分，設備費が抑えられる。図3には一炉タイプの構造と攪拌機が設置された状態を示す。

炉の容量は500 kg～数トンまでが実用されており，炉毎にバッチ管理が容易である。ただし，インゴットなどの鋳造品中に酸化物に随伴して塩化物などが混入するリスクがあるので，きめ細かい品質管理体制と作業員のスキル向上が求められる。溶解・鋳造作業では攪拌機，メタル鋳造用遠心ポンプ或いは半自動汲出しヒシャクなどが使用されている。

②欧米では溶解炉と鋳造炉の二基以上の炉を組み合わせて使用する場合が多い。それぞれの炉の温度設定ができ，操業条件の安定化が行い易い。溶解炉は1トン以下の誘導炉や2～3トンのガス炉または電気抵抗加熱炉，或いは容量3～10トン炉で二段ガスバーナを設置して溶解速度を上げた加熱炉などが利用されている。

鋳造炉は電気炉タイプが多く，保護ガス雰囲気に保持され，塩化物系フラックスは使用しない。溶解炉から鋳造炉へのメタル移送は遠心ポンプが利用され，誘導炉からの移送の場合は傾注式である。鋳造炉からインゴットなどに鋳造する場合はガスポンプまたは遠心ポンプを使用して

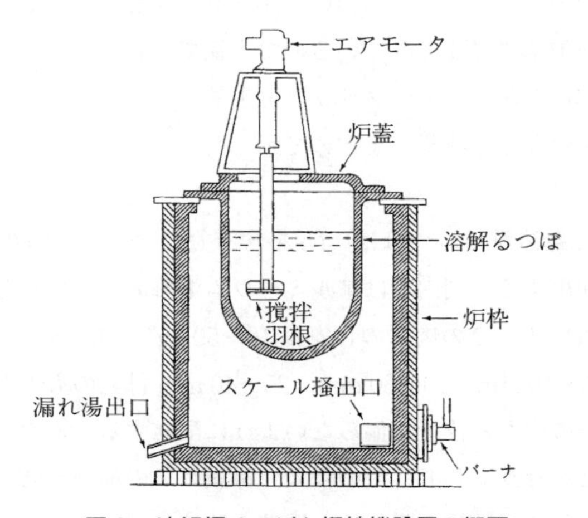

図3　溶解炉るつぼと攪拌機設置の概要

表4　内外の再生会社とフラックス使用の有無

再生法の名称	フラックス使用有無	生産体制	生産容量（トン/炉）	主たる製造用途	備考（使用会社例）
1）るつぼ炉法	精錬作業まではフラックス使用	るつぼ1炉バッチ	0.5～2	インゴット製造	a）るつぼ1個法：国内再生会社，MEL
(a) 精練工程まではフラックス使用，(b) 保持鋳造工程では保護ガス使用	（精錬作業炉は使用）＋（保持鋳造炉では不使用）	2炉使用	2～10		b）るつぼ2個法：MagRe-Tech, Magontec, Unitec , Stihl
		2炉以上使用		インゴット/スラブビレット	c）MENA
2）Norsk Hydro法（長方形隔壁，フラックスベッド炉）	使用	連続	20	インゴット製造	Norsk Hydro (Canada および Norway；閉鎖)
3）Dow法	使用	バッチ1炉	1～2	インゴット製造	Spartan
（撹拌ガスバブリング，フィルター）	なし	2炉使用			
4）2ポット炉（Norsk Hydro）	なし	連続	0.5～2	ダイカスト	Husqwarna, Gjutar, アイシン
		半連続	0.5～2	インゴット	Meridian, VW（Kassel）
（Rauch炉）	なし	連続	0.5～2	ダイカスト	BMW（Landshut）, Unitec
		半連続		インゴット	MEL-Czech

いる。また，ビレットやスラブなどの生産工場でのリサイクルは，いくつもの炉を連結してインゴットに鋳造して利用している場合もある。

（1－b）　フラックスを使用しない溶解炉の場合

先に述べたように国内のダイカスターにおいてスクラップを再生する場合，フラックスレス法が利用されており，別途前章に詳述されているので本稿では省く。

なお表4には内外で実用されているスクラップ再生法について，フラックスの使用・不使用ならびに炉の容量と使用炉数などの特徴をまとめて示した。

（2）　るつぼ

マグネシウムおよび合金溶解用るつぼは，Niを含有しないクロム鋼の圧延材または低炭素鋼圧延材の溶接構造体を使用する。国内ではアルミニウム溶融めっき処理した耐酸化性を改善したるつぼが使用されている。るつぼの肉厚の目安は10～50 kg，300～500 kgおよび1500～2000 kg重量の場合，それぞれ5～10 mm，20～30 mm，25～40 mm付近のものが使われている。

バーナ加熱の場合，炎の当たる位置が偏らないように配慮する。るつぼフランジ部とるつぼ蓋との間にガスケットなどをセットして外気の侵入，保護ガスの漏洩を防いでMgの酸化を防止する。欧米ではるつぼの外部に耐熱材を張合せた構造や溶接ビードを付けた例もある。

(3)　るつぼ蓋

溶解，精錬，攪拌，鋳造などの作業がし易い構造が採用される。攪拌・精錬作業ドアと注湯作業用ドアなどがあり，その他保護ガス導入および熱電対セットポートなどが作業し易い位置に配置されている。極力外気の侵入を防止する構造としている。

(4)　温度計

熱電対を炉内と溶湯内にセットし，安全管理ならびにプロセス管理上のデータを記録する。温度計の劣化・損傷の定期検査は重要である。

(5)　攪拌機

精錬工程では鋼材製の攪拌機を使用して酸化物，塩化物などの溶湯からの分離・除去を促進させ，同時に脱ガスを行う。攪拌羽根の回転速度は60～300 rpmで，回転体またはその近傍から微細なガス気泡（ArまたはN_2）を分散噴出させる。導入ガス量とガス泡サイズならびに溶湯全体への噴出法などを考慮し，酸化物などの分離と脱ガス効率を向上させる。図4にDow社の例を示す。

回転駆動源はエアーモータ式と電気モータ式が使用されている。前者はフラックスを使用する溶解工場でよく使われ，後者はフラックスレス溶解の作業場で採用され，小型で簡便である。攪拌による溶湯表面の暴れ，着火を少なくするように，攪拌棒周囲に保護カバーのセット，攪拌速度の調節，るつぼ直径に対する回転羽根の形状などを考慮する。

(6)　合金成分添加容器，汲みヒシャク，その他工具類

合金成分添加容器，汲みヒシャクの形状例を溶湯表面上の滓の除去具などの治具とともに図5に示す。合金成分はホスホライザ(e)に入れ溶湯中に保持しながら溶解し，添加効率を安定させる。溶湯のヒシャクによる手動汲出しでは，じゃま板付(f)を使用し，滓などの不純物混入を防止する。

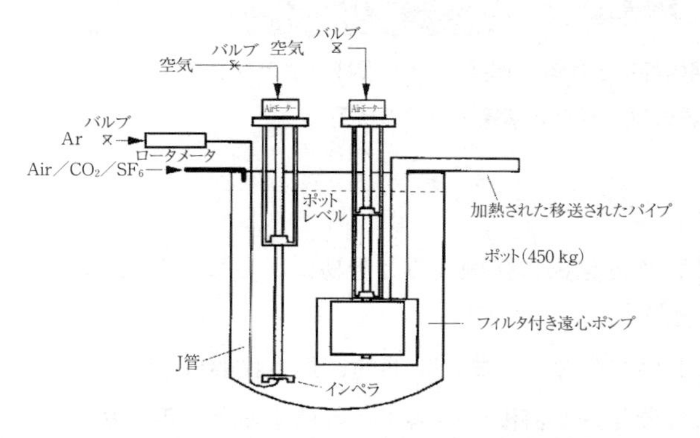

図4　Dow社のフラックスレス脱ガス精製炉

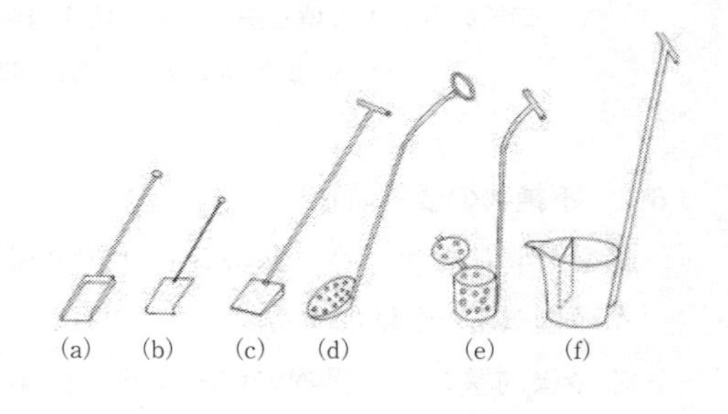

図5　マグネシウム溶解鋳造用治工具類
(a) フラックス散布，(b) 湯面滓，フラックス除去
(c) るつぼ内壁滓落し，(d) スラッジ除去，(e) ホスホライザー，(f) スリット付ヒシャク

6　溶解作業[2~5,7]

6.1　酸化防止

Mgの溶解作業ではメタルの酸化を抑え，不純物が混入しないように配慮する。着火・燃焼はメタルロスになり，溶湯中介在物の原因になる。原料は十分予熱して，付着水分を取り除き，フラックスで被覆溶解する。或いは保護ガス雰囲気下で溶解することにより燃焼を防止する。Mgの薄肉製品，小さい形状物は溶融Mg中に強制的に押込み溶解し，またチップ類は，圧縮成形して空気との接触機会を抑制し，溶解速度を速める。攪拌作業も溶解速度を高めることが可能である。さらに溶湯中に筒をセットしてその中に原料を溶かし込む工夫なども提案されている。

保持・鋳造炉では地球温暖化効果GWPの大きい保護ガスの使用量を減らす努力がなされており，ガス消費量を少なくするために炉からのガスリークを防ぎ，熱対流を抑えて湯面皮膜を破壊させず，ガスが有効にメタル表面に到達するなどの工夫がなされている。

写真1は押出用Mgビレットの外削ドライ切削粉を1.6トン炉でフラックスを散布しながら元湯に溶解し，精錬している様子を示している。見かけ比重の軽いチップを傾斜させた攪拌機を使って溶湯中に強制的に押込み溶解を行うことにより，フラックス使用量を抑えながら高い溶解歩留まり（97％以上）が得られる。攪拌精錬と脱ガス工程を経てビレットの原料として社内リサイクルができた例である。

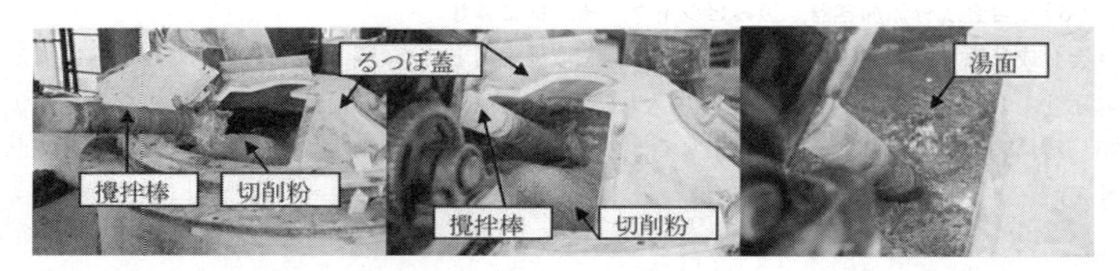

1．切粉の湯面上装填と炉蓋　2．切粉の溶湯内押込とゆるい攪拌　3．攪拌とフラックス精錬

写真1　マグネシウム切削粉のフラックス精錬・攪拌の様子

6.2　不純物の混入防止

・断熱材特にファイバー状のシリカ（SiO_2）は，Mg溶湯に接触すると容易に反応して不純物のケイ素（Si）が増加する。

・るつぼ内壁の滓，異物の除去は日常作業において除滓し，また定期的に炉外における水洗クリーニングを行う。るつぼ内壁などに生じた酸化鉄が溶湯中へ落下・蓄積すると，不純物のFe含有量が増える。溶融アルミニウムめっき処理したるつぼは，酸化鉄の発生を減らす。

・インゴット表面に鋳型からの酸化鉄などが付着しないようにする。塗型剤は例えば，タルク（20）＋ホウ酸（1）＋松ヤニ（2）の水溶液などが利用される。滑らかな外観表面を得ることは品質管理項目の一つである。

6.3　注湯

溶湯の酸化を防ぎ，きれいなインゴット外観を得ること，ならびにインゴット内部に酸化物が生成・混入しないように注意する。羽根車ポンプなどの密閉タイプ注湯機を利用して溶湯を鋳型へ鋳造する。その他，保護ガスでカバーしながら炉から傾注する方法，あるいは汲み杓子などが利用される。

溶湯出口から鋳型への注湯中は，鋳型全体をカバーするように保護ガスを供給する。モールド内のメタルは凝固前後に酸化し易い。鋳型の深さ，鋳型への給湯位置，鋳型温度の管理，溶湯の乱流などに注意して凝固収縮位置での酸化物の発生，収縮巣などを防ぐ必要がある。鋳造ラインの長さと移動速度も管理する。

6.4　溶解・精錬用フラックス（溶剤）

MgおよびMg合金を溶解・精製する場合，一般に塩化物系フラックスを用いる。フラックスの機能を理解して溶解歩留まりを上げ介在物の少ない清浄な溶湯を得るように使用する。

フラックスは一般に塩化マグネシウム（$MgCl_2$）を主成分とし，アルカリ金属とアルカリ土類金属の塩化物，フッ化物，酸化物の混合塩からなり，次の二つの機能をもっている。

(1)　酸化防止作用：固体，溶融メタルの表面と空気とを遮断して溶湯の酸化・燃焼を防ぐ。

(2)　精錬作用：原料と溶湯中の酸化物，窒化物などの不純物を吸収し溶湯から分離する。

MgおよびMg合金の溶解・精錬用フラックスの組成例を表5に示す。

表5　マグネシウム合金の溶解，精錬用フラックスの組成

分類	成分（wt %）								特徴	開発社No
	$MgCl_2$	KCl	NaCl	$CaCl_2$	$BaCl_2$	CaF_2	MgO	MgF_2		
溶解用(M)	34	55	—	—	9	2	—	—		Dow230, FM110A
	50	24	24	—	—	2	—	—		FM110C
	10	20	30	40	—	—	—	—		MEL-MZ
	—	57	—	28	12.5	2.5	—	—	RE含有合金用	Dow 220, FM 140
	(Mn添加用フラックス，Dow310と混合使用)					13	11	$MnCl_2$=76	Mn添加用	Dow 320
(M)+(R)	48	20	—	—	23	5	4	—	ダイカスト再生	Dow 234, SK 432
	29	37	—	—	9	12	13	—		SK13
精錬・カバー用(R)	50	20	—	—	—	15	15	—		Dow 310, FM 130
	34	7	10	15	—	21	13	—		MEL-E
	—	—	8	19	37	—	—	25	RE含有合金用	重質フラックス
	—	23	15		37	—	—	25		
	—	9	26	41	—	—	—	24		
防燃粉末	S(25)+MgF_2(75); S(28)+H_3BO_3(62)+NH_4BF_4(10)								湯面散布防燃用	

$MgCl_2$は酸化物（MgO, Al_2O_3など）や窒化物を吸収する作用と着火防止効果が大きい。その他の塩化物は主に混合塩の溶融温度を下げ，流動性を増す効果，あるいは表面張力を溶湯よりも小さくすることで被覆作用を与える。また，塩化バリウム（$BaCl_2$）や塩化カルシウム（$CaCl_2$）は比重が大きいので滓の分離・沈降を速める効果をもつ。$MgCl_2$を含まず，$CaCl_2$, $BaCl_2$を含有するフラックスは，合金成分中にCa, Sr, Ce, La, Nd, Pr, Gd, Y などを含有する合金に使用する。

さらに，融点の高いフッ化マグネシウム（MgF_2），フッ化カルシウム（CaF_2），酸化マグネシウム（MgO）はフラックスに粘調性や固化凝集性を与え，溶湯から残留塩化物を分離し易くする。

6.5 合金成分の調整

リサイクル対象材は発生源がはっきりしていることが重要であり，発生場所での分類，保管，管理体制，輸送納入までが明確であれば成分調整が容易である。リサイクル材の溶解工程で，分析サンプルを採取・評価し必要成分を添加する。

- ・使用する母合金や添加材は有害不純物含有量（Fe, Ni, Cu, Si, Sn, Ca, Na, K, Pb など）が成分規格値以下であることに留意する。孔あき添加容器に入れ溶湯中間で溶かす。
- ・Al 地金，Zn 地金は 99.9 %以上のものを使用する。溶解は容易である。
- ・マンガン（Mn）は Al-10 % Mn 母合金，Al 粉末と Mn 粉末混合体（Al80 + Mn20）をブリケット化したものが主に使用され，約 700～740 ℃で添加可能である。海外では塩化マンガンも利用されている。
- ・ベリリウム（Be）は Al-2.5 % Be 母合金を鋳造直前に添加する。
- ・カルシウム（Ca）は粒状物を浮上させないようにして，酸化防止ガス雰囲気下で溶かす。フラックスを使用する場合は$MgCl_2$を含有しないタイプを使用する。
- ・希土類元素（RE）は，720 ℃以上の温度で溶解可能であるが溶解時間を要する。一般に融点を下げるために Mg-20～30 % RE の母合金を使用する。フラックスを使用する場合は$MgCl_2$を含有しないタイプを使用する。
- ・ジルコニウム（Zr）は母合金（例えば約 Mg-30 % Zr の Zirmax®など）を使用する。添加温度は高く，約 750～800 ℃である。るつぼ底部を治具でゆっくりこすりながら溶かし込む。

6.6 脱ガス

リサイクル原料が細片，薄肉材などの場合，重量当りの比表面積が大きいので表面酸化物，付着水分などの総量が増え，水素ガス量が増えるリスクがある。また切削剤や油などの付着した切粉，或いは屋外保管により腐食した切削粉は，溶解・精錬後の鋳塊表面にガスふくれが生じる場合がある。雨季には脱ガスの処理時間を延長する場合もある。550 kg の中型るつぼでスクラップをフラックス精錬・撹拌した時の結果を表 6 に示すが，屋外で雨に濡れたスクラップで乾燥したものおよび室内保管した切削チップの再生では精錬時間および脱ガス時間が長くなり，フラッ

表6　スクラップの種類，保管状態が再生歩留へ及ぼす影響例（1ロット550 kg溶解）

再生品の種類と貯蔵状態	合金種	フラックス使用量(%)	撹拌時間	塩素処理	回収歩留り(%)
			(分)	wt%/(分)	
1．ダイカストスクラップ (a)　室内貯蔵品	AZ91 ドライ	4.0 % (6.2～1.9)	40分	0.2～0 % (0～8分)	93 % (94～89)
(b)　屋外貯蔵品	一部水濡れ 白粉吹出し	5.3 % (10～2.4)	40分	0.6～0.3 % (10～20分)	86 % (93～75)
2．切削切粉 (a)　室内貯蔵品	AZ31 ドライ 厚さ0.3-2 t	7.0 % (13～6)	40～20分	1～0.6 % (40～20分)	93 % (95～85)

クス使用量も増える。

経験的には含有ガス量が10 cm^3/100g-Mg以下ではインゴット中に気孔は発生しない。脱ガス状態の判定は試し鋳造により湯面に微細気泡が生ずるか否かで判断する。

7　品質[3,8～11)]

7.1　不純物元素の管理

不純物元素の中で，現在工業的に溶湯から除去できる不純物元素はFeだけである。Mnを添加してFeを金属間化合物Mn-Fe，Al-Mn-Feとして溶湯底部に分離沈降させて除去する。溶湯温度を約650 ℃以下に保持すると金属間化合物の溶解度が低下し速やかに分離できる。その他の不純物Cu, Ni, Siは除去できない。なお，不純物の増える主な原因は，FeとNiは「鉄さび，アルミ材」，Cuは「亜鉛鋳物，アルミ鋳物，電線」，Siは「砂，離型剤，研磨剤，断熱剤，塗料，アルミ」などの混入による。

7.2　塩化物汚染

品質管理項目としては，鋳造インゴットの外観検査，恒温高湿（70～90 ℃ ×90 %湿度×24Hr）腐食斑点試験および塩素含有量の分析などを行う。塩化物の混入防止のためには，溶解炉と保持炉を分離する方法，あるいは作業基準の見直し例としてはフラックス組成の検討と使用量低減，精錬・ドロススラッジの除滓頻度，撹拌時の微細ガスパージ条件，保持時間，鋳造条件など，また設備の改善ではメタルポンプ構造と配置，撹拌機羽根形状と回転数，静置時の温度勾配などの対策がなされる。

なお，インゴット中の塩素含有量については規格はないが，商業上は50 ppm以下が一般に適用され，実力的には20 ppm以下に管理されている。

7.3　インゴットの保管

Mgインゴットの外観に関する苦情，クレームは品質管理上重要な課題である。インゴットへの注湯の項（6.3項）を参照されたい。再生合金インゴットの生産者は，湿度の少ない通風のよい倉庫内にインゴットを保管し，先入れ，先出しを基本とする。

7.4　マグネシウム中の介在物評価法

Mg中の介在物は表7に示すように，酸化物・窒化物，酸化皮膜・フッ化物皮膜，金属間化合物および塩化物などがある。現在，リサイクル材の清浄度評価に実用され，信頼性のあるデータはNorsk Hydro社およびDow社から発表されている。前者は溶湯を通過させたフィルターを切断し，フィルターにトラップされた介在物の有無，組成，ならびに量を顕微鏡観察により評価する方法である。2ポット炉におけるスクラップの再生プロセスについて，溶湯中の介在物量の変化を調べ，プロセスの有効性を示している。図6に溶湯中の介在物の濾過フィルターによる評価法を示す。

また後者は鋳造サンプル断面の反射率を調べ，介在物量を評価する方法である。北米のダイカスト材の再生工場において使用されており，図7に試料形状を示す。現在国内のダイカスト材の再生現場では，破面の変色介在物を検査するKモールド法がよく利用されており，図8に試料形状を示す。

自動車用重要保安部品などでは延性が重視されるので，介在物量の抑制は重要であり，展伸材や航空機用高級鋳物への適用時は特に厳しい品質管理が求められる。現場で比較的簡便に利用可能で，信頼性のより高い評価法の確立が待たれる。

表7　マグネシウム合金中の介在物と生成原因

介在物	汚染物質	生成原因	特徴
金属性介在物	金属間化合物	Mn添加による脱鉄時に生成 鋳造炉の温度低下によるMn溶解度降下	主にAl-Mn-Fe化合物 サイズ0.5～15 μm
非金属介在物	塩化物	溶解・精錬用フラックス処理， 溶湯との分離不完全	NaCl, $CaCl_2$, $MgCl_2$, KCl塩化物の残留　—酸化物に付着する場合が多い サイズ10～50 μm
	酸化物/ 窒化物粒子	メタルの酸化・燃焼 （空気，水分などとの反応）	MgO, Mg_3N_2などの粒状物 サイズ約1～100 μm
	酸化皮膜	メタルの保護ガスとの反応 （空気/SF_6，SO_2その他）	主にMgO, MgF_2などの皮膜 長さ10～150 μm, 厚さ0.1～1 μm

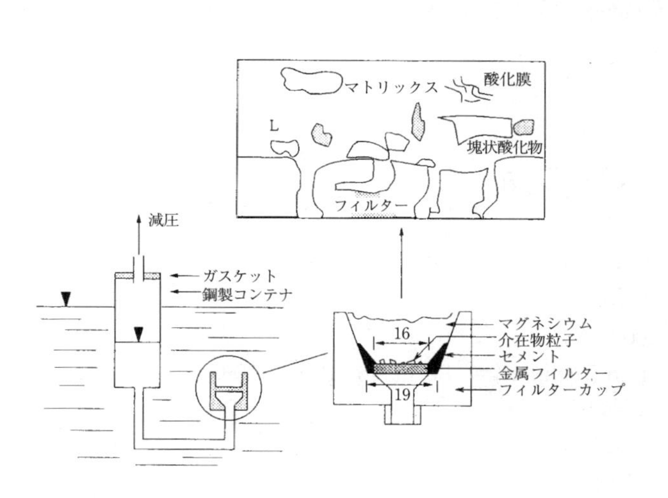

図6　フィルターろ過式介在物評価法（Norsk Hydro）

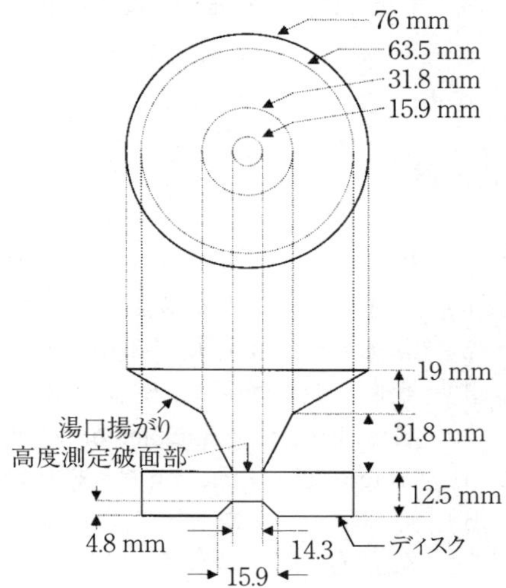

図7　光反射率による介在物測定用ディスク形状（Dow）

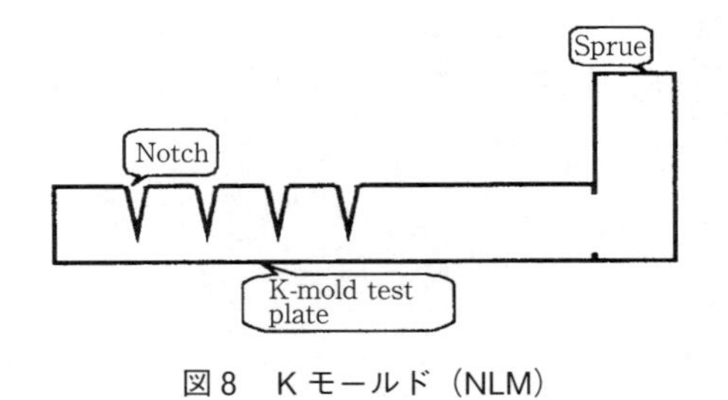

図8　Kモールド（NLM）

8　酸化防止用保護ガス[12)]

マグネシウム溶解鋳造工程でフラックス精錬法が適用される場合であっても，静置・鋳造工程では保護ガスが使用される。塩化物混入のリスクは絶対的に避けなければならないためであるが，保護ガスは高価であり，温暖化ガス排出量の削減の必要性からも使用量は抑制しなければならない。SF_6ガスの代替ガス化が推進されており，国内ではセントラル硝子のOHFC-1234Zeガスおよび3MのNovec612ガスが主にダイカスターで利用され，再生企業での代替ガス利用は限られている。

欧州では再生企業，ダイカスター共にSO_2の希釈ガス利用が主流で一部NovecガスとHFC-134aガスが使用されている。北米ではダイカスターと再生企業でNovecガスが多く採用されているが最大ダイカスターのメリディアン社のリサイクル工場ではSO_2ガスが使用されている。マグネ生産地中国ではSO_2ガスが多用されているようである。温暖化効果の大きいガスの使用量を減らすために，きめ細かい配慮の積み重ねが重要でNEDO報告書に詳しい記述がなされている。

文　　　献

1） 日本マグネシウム協会，マグネシウム，**40**(10)，8（2011）
2） 伊藤　茂，軽金属，**53**(6)，272（2003）
3） 伊藤　茂，軽金属，**59**(7)，371（2009）
4） E. F. Emley, "Principles of Magnesium Technology", Permagon Press（1966）
5） Magnesium Elektron社 技術資料カタログ
6） 木村浩一，アルトピア，**4**(33)，9（2003）
7） 佐藤英一郎，素形材，**10**(40)，1（1999）
8） 素形材センター研究報告，No.519 & No.525（1997.10）
9） P. Bakke *et al.*, *SAE* 970330（1997）
10） R. P. Jacques *et al.*, *SAE* 970332（1997）
11） 北岡山治，*SOKEIZAI*，**52**(9)，2（2011）
12） 日本アルミニウム協会，日本マグネシウム協会，NEDO報告書バーコード100008451（2005）

第 14 章　自動車への適用

板倉浩二*

1　はじめに

近年，地球温暖化防止，環境負荷物質の低減などの環境問題がクローズアップされており，特にCOP3に代表されるように燃費，排気に関する規制も強化されていく方向である[1)]。また車両の衝突安全性向上は，車両質量を増加させる傾向となり，燃費向上との両立が大きな課題となっている。これらの課題の対策として，ハイブリッド車（HEV）などの低CO_2排出車両の開発，エンジンの効率向上があるが，燃費損失に大きく影響する車両の軽量化は重要，かつ緊急性の高い課題である。また，CO_2を全く排出しない電気自動車（EV）や燃料電池車（FCV）においては，航続距離を延長するために軽量化が重要となる。軽量化の方策としては，構造合理化や軽量材料への置換が推進されてきた。

近年，図 1 に示すように金属系軽量化材料の中でもアルミニウム合金（以下アルミ合金）よりもさらに比重が小さく，比強度，比剛性に優れるマグネシウム合金（以下マグネ合金）の採用が増加してきている。マグネ合金は，精錬技術や溶解・鋳造技術の進歩により，アルミ合金と同等以上の耐食性を有する部品が製造できるようになったこと[2)]，中国製合金地金が低価格で購入できるようになったことなどを背景に，主にダイキャスト部品での採用が進んでいる[3)]。

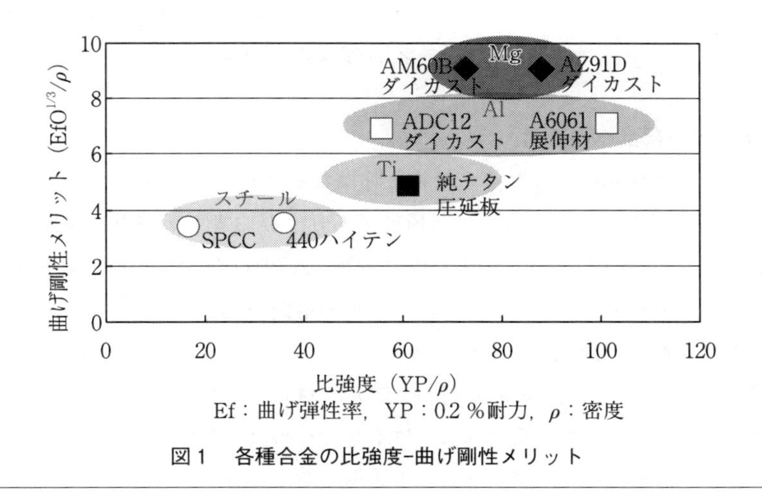

Ef：曲げ弾性率，YP：0.2 %耐力，ρ：密度

図 1　各種合金の比強度-曲げ剛性メリット

*　Koji Itakura　日産自動車(株)　材料技術部　車両プロジェクト材料開発グループ

2　マグネシウム合金の自動車への適用動向と課題

2.1　自動車へのマグネシウム合金適用の歴史

マグネ合金の自動車への適用の目的は，軽量化に他ならない。第二次世界大戦前より，旧西ドイツのフォルクスワーゲンは，パワートレインユニットの7部品に約20 kg／台にもなるマグネ合金を採用した[4]。一方，国内では1960年に東洋工業（現マツダ）が発売したR-360クーペのオイルパン，クラッチハウジング，ほか数点に計約3 kgのマグネ合金が採用された[5]。その後，第一次オイルショックやエンジンの水冷化，油の高温対応などの技術的課題により，マグネ合金のパワートレイン部品への適用が一時停滞した。しかしながら，それから約半世紀を経た現在では，図2に示すようにパワートレインのみならず車体やシャシーにも採用されるようになっている。

図2　マグネシウム合金の適用動向

2.2　パワートレイン部品への適用

パワートレインでの採用は，いわゆる箱物と呼ばれるケース，カバー，ハウジング類が主で，多くはアルミ合金ダイキャストからの材料置換であり，2～3割の軽量化が期待できる。中でもエンジンのシリンダーヘッドカバーが代表格であり，AZ91D合金ダイキャストが用いられている。インテークマニホールド，フロントカバーにも採用例が見られる。パワートレインでのマグネ合金使用における最大の課題は耐熱性である。エンジンまたはトランスミッションでは，100℃を超える環境にさらされ，従来の鉄鋼材料，アルミ材料では問題になっていなかった高温でのクリープ，特に図3に示すボルト締結部における座面やめねじのへたりによる締結軸力の低下が課題となる。この解決策のひとつが耐熱合金の適用である。

図4に1999年以降パワートレインに採用された耐熱マグネ合金の採用動向を示す。近年，世

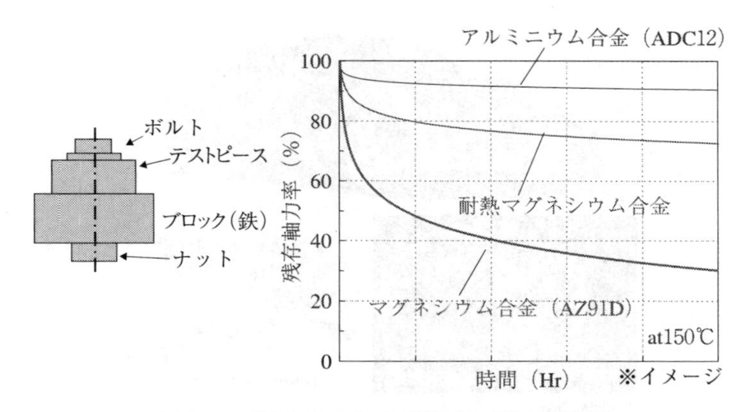

図3　マグネシウム合金の耐熱性（軸力保持性）

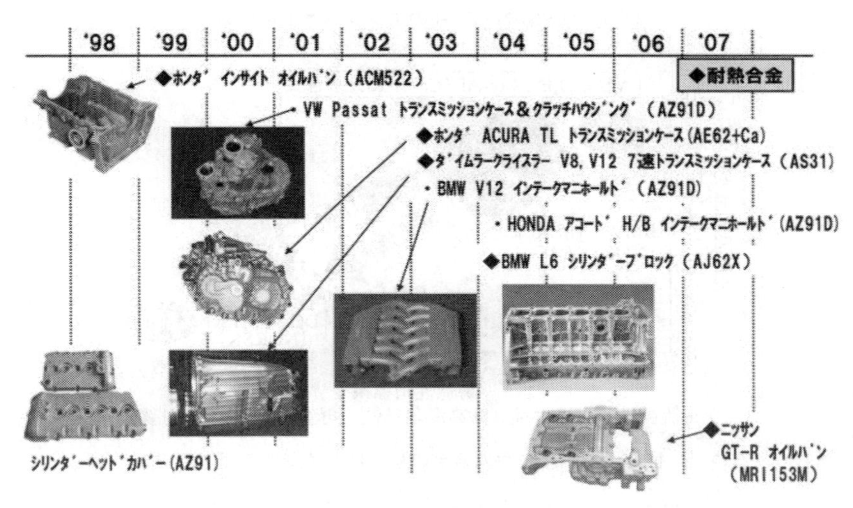

図4　最近のパワートレイン部品へのマグネシウム適用動向

界的に耐熱合金の研究開発が盛んに行われ，エンジンのオイルパン，オートマチックトランスミッションケース，シリンダーブロックなど，比較的高温で使用される部品での採用例が見られるようになった[6~11]。ただし，一般的に耐熱マグネ合金は，AZ91D合金などの汎用合金に比べ鋳造時の耐高温割れ性，耐焼き付き性などに劣るため，生産性が低下する。

日産自動車では，2007年に発売したGT-Rのオイルパンに，耐熱性，鋳造性などの面からMg-Al-Ca-Sr系合金を採用した（図5，図6）[11,12]。今後もさらなる高性能化，適用拡大を目指し，鋳造性，コスト，リサイクル性などをバランスしながら耐熱合金開発が進むと思われる。しかしながら，合金の多種化はマグネ合金の拡大採用，普及の障壁となる恐れがある。現状，先述のようにCaやSr，レアアースなどを添加した合金が数種類開発されているが，いずれも少量生産にとどまっている。将来的には合金の標準化が図られ，ユーザーが使用しやすい材料としていくことが，コストダウン，ひいてはマグネ合金の普及の鍵となろう。

図5　NISSAN GT-R のエンジンオイルパン

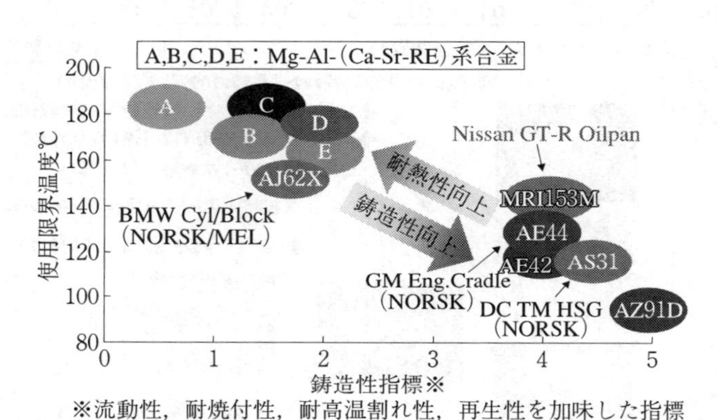

※流動性，耐焼付性，耐高温割れ性，再生性を加味した指標

図6　マグネシウム合金の耐熱性と鋳造性の関係

図7　アルミ＋アルマイトワッシャーでの接触腐食対策

表1　マグネシウム合金のパワートレイン部品適用時の課題と方策

課題	主な方策
耐熱性 (主に締結部軸力保持性)	・耐熱マグネシウム合金の適用 ・噛み合い長さ，座面などの最適化 ・アルミボルトの適用
耐食性 (主に異種金属接触腐食)	・水がたまらない構造 ・ボルトでの対策（アルミボルトなど） ・アルマイトワッシャー，カップワッシャーの使用
耐応力腐食割れ性	・限界応力内での設計
接着性 (ex.液体ガスケット接着性)	・表面処理（化成処理など） ・マグネシウム対応ガスケット剤の使用

また，マグネ合金適用時の異種金属接触腐食，いわゆる電食も大きな課題のひとつである。マグネ合金は，実用金属の中でも標準電位が低く，鉄などの異種金属との接触部に水分が加わると電気回路が形成され腐食が急速に進行する。この課題は，パワートレインだけに限ったものではないが，現在採用されているパワートレインでの採用例では，水がたまらない構造にするのと同時に，図7に示すアルマイトを施したアルミワッシャー，ボルト頭部およびワッシャーの樹脂コートによる絶縁[7]や，アルミボルト[10]の使用が対策としてなされている。

上記で述べたマグネ合金のパワートレイン部品適用時の課題と方策を表1にまとめた。耐熱性，耐食性に加え，耐応力腐食割れ性や接着性も課題である。これらの方策は，いずれもアルミ合金ダイキャストに対し大きなコストアップの要因であり，マグネ合金採用のハードルとなっている。

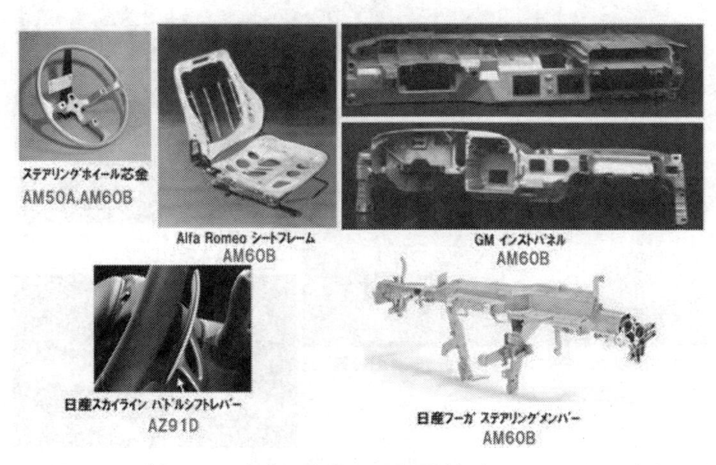

図8　マグネシウム合金の車体への適用例(1) コックピット部品

2.3　コックピット部品への適用

コックピット内におけるマグネ合金の適用は，ステアリングホール芯金，ステアリングコラム部品，インストルメントパネル，ステアリングメンバー（図８），シートフレームなどを中心に近年急速に採用が進んだ[9]。特にステアリングホイール芯金は，エアバックの標準装着に伴い，軽量化を目的に小型量販車から大型高級車まで採用され，マグネ部品の代表格となっている。これらの部品は衝突時のエネルギー吸収や乗員への被害低減を目的に折れずに変形することが要求されるため，比較的延性の高い AM50A，AM60B に代表される Mg-Al-Mn 系合金が使用されている。

ステアリングメンバーについては，日産フーガ（'04）の例を示す。従来は鋼管や鋼板プレス部品など大小 37 個の部品を溶接する構造であったのに対し，大型薄肉ダイキャスト技術の進歩に伴い，本体のダイキャスト部品と小物ブラケット部品を合わせ 11 部品で構成されている。また，マグネ合金の低ヤング率をダイキャストによるリブ構造の多用によりカバーし，軽量化と高剛性化を両立している。これによりステアリングメンバーとしての機能を確保した上で，45 ％の軽量化に加え，レイアウトの最適化およびエアダクトのストレート化による通気抵抗の低減などの＋ α の効果が得られた例である（図９）[13]。

最近では Audi A8（'10）にてセンターコンソールがマグネ合金ダイキャスト化されるなど，

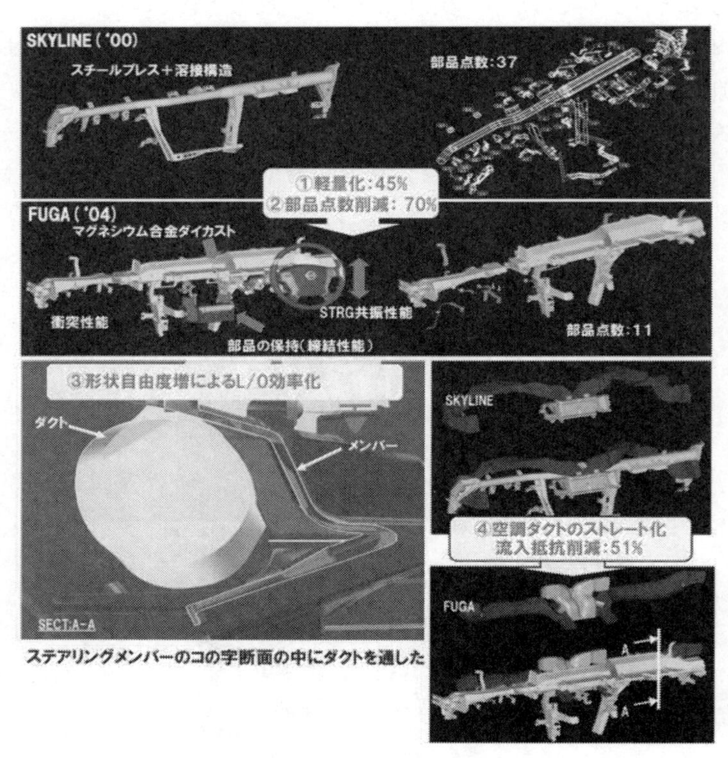

図９　日産 FUGA のマグネシウム合金製ステアリングメンバー

マグネ適用部品も増えている。鋼板プレス＋溶接構造からのマグネ合金ダイキャストへの置換は，軽量化代も3～5割と大きくなるケースが多い。その他，小物部品では，メルセデスベンツSLS AMGのシフトノブ，ドアハンドル，BMW 7シリーズのランプリフレクターなど欧州車を中心にマグネ合金ダイキャストが採用されてきている。

車両コックピット内は，使用温度も100℃以上になることはなく，パワートレインや車体，シャシー部品に対し腐食環境がマイルドであり，耐食性，特に異種金属接触腐食の問題は比較的少ない。これらの理由によりマグネ合金が現在最も採用されている領域となっており，今後もこの傾向は変わらないと思われる。

2.4　車体部品への適用

自動車の車体では，図10に示す部品にマグネ合金が採用されたが，いずれも従来の鋼板のプレス部品をダイキャスト化したものである。これらには，エネルギー吸収能が高いAM50A，AM60B（Mg-Al-Mn系合金）が使用される[9]。鋼板プレス＋溶接で製造されていた部品のマグネ合金ダイキャスト化の目的は，大幅な軽量化，一体化による部品点数削減，部品剛性向上，寸法精度向上などである。部品の一体化は，溶接などの接合がなくせるため，従来の接合部の応力集中低減による剛性アップ，オーバーラップ削減による軽量化など，コスト低減以外の効果も大きい。日産パトロール（'10）では，ラジエーターコアの上部の部品をマグネダイキャスト化した。従来の鋼板＋溶接構造に対し，約30％の軽量化を実現した（図11）[14]。

最近，ダイムラー，フォードによりアルミ／マグネハイブリッドリフトゲートが相次いで製品化された。いずれもアウターパネルはアルミ合金圧延板，インナーパネルがマグネ合金ダイキャストという構造である。ダイムラーEクラスTモデル（'09）は，従来の鋼板プレスに対し約5.2 kgの軽量化の他，インナーの高剛性化に伴う窓枠のスリム化による後方視界の拡大，インナー

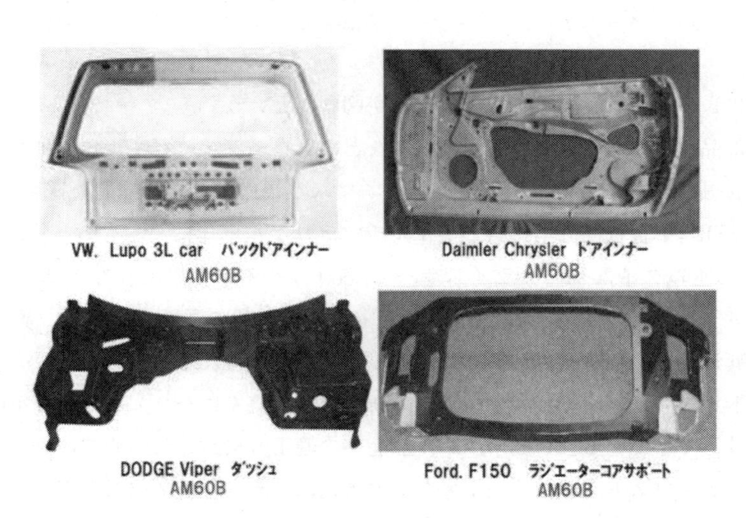

図10　マグネシウム合金の車体への適用例（2）車体部品

図 11　日産パトロールのマグネシウム合金製ラジコア UPR

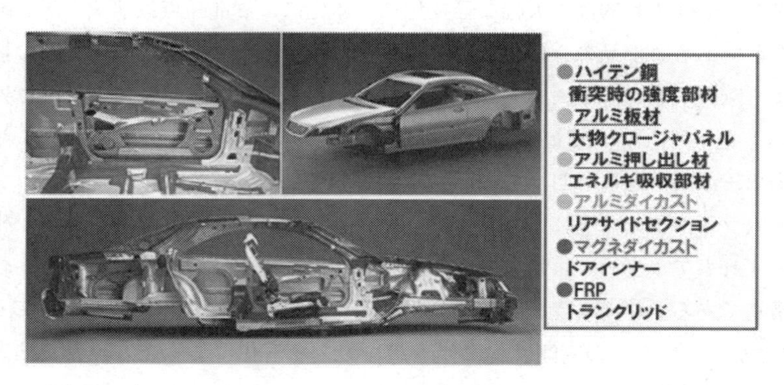

図 12　ダイムラークライスラー CL600（'99）のマルチマテリアル車体

形状の最適化によるラゲッジルームの拡大などが図れたという[15]。

今後も車体部品へのマグネ合金の適用はドアなどのクロージャーパネル類のインナー部品が主で，まさに適材適所の考え方やコストアップミニマムの観点からも部分的な採用，つまり鋼板，アルミ合金，CFRP を含む高分子材料とのマルチマテリアル車体になるものと思われる[16]。'99 年に発売された前述のダイムラークライスラー CL600 はその草分け的存在であると考えられる(図 12)[17]。マルチマテリアル車体におけるマグネ合金適用時の課題としては，異種金属材料との接合技術，異種金属接触腐食対策やリサイクルなどが挙げられる。

ダイキャスト以外では，マグネ合金圧延板の研究開発も盛んになり，家電分野を中心にわずかではあるが普及してきている。自動車パネル部品への適用も検討され始めているが，板材としての機械的性質，製造コスト，製造寸法限界などの課題に加え，プレス成形工程，車体製造工程における技術課題も多く，実用化には至っていない。しかしながら，圧延板のコスト低減を目的とした連続鋳造圧延[18]や冷間成形性向上のための微細粒化や集合組織制御[19,20]などの研究が積極的になされている。

2.5　シャシー部品への適用

現状，サスペンション，アクスルなどのシャシー部品へのマグネ合金の適用は，レース車両や一部の高級スポーツ車両のロードホイールなどの特殊な例を除き，量産車における採用例は皆無に近い。これは，自動車の中でも使用時の腐食環境が最もシビアであるからである。

しかしながら，北米のSCMDやMPCCプロジェクトにおいて開発されたマグネ合金製エンジンクレードルがGMより'05年に発売された[21]。耐熱性と高延性をバランスさせたMg-Al-RE系合金（AE44）のダイキャストであるが，厳しい使用環境にもかかわらず表面処理はなく，ボルト締結部の接触腐食対策としてアルミプレートが適用されている。前部にエンジンをマウントする車両において，車両前後の重量配分を考慮すると，エンジンクレードルの軽量化の意義は大きい。

2.6　その他の課題

以上述べてきたように，マグネ合金の適用の技術的な課題は，主に高温での使用対策と腐食環境対策であり，今後もコストをバランスさせながら材料開発および適用開発がなされると思われる（図13）。現状マグネ合金の採用は，ステアリングホイールなどの一部の部品を除き，主に比較的原価が高い高級車に採用されているケースが多い。しかしながら，企業平均燃費や企業平均CO_2などの考え方からすれば，販売台数の多い量産車の軽量化こそ重要であり，これら量産車へのマグネ合金を適用するための低廉化技術が課題となる。

また，軽量化を目的としたマグネ合金の適用には，その他の技術と同様に，図14に示すような軽量化を阻む要素を考慮する必要がある。たとえばグローバルで生産する車両には，海外の各

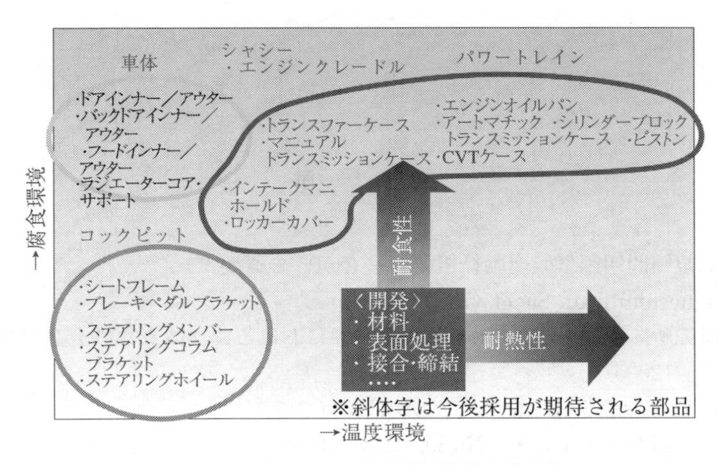

図13　マグネシウム合金適用開発の方向性

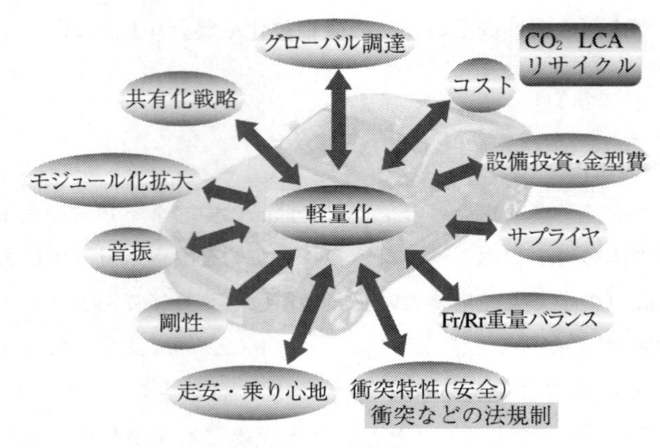

図14　軽量化を阻む要素

拠点での材料や部品調達が原則となる[22]。また，世界のマグネ地金の8割を生産する中国の国家戦略やそれに伴う地金価格動向についても配慮が必要である。

3　おわりに

これからもHEVやEVを含む車両の燃費または電費低減を目的とした軽量化をドライビングフォースに拡大していくものと考える。ただし，マグネ合金の適用はあくまでも軽量化の一方策であり，その他の軽量材料と，軽量化／コストのバランスのみでなくリサイクル性やCO_2排出量視点のLCAなどで比較検討しながら，クルマとしての最適設計が行われていくものと思われる。マグネ合金のさらなる拡大を進めていくためには，産官学が一体となり，技術課題のみならず全ての課題に対し総合的に取り組み，コストを抑えつつ軽いだけではない新たな付加価値を創製しつづけていくことが必要であろう。マグネ合金で自動車の構造を変革するような研究・開発に期待したい。

文　献

1）外務省地球規模問題課気候変動枠組条約室COP5の概要
2）Hydro Magnesium Data Sheet (1995)
3）矢野経済研究所，「進展する欧州自動車産業界におけるマグネシウム合金の最新市場動向と今後の展望」(2005)
4）O. Hoehne, D. Korff, SAE-Report, 800B (1964)
5）小南　洋，会報ダイキャスト，No.39，26-35 (1969)

6）小池精一，鷲頭和裕，田中重一，馬場剛志，木皮和男，Honda R&D Technical Review, 12, 1（2000）
7）宮下英明，中田雅之，坂田正保，早川幸宏，松村定晴，Honda R&D Technical Review, 14, 2（2002）
8）Dr. Barth, Dr. Rückert, Dr. Achten, 62th Annual World Magnesium Conference, Berlin, 22-24th, May（2005）
9）Häon Westengen, 61th Annual World Magnesium Conference, New Orleans, USA /May 9-12（2004）
10）BMW Group Press 7/2003
11）田口　新，仲摩俊介，端野直輝，三谷貴俊，惣田裕司，小出景二郎，自動車技術会学術講演会前刷集，75-08 号，9-12（2008）
12）榊原勝弥，素形材，**50**(9)，42-45（2009）
13）青木昇二，吉田　晃，門脇慶典，橋本勝之，松本政治，自動車技術会学術講演会前刷集，19-05 号，13-15（2005）
14）板倉浩二，（一社）日本マグネシウム協会平成 22 年第二回技術講演会概要集，p1-20（2010）
15）C. Blawert, V. Heitmann, D. Hoche, K. U. Kainer, H. Schreckenberger, P. Izquierdo, S. G. Klose, IMA 67th Annual World Magnesium Conference, Hong Kong, Proceedings, May 16-18（2010）
16）C. D. Winandy, Light weighting the future of automobiles, **6**（2）, 50（1999）
17）ダイムラークライスラー社，Mercedes-Benz CL 広報資料（1999）
18）中浦祐典，杉本　文，渡部　晶，軽金属学会第 115 回秋期講演大会概要集，34（2008）
19）千野靖正，産総研マグネシウムシンポジウム概要集，p13（2009）
20）佐藤雅彦，軽金属，**59**(9)，521-531（2009）
21）automotive engineering international, 113（4）（2005）
22）板倉浩二，第 282 回塑性加工学会シンポジウム概要集（2010）

第15章　航空機部材への応用

黒木康徳*

1　はじめに

航空機の主たる性能である機体の空力性能とエンジンの燃費においては，機体の構造重量の影響が非常に大きく，構造重量の低減・軽量化は，ライト兄弟の初飛行（1903年）以来約一世紀，絶えることなく続けられている開発項目である。

航空機に用いられる材料の重量比率を図1に示す。「747」から「777」への変遷においては，複合材料の適用による軽量化とそれに伴うチタン合金の使用量増加がみられ，「777」ではアルミニウム合金が50％，炭素繊維複合材料が12％，チタン合金が7％の比率であった。それに対して，「787」では，複合材料の比率が50％にまで増加し，アルミニウム合金の比率は20％と減少する一方で，チタン合金の比率は15％まで増加した。複合材料の使用比率は，重量比では50％であるが，図1に示されるように，全体積に占める割合は非常に高く，金属材料の適用部位が極端に減少している[1]。

このような機体軽量化を目指す背景は，構造重量の軽減は，エンジンの小型化と重量の軽減につながり，単なる構造重量の軽減にとどまらず機体総重量を低減するためである。さらに，小型のエンジンでは燃料消費量も少なくなることで，離陸重量も減少させることができる。この構造重量1kgの軽減による波及効果はGrowth factorと定義されている。

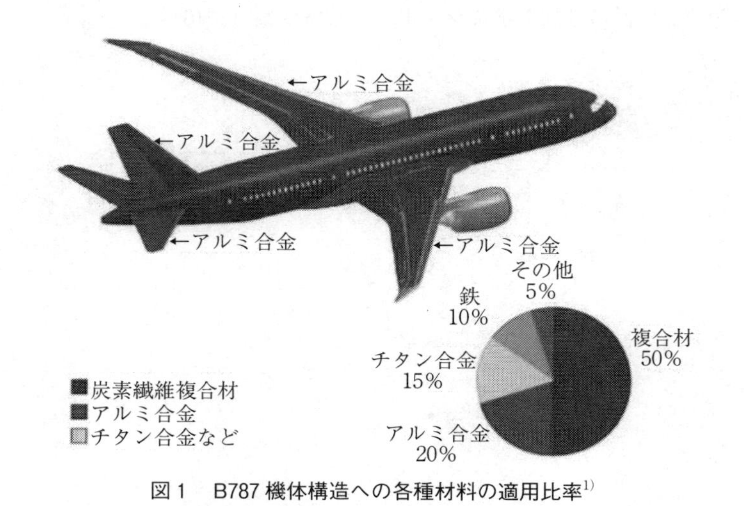

図1　B787機体構造への各種材料の適用比率[1)]

＊　Yasunori Kuroki　㈱IHI　技術開発本部　基盤技術研究所　材料研究部　部長

先に述べたように，金属材料の適用部位は減少しているが，複合材料では達成できない特性（高温強度，高剛性）が必要な部位については今後も金属材料の適用が継続されると予測される。また，複合材料の適用範囲が拡大することで，線膨張率が近いことやガルバニック腐食リスクが低いことから，チタン合金の適用が必須となる部位もあり，これは重量増へとつながる。このような状況では，さらなる構造重量の低減には，アルミニウム合金部品を，より軽量な材料に代替していくことが必要となる。

2　航空機材料へのニーズ

航空機材料への特性要求として，機械的特性においては，比強度，静的強度（引張，圧縮，せん断，剛性など），疲労強度，破壊靭性が重要である。高特性であることが必須であるが，その他に，安全性や信頼性に対する要求が高いことや負荷応力場が複雑であるがゆえに，高剛性や高延性を併せ持つバランスのよい材料が求められる。また，耐食性（一般腐食，応力腐食，剥離腐食）や，部品製造工程上必要となる表面処理性やケミカルミリング性などの化学的特性，さらには，成形加工性（ストレッチ，曲げ），機械加工性（穴あけ，切断）などの加工性も要求される。

各部位に要求される代表的な特性を表1(a)に示す。機体の部位によって要求特性は異なり，一般に主翼上面外板や胴体外板は引張強度や疲労強度が主な要求特性であり，主翼上面外板や胴体に配置されるストリンガーやフレームは引張応力や圧縮応力も含めて複合的な応力が加わるため，高い比強度が求められる。複合材料の適用拡大以前の代表的な航空機用材料の特徴と適用部位例を表1(b)に示す。主翼上面や胴体の外板には2024や新しくは2524などの2000系アルミニウム合金が使用され，ストリンガーやフレームには比強度が高い7075や新しくは7055などの7000系アルミニウム合金が使用される。図2に胴体に配置される外板，ストリンガー，フレームの外観概略を示した。従来から複合材料は比重の点からは有望な材料であったが，材料コスト

表1(a)　航空機部位に要求される特性

素材形状	主要な適用部位	要求される主要特性
Sheet	外板，ストリンガー，フレーム類	引張強度，圧縮強度，剥離腐食性，ファスナ継ぎ手強度，耐疲労性（S-N, da/dn）
Plate, Extrusion, Bar	外板，ロンジロン，継ぎ手金具，補強材，フレーム，ストリンガー等	引張強度，圧縮強度，耐応力腐食性，耐疲労性（S-N, da/dn）
Forging	ロンジロン，隔壁，継ぎ手金具	引張強度，圧縮強度，耐応力腐食性，耐疲労性（S-N, da/dn）
Casting	ギアボックス，エンジンカバー，各種扉類等	引張強度，制振性，腐食性等

が高い，繊維が切断されると荷重を伝達できない，衝撃荷重により層間剥離を起こす，あるいは，樹脂の水分吸収が強度低下を招く，などの課題があり，適用範囲は限定的であった。しかし近年，これらの課題を克服する複合材料が開発され，アルミニウム合金に比べて，高い比強度，疲労特性，ならびに耐食性が達成され，適用が拡大することとなった。

表1(b)　航空機用材料の特徴と適用例

特徴／適用例 合金	特徴	適用例
アルミニウム合金	比重小 加工性良好 低コスト	外板，桁，金具 ストリンガー フレーム
チタン合金	比強度大 耐食性良好 耐熱性	金具 ファスナ 高温部材
合金鋼	高強度	脚，ファスナ
マグネシウム合金	比強度大 最軽量	ギアボックス トランスミッションケース

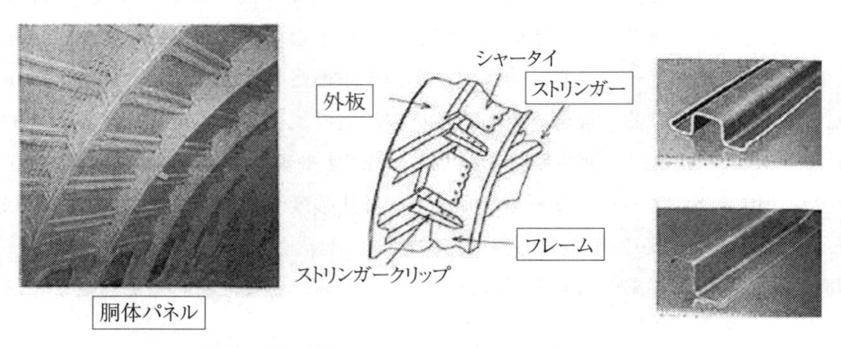

図2　胴体外板，ストリンガー，フレーム外観

3　航空機材料としてのマグネシウム

マグネシウム合金は比重が1.8で，アルミニウム合金の比重2.8の2/3であり，実用合金としては最も軽い金属である。さらに，寸法安定性，くぼみ抵抗性，良好な機械加工性，振動吸収性などの特徴を有するため，軽量構造材料として大きな可能性を有している。一方で，アルミニウム合金に比べて強度特性，耐食性，塑性加工性に劣ることから高負荷部位での構造材料としての使用は難しいとされている。しかし，航空機分野では，古くから軍用機へ適用されており，第二次世界大戦以前のドイツやアメリカでは，航空機部品のほとんど，すなわち，エンジン，機体廻り，車輪などにマグネシウム合金を適用していたとされる。その後，アルミニウム合金等に比較すれば総量は少ないものの，継続的に使用されている。これまでの機体部材としての適用例は，

ノーズホイールドア，フラップカバースキン，エルロン（補助翼）カバースキン，オイルタンク，床，機体胴体，エンジンナセル，インパネ，座席などがある[2)]。航空エンジンでは，民用・軍用ともにマグネシウム合金は継続的に適用されており，ヘリコプター用のギア・トランスミッション・ハウジング（図３）[3)]，ジェットエンジン用ギアボックスやトランスミッションケースなどが適用例である。

航空機に使用される鋳造用マグネシウム合金は，ZE41, AZ92, AZ91, QE22 などマグネシウムに Al, Zn, Mn, Ag, RE, Zr を添加した合金である。

Mg-Al 系である AZ91 系合金は，機械的特性，鋳造性などのバランスがとれた鋳造合金であり，自動車部品，OA 機器などに多く適用されているが，航空機では AZ91C 砂型鋳造品がトランスミッションケースやギアボックスに適用されてきた。一方で，耐食性の問題を解決するため，開発が行われた結果，耐食性を損なう原因となる Cu, Ni, Fe の重金属元素含有量を低減させたダイカスト用の耐食高純度合金 AZ91D や砂型鋳物用 AZ91E が開発され，さらに，防燃処理として SF6 ガス雰囲気溶解鋳造が一般化したため，これら合金の耐食性はアルミニウム合金鋳造品レベルまで向上した。これに伴い，自動車業界ではダイカスト複雑形状部品の多くに適用されるようになってきたが，航空業界においては，長年の実績を重視する傾向があり，いまだに

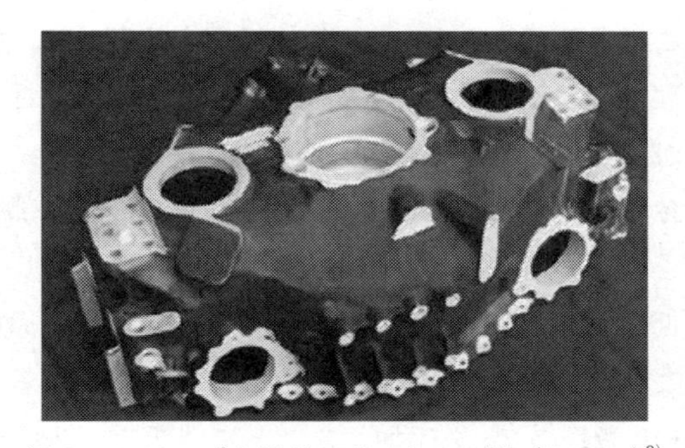

図３　ヘリコプタ用ギアボックスの例（QE22A）[3)]

表２　WE43 合金の適用および適用検討事例

会社名	機種	合金種
McDonnell Douglas	MD500	gearbox
Pratt & Whitney	F-22	engine gearbox
Eurocopter	EC120	gearbox
Eurocopter	NH90	gearbox
Sikorsky Aircraft	S-92	transmission case
Bell Helicopter	406T	transmission case
Bell Helicopter	V22	gearbox
Boeing Helicopter	RAH-66	gearbox

AZ91C が主流となっている。

Mg-Zr 系では，ZE41 合金が引張，剛性，疲労特性に優れるため，回転翼のトランスミッションケースに多用されている。これは，Zr 添加により結晶粒微細化とポロシティの減少を図っており，T5 処理で適当な強度が得られ，さらに，150 ℃までの高温安定性が得られるためである。さらに，Zn, Ce を Ag, Nd に置換することにより溶解性の向上を図り，加えて，T6 処理を可能にすることで特性を向上させた合金として QE22 があり，機体への用途を広げている。

近年，耐熱特性と耐食性に優れた，Y や他の希土類元素を添加した WE43A，WE54 合金が開発され，現在までに，ギアボックス，トランスミッションケースなどへの適用あるいは多くの適用検討がなされている（表 2）。さらに，WE43 に含まれる希土類元素のうち Y を Gd あるいは Dy に代替した最新の鋳造合金は，AMS4429 に EV31A として規格化され[4]，高温強度を含めて初めて MIL スペックに登録された。本合金は 200 ℃まで耐用可能であることから，適用部位拡大に寄与することが期待される。

4　航空機用部材を視野にいれたマグネシウム合金の開発

マグネシウム合金は実用合金として最軽量であるにも関わらず，機体では二次構造材に限定された使用となっている。これは既存のアルミニウム合金等と比較して，強度が低いこと，ならびに，耐食性が悪いことが理由となっている。したがって，強度と耐食性を向上させた合金が開発されれば，機体への適用が広がる可能性がある。

近年，マグネシウム合金の高性能化に関して，自動車や家電を対象部材として，大学，国研を中心に開発が進められてきた。既存のマグネシウム合金のほとんどは，主として Al, Zn, Mn を含んだ合金であるが，次世代マグネシウム合金として，希土類元素を添加した合金が提案されている。すなわち，強度および耐食性向上に寄与する，希土類元素である Y, Gd が添加され，さらに，微細化効果のある Zr と微量の Zn を添加することで，新しい金属組織（長周期構造）を発現させ，飛躍的な特性向上が達成された。このとき，Fe, Ni, Cu の重金属については含有量を厳密に制御することで Gd, Y の緻密層の形成を促進し，耐食性の向上を達成している。

さらに，航空機に求められるような高強度部材の部材化技術に対しても研究され，現在では，高強度・高耐食性の合金として，製造プロセスも含めてシーズ技術として確立されつつある。以下に代表的な 2 分野について述べる。

4.1　鋳造マグネシウム合金と部材化技術

鋳造合金に関しては，Mg-Gd-Y 合金系を基本組成とし，添加元素および添加量の最適化により，高強度と耐食性を両立した鋳造合金が実現された。具体的には，①高強度鋳造用アルミニウム合金（A201-T6 材）の 1.3 倍の比強度（絶対強度で 375 MPa 以上），②同アルミニウム合金の T7 材と同等の耐食性を有する合金である。

強度特性については，Mg–Gd 系合金に Y ならびに Zn を最適量添加することで，目標とする強度と延性に応じた合金（at%，以下すべて同じ）が選択可能となった。すなわち，延性を重視する場合には Mg–2.0Gd–1.2Y–0.75Zn–0.2Zr(mol %)，強度を重視する場合には Mg–3.2Gd–0.5Zn–0.2Zr(mol %)などが代表的な組成で，それぞれ平均 360 MPa，410 MPa の強度を，圧延などの塑性加工を施すことなく，熱処理のみで実現している（図 4）。耐食性についても，既存合金よりもはるかに優れ，A201–T7 材に匹敵する特性を有することが確認されている（図 5）。

また，機体模擬形状品等を用いた鋳造性評価により，開発合金が既存合金とほぼ同等の鋳造性を有することが確認されている。鋳造部材においては，部材局部の機械的特性は冷却速度に依存して変化することから，開発合金について，冷却速度による組織サイズの変化とそれに伴う強度変化についても明らかにされている。そのうえで，同一形状のアルミニウム合金鋳造部材との強度比較を通じて，部材として比較した場合に，強度特性が実質的に 1.3 倍の比強度を有することを確認した。このとき，軽量化が航空機のライフサイクルコストの低減に及ぼす効果を，前途の Growth Factor も考慮の上で検討し，本開発合金が実部材に適用可能な製造コストを実現し得ることが示されている。

■達成強度（平均値）
Mg-2.0Gd-1.2Y-0.75Zn-0.2Zr（MGYZ alloy）：361 MPa（T6のみ）
Mg-3.2Gd-0.5Zn-0.2Zr（MGZ alloy）：413 MPa（T6のみ）

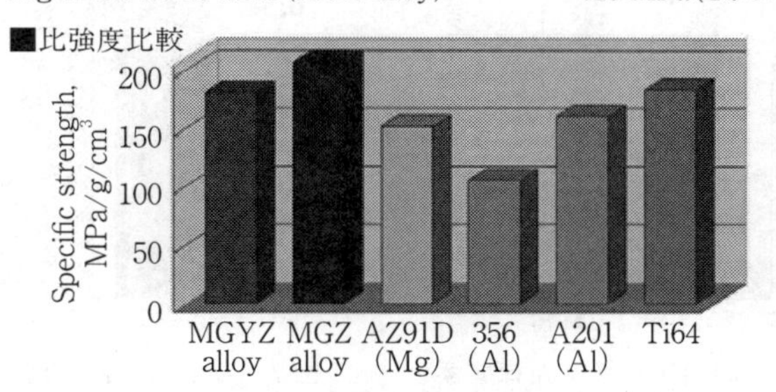

図 4　各種鋳造用合金の強度特性[5)]

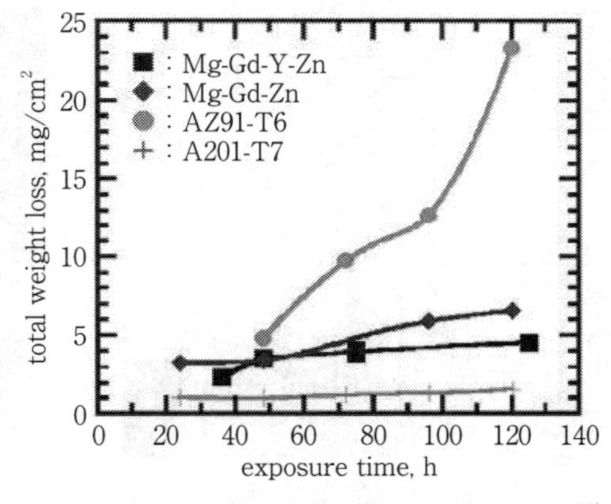

図 5　鋳造合金の耐食性評価（塩水噴霧試験結果）[5)]

4.2 粉末マグネシウム合金開発と部材化技術

粉末合金に関しては，Mg-Zn-Y-Al 合金系を基本組成とし，特性の向上のみならず部材成形性を考慮した添加元素量の最適化を達成した。粉末部材においては，マグネシウム粉末の安全かつ均質な組織を実現することが必要である。さらに，部材化においては複雑断面形状な長尺部材を想定した押出工程の確立が実施された。

具体的には，①高強度展伸用アルミニウム合金（7075-T6 材）の 1.3 倍の比強度（絶対強度で 430 MPa 以上），②同アルミニウム合金の T7 材と同等の耐食性を有する合金である。

その結果，Mg-Zn-Y 系合金の基本組成調整に加えて，Al を最適量添加することで，目標とする強度と耐食性に応じた合金が選択可能となった。すなわち，強度を優先する場合には Mg-1.5Zn-2Y(mol %)，耐食性を優先する場合には Mg-0.75Zn-2Y(mol %)とし，強度と耐食性を両立させるためには，これに Al を加えた Mg-0.85Zn-2Y-0.45Al(mol %)が最適と判明した。

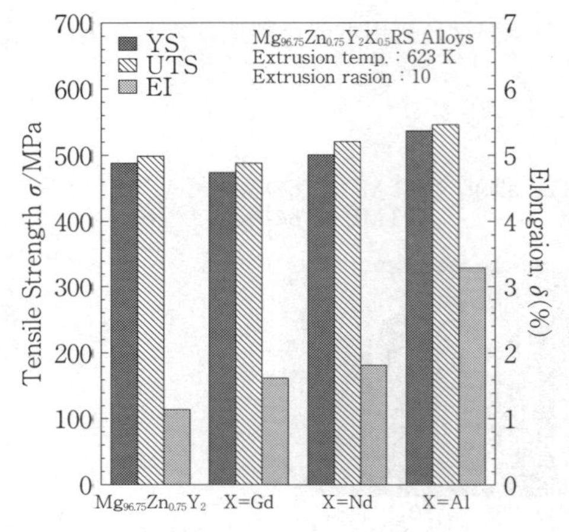

図 6　Mg-1Zu-2Y 合金の引張特性に及ぼす添加元素の影響

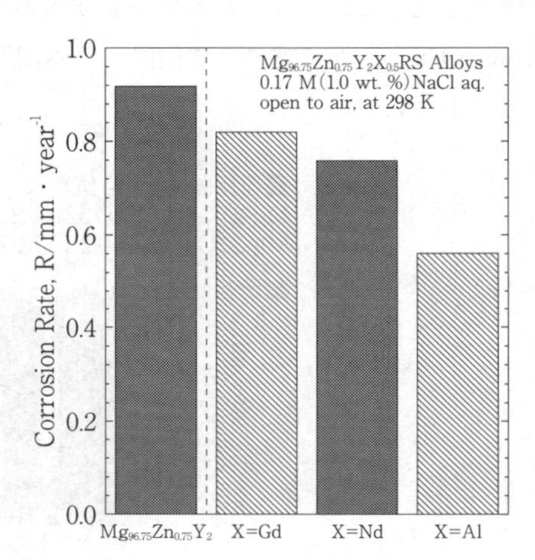

図 7　Mg-1Zn-2Y 合金の耐食性に及ぼす添加元素の影響

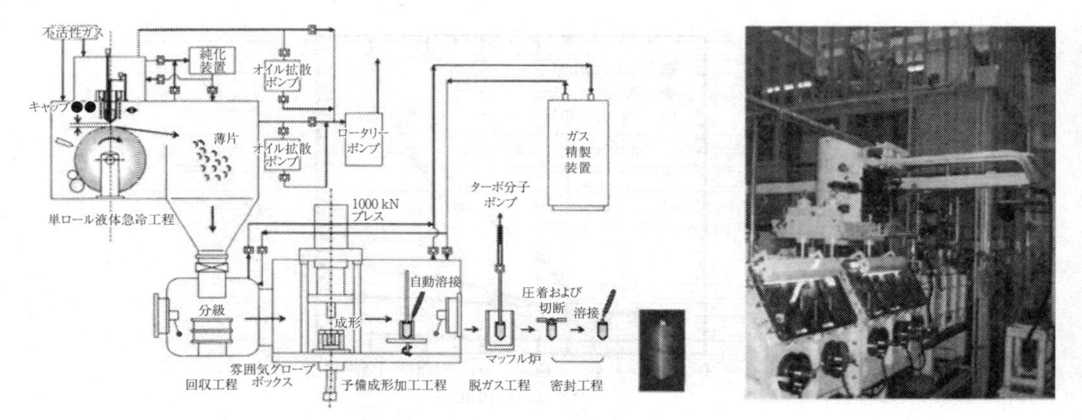

図 8　急冷凝固素材作製プロセスの概略図（プロトタイプ）

このとき，粉末製造工程である急冷凝固プロセスにおける冷却速度の許容範囲が広くなる組成となっている。引張特性ならびに耐食性に及ぼす添加元素の影響を図6，図7に示す。

急冷凝固プロセスとしては，アトマイズ法と単ロール法の適用を検討し，作製した素材が，ドライエア中でも取り扱うことができ，また，特性が低下しないことを明らかにした。プロセス概略を図8に示す。固化成形のための押出し加工では，加工発熱による組織変化・強度低下を考慮し，さらに，特に疲労特性に影響を及ぼす不完全接合を回避する押出し条件（脱気温度，押出し温度，押出し速度，押出し比，ダイス角度など）を明らかにした。

5　おわりに

航空機材料は複合材料の大幅な適用拡大によって大きく変化している。金属材料部位が減少する中で，さらなる軽量効果が期待できるマグネシウム合金部材の適用を期待したい。従来は，強度，耐熱性あるいは耐食性といった面に課題があったマグネシウム合金も，本論で述べた合金開発とプロセス開発，ならびに，これに続く研究により，材料としての適用可能性は高まっている。設計面でのブレークスルー，製造プロセスの安定化，ならびにコスト低減を図り，実適用へ少しでも近づくことを期待する。

文　　献

1）浅見海一ほか，最新鋭中型旅客機「ボーイング787」，川崎重工技報，No.171（2011）
2）Larry Reithmaier, Standard Aircraft Handbook for Mechanics and Technicians, McGraw-Hill Professional, p64
3）中田守ほか，航空機用複雑鋳物の鋳造技術，神戸製綱技報，Vol.50，No.3，p58（2000）
4）http://www.sae.org/standardsdev/
5）次世代航空機用構造部材創生・加工技術シンポジウム講演集（2008）

第16章　鉄道への応用

森　久史*1，船見国男*2，野田雅史*3

1　はじめに

鉄道技術は，車両，構造物，電力，軌道の各技術分野から構成され，とくに車両技術の開発は目覚ましいものがある。図1に車両構体の重量と営業速度との関係を示す[1)]。図1は長距離輸送を担う新幹線電車において示した例であるが，200系，300系，500系，N700系新幹線電車が逐次開発され，車体重量が減じられるとともに営業速度が増加しているのがわかる。このように，営業速度を増すためには車体重量の軽減化が必要になる。

これらの新しい新幹線電車の技術的特徴は車体構造の簡素化による部品点数の削減，必要強度部材の薄肉化，アルミニウム合金の適用にあった。そのため，現状の新幹線電車をより軽量化するためには，これらの課題を解決する必要があるが，部品点数の削減や部材の薄肉化には限界がある。そのため，アルミニウム合金よりも軽量な材料の適用が考えられる。

表1にアルミニウム合金とそれよりも軽量な素材の特性を示す。アルミニウム合金よりも軽量な材料としてFRPとマグネシウム合金がある。FRPはE4系の先頭車両や車体内装品への適用があるが，車体全体への適用となれば，素材，組み立てコストや大型材の製造などの適用技術課題が多く残されている。

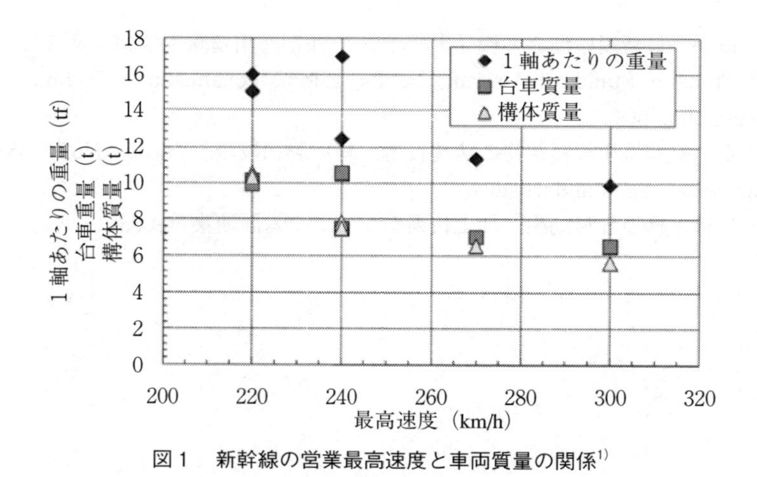

図1　新幹線の営業最高速度と車両質量の関係[1)]

＊1　Hisashi Mori　(公財)鉄道総合技術研究所　材料技術研究部　主任研究員
＊2　Kunio Funami　千葉工業大学　工学部　機械サイエンス学科　教授
＊3　Masafumi Noda　千葉工業大学　工学部　機械サイエンス学科　研究員

表1　マグネシウム合金（AZ31合金），アルミニウム合金（6N01合金），CFRPの引張強さ，弾性率，比重の比較

		引張強さ（MPa）	弾性率（GPa）	比重（g/cm^3）
マグネシウム合金（AZ31合金）		235	45	1.8
アルミニウム合金（A6N01合金）		240	70	2.7
CFRP	（繊維平行）	540	75	1.7
	（繊維垂直）	220	32	

マグネシウム合金は，FRPと同等の比重であり，さらにアルミニウム合金の製造ラインを適用できるとすれば，日常生活品，家電製品などに適用されていることも考えると，その適用によって大幅な軽量化が可能な材料として期待される。しかし，マグネシウム合金は，不燃性に問題があることや，車体構造に適用された例がないために，材料の取扱い，機械加工，運搬，溶接，仕上などの車両製造に必要な各過程における技術に不明な点が多く，さらに合金自体の物性，とくに強度，加工性，接合性なども不明である。

そこで，今後，これらの情報を産官学において提示していただきたいことも期待し，本稿では，車体の設計の基本的な考え方，車両の軽量化のメリット，マグネシウム合金の適用に期待すること，マグネシウム合金の適用の問題点や筆者らの研究動向を踏まえてその状況について説明し，最後にマグネシウム合金の車両への適用の課題を述べる。

2　車体の設計の基本的な考え方

2.1　車体強度

車体の設計において重要な項目は車体の強度および剛性，材料を考えることになる。まず強度であるが，車体構体は，基本的に，静的強度および動的強度に耐えうる必要がある。静的強度には，乗客および機器を含めた荷重「垂直荷重」およびブレーキ時において連接している車両から受ける「車端荷重」があり，動的強度には，車両走行およびトンネル通過時の車体内外圧差で生じる「疲労荷重」がある。車両の設計では，静的強度は主に耐力と座屈強度，動的強度は疲労強度から考えられている。

2.2　全体剛性

車両構体は，車体各部の上述した強度が十分に許容範囲内であっても，剛性が小さいと走行中に車輪やレールに起因する振動を受けた時に車体の振動が大きくなり，乗り心地に影響を及ぼす。したがって剛性は強度とともに重要な指標であると考えられる。

車体の剛性としては，全体剛性および部分剛性があり，全体剛性は車体全体の「相当曲げ剛性」と「相当ねじり剛性」であり，部分剛性は車体構体に使用されている形材の剛性を考える。

相当曲げ剛性とは，車体の曲げに対する剛性であり，車体を台車中心部で支えられ等分布荷重を受けた梁とみなすと(1)式で表される。

$$EI_{eq}=(\omega\cdot l_2^2/384\delta)(5l_2^2-24l_1^2) \tag{1}$$

EI_{eq}は相当曲げ剛性，ω は単位長さ当たりの荷重，δ は構体下部のたわみ，l_1は台車中心間の距離であり，l_2は台車中心から車端までの長さである。一方，相当ねじり剛性とは，ねじりに対する剛性であり，荷重試験から得たねじれ角を使用して(2)式で表される。

$$GJ_{eq}=M\cdot l/\theta \tag{2}$$

GJ_{eq}は相当ねじり剛性，M はねじりモーメント，l はねじりを加えた２点間の長さ，θ はねじれ角である。部分剛性としては，材料力学で求められる断面二次モーメントと弾性率との積で表され，素材の弾性率および形材の形状および寸法から得られる。

2.3　車両構体素材の要求特性

鉄道車両の寿命は航空機，自動車に比べて長く，構体構造に使用される材料には耐久性（引張強さ，0.2％耐力，縦弾性率，疲労特性，摩耗特性，破壊特性）が求められる。また，素材を所定の部材に加工することが必要であり，加工性（押出し性（薄肉・中空），成形性（圧延・プレスなど）），接合・溶接性（アーク溶接，スポット溶接）について検討しなければならない。さらに鉄道車両は一つの居住空間であることから，難燃性は必須である。以前，新幹線の先頭車両にFRP が適用されていたが，メンテナンス性（補修性），リサイクル性，分離性が近年求められることから，再度，アルミニウム合金に置き換えられている。このように，車両構体は要求特性が多く，さらに適用できる素材が非常に限られており，新素材の適用が難しい部位である。

3　鉄道車両の軽量化のメリットおよびマグネシウム合金への期待

3.1　軽量化のメリット

鉄道における重要な課題は，安全安心に乗客を目的地まで輸送することと，到達時間の短縮化による輸送サービスの向上と同時に経済的な波及効果の増加が見込めるように，メンテナンスコストの削減や環境対策を含めて検討することが命題である。この命題に対し，信頼性の基盤の下で省エネ化，高速化が考慮され，その結果，車両の軽量化が重要な課題として位置付けられる。

車両を軽量化するメリットを考えるには，鉄道車両の走行メカニズムを知る必要がある。鉄道車両は，図２に示すように，電動機の出力を車輪に伝達し，レールと車輪との間の摩擦力が機械抵抗や空気抵抗などの走行抵抗に打ち勝つことによって加速して走行する。そのため速度を向上

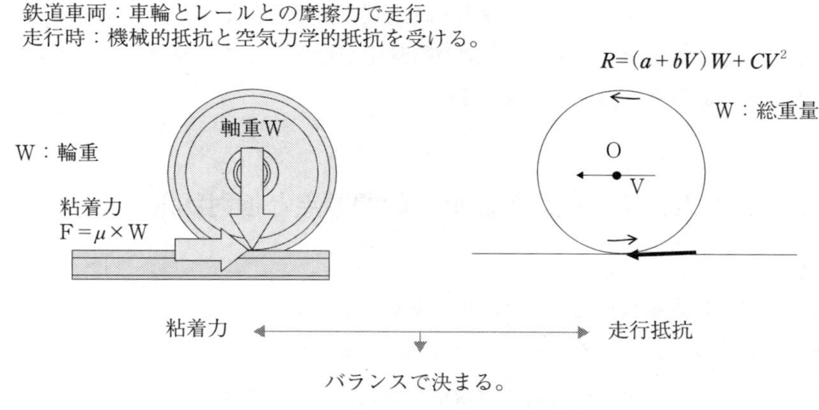

図 2　鉄道車両の走行原理と走行抵抗式

A：基準断面積，a,b：車両抵抗係数，Cf：空気摩擦抵抗係数，Cx：形状抵抗係数，
L：列車長，R：列車走行全抵抗，S：車体断面の周長さ，V：列車速度，
W：列車重量，γ：単位換算係数，ρ：空気密度，C：定数

すると車軸軸受部の回転摩擦などから抵抗を受けるようになる。また，それに伴い部品の寿命低下や軌道の破壊頻度も増える。

これらは車両重量と関係があることが経験上および理論上から明らかにされてきている。走行抵抗は車両の重量と比例，軸受部品の寿命は車両重量の 3 乗，制輪子の寿命は車両重量の 2 乗に逆比例し，車輪の寿命は車両重量に逆比例すると考えられている。このことから，車両を軽量化することによって速度向上が可能になる。また部品寿命の増加や軌道破壊の減少によって車両保守費が軽減する。このことから，車両の軽量化は高速化の他に，保守費などの経済性のメリットにもつながることがわかる。

3.2　マグネシウム合金への期待

マグネシウム合金はアルミニウム合金よりも軽量であり，高い減衰率を持ち，リサイクル性に優れることから，今後の高速車両用の素材として期待できる。マグネシウム合金の強度は表 1 のように，アルミニウム合金の現状材である 6000 系合金とほぼ同程度あり，素材の金属組織の制御を行うことによって，現状のアルミニウム合金以上の強度値が得られており，強度上においてアルミニウム合金と置き換えは可能であると考えられる。そこで，アルミニウム合金をマグネシウム合金に単純に，強度に着目して置換を考えてみる。その時の重量比は(3)式で表される。

$$W_{Mg}/W_{Al}=\rho_{Mg}/\rho_{Al}\cdot\sigma_{fAl}/\sigma_{fMg} \tag{3}$$

ここで，W は重量，ρ は密度，σ_f は引張破断応力であり，Mg はマグネシウム合金，Al はアルミニウム合金である。密度や物性値を(3)式に代入し，引張破断応力がアルミニウム合金とマグネシウム合金が同じであるとすれば，$W_{Mg} = 0.69W_{Al}$となる。その結果，アルミニウム合金からマグネシウム合金への単なる置換で約2～3割の軽量化が可能になると見積もることができ，軽量化に大きな寄与が望めると理論的には考えられる。

4　マグネシウム合金の適用の設計上の問題点と検討状況

4.1　燃焼性

鉄道車両に適用される材料にはJRS（国鉄標準）および旧運輸省試験法によって，不燃性あるいは難燃性があると評価されたものを使用するのが義務付けられている。これは，北陸トンネル内で生じた急行電車の火災事故を契機に国鉄が必要条件として提示したものである。

マグネシウム合金は加熱すると炎を出しながら燃焼し，ひとたび燃焼すると消火しにくい。また，加工時の発生屑の状態は，素形材の状態よりも燃焼性が高まる。このことからマグネシウム合金を採用するには，合金に不燃性あるいは難燃性を付与する技術が必要になる。

現在，このような燃焼性を防ぐ技術として，Caを添加した難燃性のマグネシウム合金が開発されている[2)]。この合金ではマグネシウム合金にカルシウムを添加することにより，安定な酸化物が形成されるために難燃性が得られる。発火性は図3に示すように，カルシウムの添加量と関係があるが，2重量％以上の添加では発火温度は飽和する傾向を示す。難燃性を確実に得るためにカルシウム添加量を増加する必要があるが，多量のカルシウム添加は素材の加工性や溶接性に悪影響を及ぼすことがある。そのため，カルシウムの添加量は加工性や溶接性などの他の性質と最適化することが必要であると考えられ，それらの技術を待つ必要がある。またこのような展伸

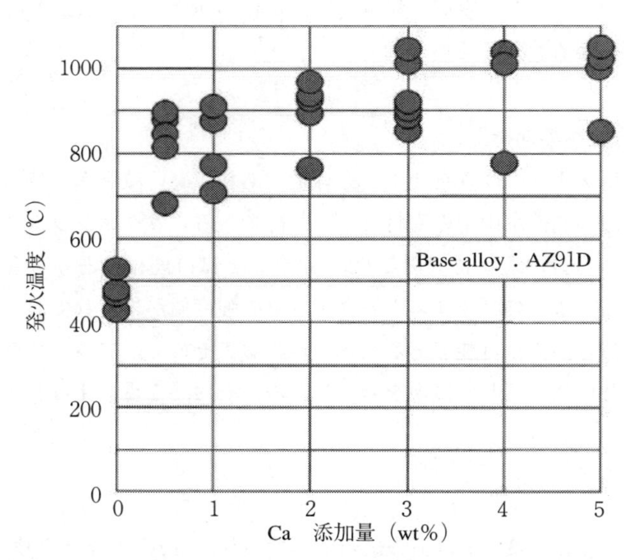

図3　マグネシウム合金の発火温度に及ぼすカルシウム量の影響
出典：㈱産業技術総合研究所　中部センター HP

材としての難燃性評価の他に，加工などで発生する屑の難燃性についても評価しておく必要がある。

これまでの調査の結果では，難燃性マグネシウム合金の加工屑の大きさが数十ミリ単位であれば展伸材と同様の難燃性が認められるのに対し，ほぼ粉末状にある数ミリ単位の微細な屑では，加熱状態にもよるが発火性を示すことが認められている。このような加工屑の難燃性の評価は，車両の維持管理よりも車両製造の段階で重要となるので，展伸材の他に加工屑の状態についても発火性を考慮した検討が望まれる。

4.2　剛性低下

マグネシウム合金の縦弾性率はアルミニウム合金の 2/3 であることから，剛性不足が課題になる。これは，鉄製車体をアルミニウム合金へと置き換えを検討された際においても課題になった。

相当剛性(G)は，車両を単純支持梁とみなした場合，縦弾性率(E)と等価な断面二次モーメント(I)との積で定義される。剛性 EI をアルミニウム合金と同じようにしようとすれば，E の減少分を I で補償するというような調整が必要となる。ここで，I の補償が板厚増加で賄うとすれば，板厚増加分の重量増加が生じることによって素材置換による単純な軽量化の効果は認められなくなる。剛性低下をなるべく抑えて軽量化を図るための代表的な方法として，下記(1)～(3)が考えられる。

(1)　全体剛性を上げる構造の導入

車体構造自体で剛性を確保する方法がある。これは新幹線電車へ最初にアルミニウム合金を適

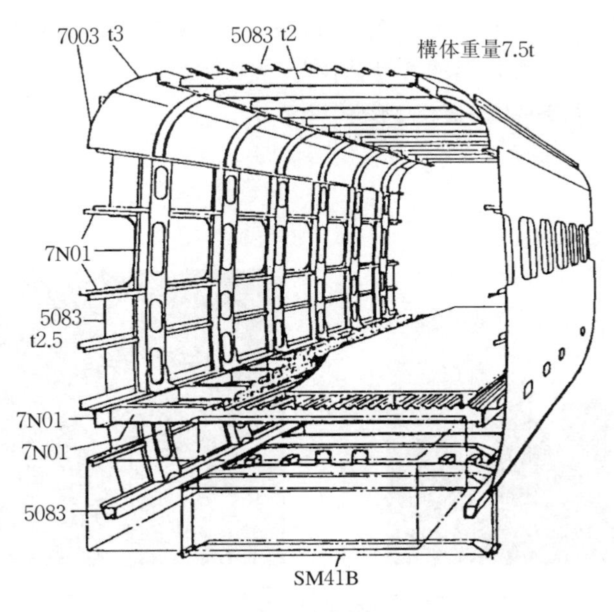

図 4　200 系新幹線電車の構体断面図

用した200系新幹線で検討された方法である。図4に200系新幹線の車体構造の断面図を示す。構体の断面は正方形であるが，200系新幹線の構造は，ボディーマウント構造と呼ばれ，側面をレール方向に伸ばし，床下機器を覆うようにして車体全体で剛性を確保するように設計されている。

(2) 軽量材の適材適所の使い分け

車体構造において強度および剛性を重視する個所に分け，強度重視面においてマグネシウム合金，剛性重視面においてアルミニウム合金を適用するという方法が考えられる。

車両構造は，窓部やドア取り付け部のある側構体のようにたわみが許容できない部分と，台枠のようにある程度までたわみが許容できるものとに大別される。側構体では剛性を優先し，台枠は強度を優先して材料の選択設計が行われる。具体的には，剛性が求められる側構体では，高い弾性率の材料を適用するか，断面積をなるべく小さくしながら，面積要素に対する重心軸からの距離を有効にとって，断面二次モーメントを大きくするといった配慮が必要である（部材加工性の良い材料）。一方の台枠のような部分には，重量軽減のために，できるかぎり断面積を小さくし，断面二次モーメントも小さくするため，耐力の大きな材料が必要となる。

(3) 形材技術の利用

上記(1)および(2)では若干の軽量化は犠牲になる。そこで，形材を利用することで断面二次モーメントを確保しながら重量軽減を図る方法が考えられ，中空押出形材，ディンプルスキン，ハニカムパネルなどが適用されている。図5に中空押出形材の断面図を示す。中空押出形材は，形材の板面が構造外板と内板の役割を果たし，トラス構造で外部応力を分散しながら剛性が確保できる特徴を有する。また，ディンプルスキンは図6に示すように，くぼみを加工した板を平板にスポット溶接して製造され，その形状から中空押出形材よりも剛性が高い形材とされる[3)]。ハニカムパネルは六角構造のハニカムを表裏板でサンドイッチした構造であり，ハニカムにより剛性が極めて向上する。また，衝撃性にも優れた形材である。

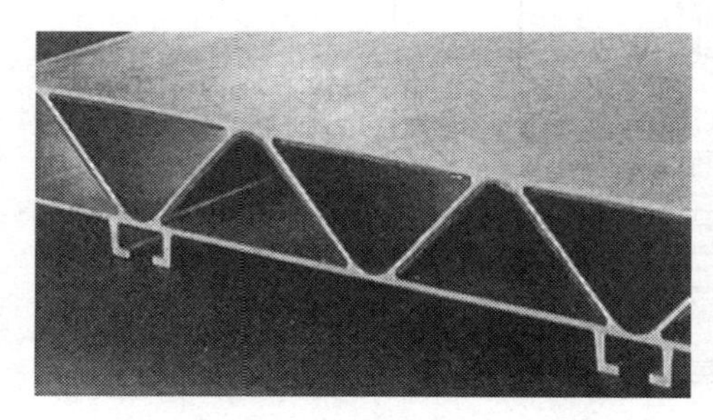

図5　中空押出形材（アルミニウムダブルスキン）の外観

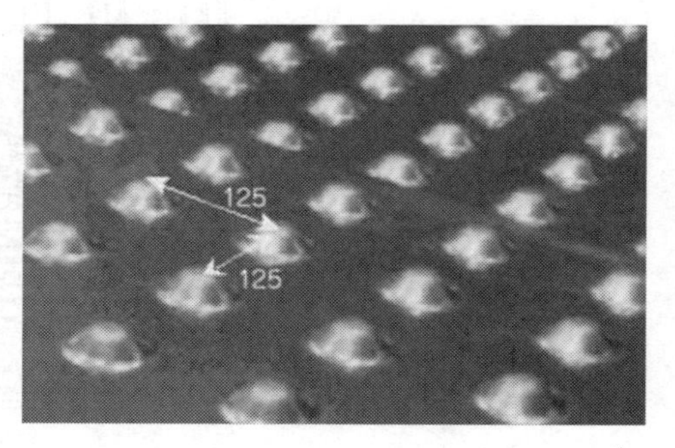

図6　アルミニウムディンプルスキンの外観[3)]

4.3　加工性

4.3.1　素材加工

剛性を得るための手法で示したように，剛性を形材で得ようとする場合には，素材の加工性が求められる。マグネシウム合金は，その結晶系が稠密六方構造であり，室温では塑性変形時の外力に対するすべりが困難であって，変形に対する抵抗が大きい。そこで，マグネシウム合金の加工性を検討するには変形抵抗について調べる必要がある。変形抵抗は一般的に(4)式で表される。

$$K_f = K_0 \varepsilon^n \dot{\varepsilon}^m e^{a/T} \tag{4}$$

ここで，K_fは変形抵抗，K_0，aは定数，εは歪，nは加工硬化指数，$\dot{\varepsilon}$は歪速度，mはくびれ抵抗であり，Tは温度である。図7に伸びおよび引張応力の温度および歪速度の影響を示す。マグネシウム合金でも，一般的な金属材料と同様に，温度を増加して歪速度を下げることによって変形抵抗が低下し，延性が増加することで加工性が良くなることが理解できる。このような条

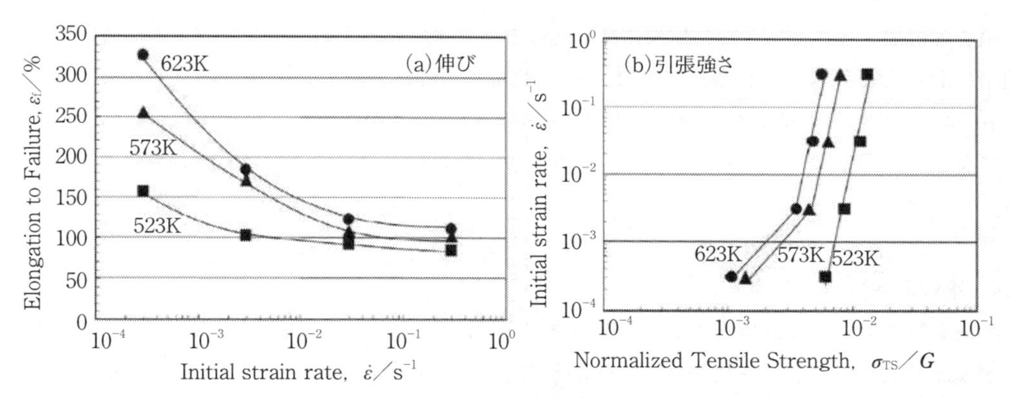

図7　マグネシウム合金の伸びおよび強度に及ぼす温度および歪速度の影響調査結果の一例
(a) 伸び，(b) 引張強さ

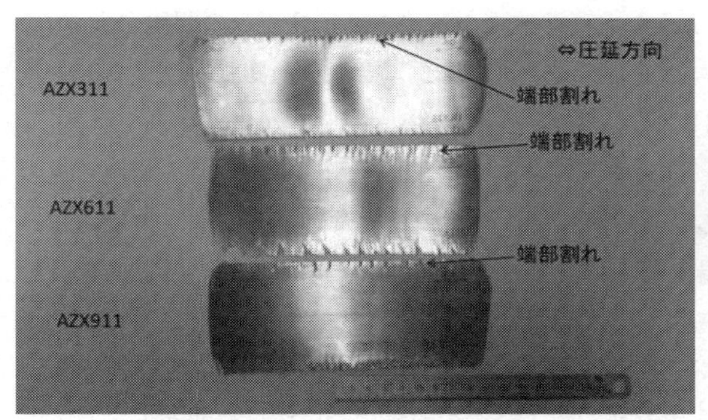

図8　難燃性マグネシウム合金を圧延した試験材の外観

図9　難燃性マグネシウム合金で試作した中空押出形材の一例

件下において，難燃性マグネシウム合金の圧延加工を行った例が図８である。この例は厚さ３mmの押出板を再結晶温度領域まで加熱して圧延した結果であり，図のように，多少の端部割れが認められるものの，厚さ１mmの薄板を圧延にて加工できることが明らかにできた。また，難燃性マグネシウム合金を圧延と同様に再結晶温度以上で押出し，中空形材を試作した例が図９である。高温による押出しを行うことにより，中空形材が試作できることはわかったが，加工速度が低いために大量生産時における生産量に関して問題が残る他，試作材は小型であることから，形材の大型化などに向けた展開に大いに期待したい。また，車両部品の製造時における工程にて冷間による加工が求められるために，マグネシウム合金の冷間における加工性を発展させるような技術開発が今後の課題である。

4.3.2　車両製造に対する大型部材加工の必要性

車両の組立方法は，構体の小部品をそれぞれの冶具内で溶接組立し，あらかじめ組立てた部材を台枠，側はりなどに取り付けを行って全体仕上する方法であった。しかし，シングルスキンやダブルスキン素材が製造された以降では，構体の組立方法が大幅に改良され，組立工数が低減した。シングルスキン素材を用いた車両製造では，台枠に側はり，軒桁，長桁，屋根構を設置して骨組と各桁部を溶接し，さらに側構にはめ込むことによって仕上る。一方，ダブルスキン素材の適用においては，骨皮一体構造であるため，骨組み工程が省略される。このことから，長さ約25m程度の新しい大型部材の開発により，組立工数の低減が図られ，組立工数が節減されるようになった。そこで，マグネシウム合金を適用するためにも長尺の大型部材への加工が求められる。

4.4　車体の溶接

車両を製造する上で基本となる技術に溶接性がある。鉄道車両製造の溶接は，MIGアーク溶接が適用されており，さらに現在では，熱影響の少ない摩擦撹拌接合（FSW）の適用も行われつつある。

溶接作業は，切断，開先加工，前処理，仮つけ・拘束，組立，溶接条件，順序選定，ひずみ取，検査の手順で行われる。鉄道車両のような大型構造物の溶接では，ひずみの問題が大きく，除去に多大な工程を要している。アルミニウム合金やマグネシウム合金は熱膨張が鉄よりも大きいために溶接時の歪の問題が極めて重要になる。

ひずみの低減は設計（溶接線の最小化，開先や隅肉寸法の適正化，剛構造パネルの使用，板の厚み），溶接施工（変形量の予測，開先あわせ，かり付け溶接の精度管理，施工順序の最適化），機械的拘束（拘束方法と冶具の適用），温度管理（溶接近傍を強制的に水冷する，外板に骨材をつける場合には外板のみ加熱して溶接する）についての検討が必要になるが，マグネシウム合金ではこれらの検討を行うには至っていない。

これらの応用のステージに至る以前に，マグネシウム合金の溶接については情報が不足しているため，基本的な技術検討，とくに熱による材質的変化や継手強度に関する基礎的な検討が求め

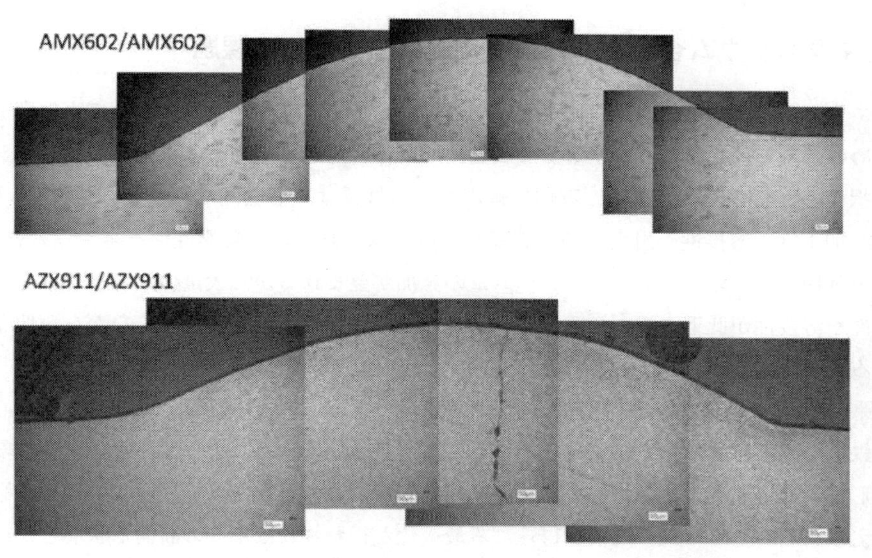

図10　難燃性マグネシウム合金を同一条件でTIG溶接した時の継手部の金属組織

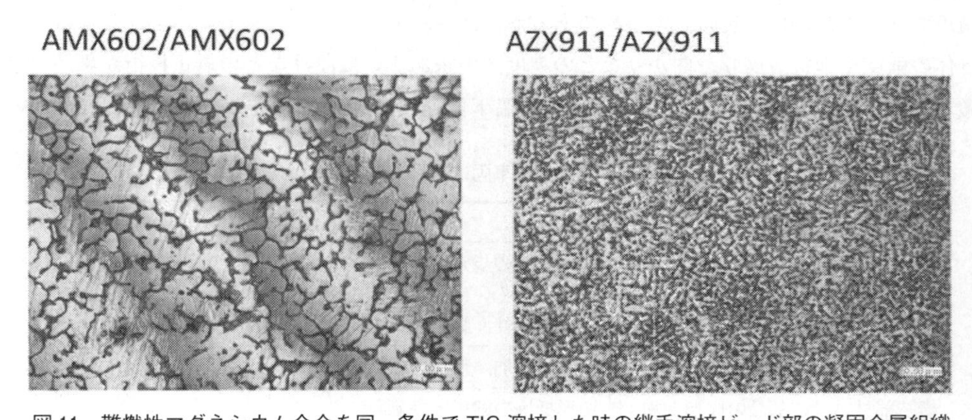

図11　難燃性マグネシウム合金を同一条件でTIG溶接した時の継手溶接ビード部の凝固金属組織

られる。

基礎的な検討の一つとして行った，Mg-Al-Mn-Ca合金とMg-Al-Zn-Ca合金の溶接検討結果を示す。図10はそれらの供材を溶加棒として，同一条件下においてTIG溶接した接合材の断面の金属組織を観察した例である。Mg-Al-Mn-Ca合金では凝固割れは認められないが，Mg-Al-Zn-Ca合金では凝固割れが認められ，さらにビード部の凝固組織は図11に示すように，Mg-Al-Mn-Ca合金では粗い凝固組織，Mg-Al-Zn-Ca合金のそれは微細であった。これらは，マグネシウム合金の溶接性が合金組成に影響を受けることを意味すると考えられる。マグネシウム合金の溶接に関する検討は，このような材質的な検討の他，継手強度の問題にまで及ぶため，今後，実用に供すまでには相当の研究開発が必要であると考えられる。また，摩擦攪拌接合などの適用も有望であると考えられるが，今後の基礎研究の動向を待ちたい。

5　マグネシウム合金を車体構造に適用するための課題

マグネシウム合金を車体構造に適用するためには，多くの課題がある。表2に車体構造に適用するための課題を列記した。まず重要なことは，車体に対して適用できる難燃性マグネシウム合金を選択するところから始まる。車体に適用できる材質は，不燃性だけでなく，強度，弾性率，じん性，加工性，溶接性，耐食性から判断しなければならない。難燃性マグネシウム合金では，難燃性を確保するために多くのカルシウム量の添加が望まれるが，大量のカルシウムを添加すると加工性や溶接性が低下する。したがって，これらの諸特性を十分に検討しながら適切な材質を決定する必要があろう。

次に乗り心地に影響を及ぼす剛性を確保する手段である。いくら軽量であっても乗り心地が悪ければ鉄道車両の目的である快適性を損なうことになる。前述したように，車体全体，部分的あるいは形材の適用など，どのような手法で剛性を確保するのかを設計で検討することが必要であると考えられる。その結果，剛性が得られる最適化が行われれば，その断面形状などに部材加工することが必要である。加工性については様々な検討が行われており，少なくとも熱間加工技術の適用で部材の製造は，現時点で小型であるが確認されており，今後必要な内容としては，加工材自体の強度や素材，反りや曲がりなどの精度，引張あるいは曲げなどの矯正技術が課題になると考えられる。また，マグネシウム合金は高温下低速度で加工できることがわかってきている

表2　マグネシウム合金を車両に適用するための主な課題

主な課題	主な項目
車両に適用するための材質の選択	化学成分の規定 不燃性あるいは難燃性の確保 機械的特性，物理特性の向上
剛性確保の手法	板厚の増加，形材の使用
構造部材および部品の成形と加工	変形抵抗の解析と評価 圧延性，押出性，鍛造性，曲げ，絞り，プレス性の評価 圧延，押出加工条件の探索 加工材の機械的性質
構造部材の溶接	溶接種類（MIG溶接，摩擦攪拌接合；FSW）の選定 溶接継手形状の解析 各種溶接時の溶接条件の選定 溶接継手強度およびその基準の設定 溶接棒およびその管理方法の検討 溶接部の信頼性を評価する手法
耐食性を付与するための技術	腐食メカニズムの解明 表面処理の種類（化成処理，陽極酸化）の選定 塗装用のパテ，プライマーおよび上塗り塗料の種類の検討 塗装の耐久性の評価 塗装の剥離の非破壊評価の検討

が，低い速度における加工では生産性に影響を及ぼす。その結果，それがコストの増加につながりかねない。なるべく高速加工を可能にするような技術が今後求められよう。

このような加工技術が年々開発されてきているが，溶接技術についても今後求められる課題である。まず，マグネシウム合金に対する最適な溶接手法を検討することが必要である。車両製造の現状では，MIG溶接や摩擦攪拌接合が適用されていることから，可能であればそれらの溶接の適用が望まれる。しかし，アルミニウム合金と同様の条件による施工は難しいと考えられるので，溶接条件や溶接棒の探索，溶接継手形状の解析などを行う必要がある。また，それらの信頼性を評価するための，溶接継手強度およびその基準の設定や信頼性の非破壊評価手法などの検討も求められると考えられる。

さらにマグネシウム合金は活性金属であるために，表面処理が必須である。マグネシウム合金では陽極酸化，化成処理，メッキなどの適用が考えられるが，まず腐食メカニズムを解明する必要がある。そのうえで最適な処理方法を検討することが望ましい。また，鉄道車両では車体に塗装を施工するが，現状のアルミニウム合金製車両と同じ塗料システムが適用できるのか，マグネシウム合金用の塗装用のパテ，プライマーおよび上塗り塗料が必要であるのかということも含めて検討し，塗装の耐久性に関する非破壊評価法などの検討も含めて考えていく必要があろう。

6　おわりに

軽量化は鉄道だけでなく，航空機および自動車業界でも重要なテーマであり，これらの業界でも種々の方策が考えられている。その中でマグネシウム合金についても，いくつかの採用例が公表されており，とくに自動車業界におけるマグネシウム合金の実用化を目指した検討は活発である。これに対して鉄道車両に関するマグネシウム合金の適用の検討はこれから始まったばかりであり，耐食性やコストの問題も含め，不明な点や課題も多く残されている。今後の研究開発の動向に着目し，マグネシウム合金の車両構造部材への適用について技術的な検討を進めていきたいと考えている。

文　　献

1）鈴木康文，軽金属，**60**(11)，pp.565-570（2010）
2）秋山　茂，上野英俊，坂本　満，平井寿敏，北原　晃，まてりあ，**39**(1)，pp.72-74（2000）
3）畑山直史，竹内久司，栄　輝，杉本明男，神戸製鋼技報，**58**(3)，pp.55-61（2008）

第17章　電子機器（主にノートパソコン）への応用

樋口和夫*

1　はじめに

二十数年前にノートブック型パーソナル・コンピュータ（以下ノートPCと略す）が商品化されるのとほぼ同時期にマグネシウム筐体が注目を集め，次々と軽量化されたノートPCがメーカー各社から発売されたことを記憶されている方も多いであろう。

当時マグネシウムは民生用機器の材料としてはまだ普及していなかった。ノートPCの軽量化要求にマグネシウムの特性が合致したことにより急激な需要増になり，今現在でも構成要素材料として多用されている。このことはマグネシウムがノートPCに適した材料であることを明確に裏付けている。

ノートPCは必然的に軽量，コンパクトであることが求められる。製品重量の20～30％を占める大型部品であるハウジング（筐体）の材料を考えるとき，選択肢の一つとしてマグネシウムが注目される。実用金属中で最も軽く比強度が大きいこと，耐食性が改善され実用レベルになったことに加えて，小型電子機器特有の放熱，電磁シールド等の問題を効率よく解決できる材料特性を持つことがその要因である。

昨今の商品は環境に優しいことが要求される。マグネシウムは金属であるがゆえに再溶解・製錬することによりリサイクル可能であり，その材料物性はバージン材に比べて遜色ない。また，リサイクル材を使うことによりLCAが飛躍的によくなることが，マグネシウムが環境を考慮した製品に適していると言われる所以である。図1にノートPCにマグネシウム合金製ダイカスト

写真1　マグネシウムを多用したLenovo ThinkPad X220
LCD Rear coverとBase coverにマグネシウムダイカスト材を使っている。

＊　Kazuo Higuchi　㈱K-Tech　代表取締役

材を使用した例を示す。

本稿は，過去に執筆したものを最近の実情に合わせて修正加筆したものである。

2　ノートPCハウジングに求められる特性と解決例

2.1　内部機構の保護，構造体としての強度

ノートPCは精密電子部品で構成されており，外力や衝撃に弱い。特に液晶パネル（LCD）やHDDが壊れやすい。本体に外力や衝撃が加わった場合に，これらを吸収し，内部を保護する役割がハウジングに求められる。ある程度の外力までは，ハウジングも壊れたり変形してはいけない。それ以上の力が働いたときにはハウジングが変形することにより外力を吸収し，内部を保護する。「ある程度の外力」としては，210 G・3 msの加速度，筐体を50 kgの荷重で挟む力などが一つの目安と考えられる。従って，ハウジング材料には適度な弾性と強度が要求される。

ノートPCの形状は機能的な制約により平たい箱型である。しかもアダプターカード，バッテリー，種々のコネクター類を挿入する開口部が四方にあいているため，連続した曲面で強度を持たせるモノコック構造がとりにくい。また製品の厚さの制約からリブによる補強にも制限がある。従って材料自体の特性が直接ハウジングの特性に結びつくので，材料の選定は非常に重要である。

2.2　軽量かつコンパクト

持ち運びを前提とした製品であるから少しでも軽く作りたい。要求される強度を一定とすれば，軽く作るためには比強度が高い材料を選択することになる。

ここで，一般的な樹脂材料との比較を行ってみよう（表1）。

板材に一定の外力が加えられたときの変形率（たわみ）と肉厚および材料固有の曲げ弾性率との間には，弾性変形域内で次式が成り立つ。

$$(\text{変形量}) = C \cdot \frac{1}{(\text{曲げ弾性率}) \times (\text{肉厚})^3}$$

C：定数

表1　ハウジング材料の物性比較（代表例）

材料名	補強材（wt%）	比重	曲げ弾性率（GPa）	引張強さ（MPa）
ABS	–	1.2	2.3	35
PC/ABS	–	1.3	2.5	60
PC/ABS	GF20	1.4	5.8	100
ポリカーボネイト	CF10	1.3	6.7	104
マグネシウム AZ91D	–	1.8	45.0	223

ノートPCのハウジングの場合，個々の製品設計により異なるが，おおむね平板で構成されているので，この関係式で近似できると考えてよい。また，弾性域内の変形量で内部部品に接触するので，この範囲で検討すればよい。

例えば，A4サイズのノートPCをABS樹脂で作るときに必要な肉厚が，仮に2.2 mmであるとするならば，マグネシウム合金AZ91Dを使用すると0.82 mmの厚さで一定の外力に対し同等の変形量に保つことができる。

実際に多くのノートPCが2.2 mmのABS樹脂で作られているから，計算上はこれらを肉厚0.82 mmのマグネシウム合金製ハウジングに置き換えることができる。0.8 mmのマグネシウム合金製ハウジングも今や一般的になっている。このとき引張強さは2.4倍になり，重量は46 %減少する。このようにマグネシウム合金を利用して，「軽くて強い」製品を作ることが可能である。

2.3　放熱，熱分散

電子機器で消費される電気エネルギーの大部分は熱エネルギーに変換される。効率よく外部に放熱しなければ時間の経過とともに内部の温度が上昇して機能に支障をきたす。高性能志向のMPUはTDP（熱設計電力）が高くなる傾向にあり，強制冷却ファンを使わないと放熱が間に合わないが，TDPを抑えたMPUを使った場合にはファンレスを考えることも可能と思われる。

ファン付きの場合には排熱は主に熱交換機の性能に頼るところが大きいが，筐体からの放熱を併用することでファンを小さくすることは可能であろう。

マグネシウム合金（AZ91D）の熱伝導率は79 W/m・℃であり，プラスチックに比較して約200倍の高性能になるため，筐体からの放熱に大きく寄与する。

ハウジングにマグネシウム合金などの金属を使う場合には，MPUなどの発熱元からの放熱経路を十分に検討しないと，外表面の温度が局部的に高くなり，ユーザーが低温やけどを起こす可能性があるので注意が必要である。

ファンレスの電子機器を設計する場合にはマグネシウム合金筐体を使うことで内部の平衡温度を下げることが可能になる。実験の一例では，内部発熱27 Wの場合にABS筐体に比べてマグネシウム筐体では内部平衡温度が6℃下がったという報告がある[3]。

2.4　電磁シールド

電磁ノイズ対策は発生源を抑えるのが基本であることは言うまでもなく，回路設計その他で様々な改善がなされている。それにもかかわらず発生源でノイズを完全になくすことは困難であり，何らかの電磁シールドを必要とするのが現状である。

シールドの方法としてノイズ発生源から近いところで導電体で包み込む方法が効果的であるが，発生源を特定しにくい場合やシールド板を入れるスペースがない場合にはハウジングを導電体にする方法がとられる。

二十数年前のPCに比べ，MPUのクロック周波数は大きな変化で高周波側にシフトした。その影響で導電体に要求されるシールド特性も変わった。低周波レンジでは導電体の種類によってシールド効果の違い（減衰率）を測定することができたが，高周波になればなるほど，導電体の違いによる差が見られなくなる。従って現在使われている周波数帯域では材料の違いによる比較が意味を持たなくなった。マグネシウムであってもアルミニウムであってもほとんど差が見られない。

2.5 アンテナと電磁シールド

昨今の電子機器は無線通信機能を持つものが多くなった。以前はオプションだったものが，今ではついているのが当然になった。街の中にはWi-Fiが飛び交い簡単にノートPCやケイタイ端末がアクセスできる時代である。無線通信を行うためにはアンテナが必要であり，設計者は電磁波をできるだけ強く飛ばそうとする。

ここで電磁シールドと矛盾が生じる。ハウジングの電磁シールド特性が優れているほど，その内部にアンテナがある場合には，そのアンテナから発信される信号は弱められてしまう。かといってシールドはそれなりに必要である。

数年ほど前からこの矛盾があるがゆえにマグネシウム合金などの金属ハウジング採用に陰りが出てきたと思われたが，ハイブリッド構造により解決され，今また主流になりつつある。

ハイブリッド構造とは，大部分に金属製の筐体を使い，アンテナが内部にある部分だけを樹脂製のカバーで覆う。異種材料であるから別々に作って組み立てるのが簡単であるが，それでは一体感に乏しくなるとか，ID的に境界線が気になるなどの注文により異種材料を一体構造で作る技術が開発された。それがハイブリッド構造である（写真２，３，４参照）。

一般的には，ダイカスト，あるいはシートメタルプレスで，アンテナ部以外の形状を先に作り，それをプラスチック成形金型に入れ，アンテナ部を射出成形で形成する。これをインサート成形と言う。金属部を金型からはみ出して局部的に射出成型するものをアウトサート成形と言う。いずれの場合でも金属と樹脂を接合しなければならず，各種の特許技術が開発されている。また，金属部と樹脂部で，熱膨張による寸法の差異が生じると壊れたり剥がれたりする問題が生

写真２　三辺にアンテナを配置したハイブリッドカバーの例

じるので線膨張率を合わせる努力が必要である。

このような技術をうまく使うことにより，アンテナがある場合でもマグネシウム合金製ハウジングを使うことができ，メリットを享受できる。

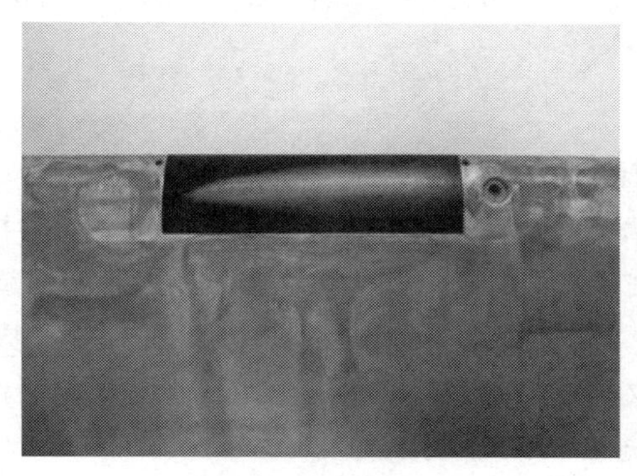

写真3　部分的にアンテナ部を配置した例

写真4　写真3の裏側，接合強度を高めるための一案

2.6　マグネシウム合金筐体の製造工程

作り方には大きく分けて二つの方法がある。一つはダイカストに代表される鋳造，もう一つは板材をプレス絞り成形する方法である[1,2]。

ノートPCの筐体は0.6〜0.8 mmの薄肉が主流であるから，鋳造には本来適していない形状であるが，二十数年の努力の歴史の中でほとんど問題なく成形できるようになってきた。高流動を確保することがポイントであり，それにより品質レベルと収率が上がり，仕上げ工数が減少する等コストに大きく影響する。高流動を得るには，金型や成形機の溶湯が接触する部分の温度を高く保つことが最も効果的である。

鋳造法の中ではホットチャンバー式ダイカストに分がある。金型に溶湯が入るまで高温に保ちやすく，またサイクルタイムが短いことにより低価格になる。コールドチャンバー式ダイカストは鋳造圧力を高くできるため，大型部品の成形や高精度が求められる製品に適している。

薄肉を狙うのであるから圧延した板材を使うことは合理的な解決策であるが，現時点では大きく普及はしていない。その理由としてはまず材料が高価であること，そして代表的なAZ31材の場合，絞りを行うためには熱間（250℃以上）でプレス成形することが必要であり，加工も高価になることである。材料メーカーには室温で延性の優れた材料を低価格で供給できるよう開発をお願いしたい。

2.7 マグネシウム合金筐体の表面処理

マグネシウムは卑な金属であるから空気中の酸素により酸化されやすい。日常的な環境で使用するにしても防錆処理が必要である。6価クロムを含有したものは防錆力が高いが，最近では環境対策で使用禁止になり，リン酸塩系や有機酸系が主流である。電子機器であるからグラウンド目的で導電性を求められることが多いが，その場合には耐食性が減少するので要求スペックを決める際にはバランスを考えなければならない。

防錆処理を行うことでダイカスト表面の汚れが化学的に除去されるので後工程の塗装に有利になる。

マグネシウムは本来金属光沢を持つ美しい金属であり，その金属感をそのまま活かす表面処理が望まれるが，実用的な開発はごく一部に限られる。

大部分は防錆処理＋塗装による加飾が一般的である。

2.8 マグネシウム合金筐体の塗装

塗装を美しく仕上げるためには下地が滑らかで欠陥がないことが必須であるが，ダイカストの場合には巣穴，湯じわ，クラック，ピットなど表面に影響する欠陥が多数存在する。素材を研磨することで凸部は除去できるが凹部は埋めなければならない。パテを施して研磨する方法が一般的であるが，手加工であるがゆえにコスト高になる。

これを軽減する方法としてサーフェイサー（欠陥隠蔽塗料）を用いる方法がある。固形分比率が高く，チクソトロピック性，レベリング性が高い塗料である。これで手研磨の工数が著しく減る。同じ発想で紛体塗装を下塗りに使う場合もある。固形分がほぼ100％なので凹を埋める能力に優れるが，レベリング性はサーフェイサーに劣る。

塗装工賃の中で素地仕上げの部分が多くを占めるので，この部分の効率を上げることがコスト低減に寄与する[3)]。

最終塗装（トップコート）はID（工業意匠）の要求によるであろうが，高光沢のものは素地調整により多くの手間がかかるので，選択できるのであれば，光沢は低いものがよい。

塗装の光沢は低いほど欠陥はごまかされる。これは小さな凹凸だけでなく大きなうねりや変形に対しても有効である。低光沢，例えば60度鏡面反射光沢（以下グロスと略す）0.7～1.5のものは素地に多少の凹凸があっても最終ユーザーには見えない。グロス2.5～5.0では多少見えるが，まだ仕上げは楽である。しかし光沢を低くすると塗膜表面が傷つきやすくなる。艶消し剤によって形成された塗膜表面の微細な凹凸が硬いものに触れると局部的に平滑になり光沢が出ることにより物理的に溝がなくても目立つためである。この現象（光沢キズと呼ばれる）を考慮すると，一般的なウレタン塗装ではグロス5.0程度が下限であろう。塗料樹脂がゴム弾性を持つ塗料を使う場合には光沢キズは出にくくなり，無光沢近く（グロス0.6程度）まで下限が下げられる。

3　マグネシウム合金を使ったノートPCのリサイクル

マグネシウム合金はリサイクル可能な材料である。従ってエコラベル評価の対象になるので積極的に使用することが望まれる。

日本ではノートPCの筐体をリサイクルするインフラが十分に整っているとは言い難いが中国では種々の製品とともにノートPCの筐体もリサイクルされている。非常に薄肉であるから酸化されやすいが，十分な量の溶湯の中に投げ込んでいくことで表面の塗装は分解されて燃えマグネシウムの酸化も抑えられる[5,6]。

マグネシウムをピジョン法で製造するとLCAデータはよいとは言えないが，リサイクルの場合は非常によい。現実的な運用が可能な，新地金40％＋再生地金60％の割合配合でLCAは新地金100％と比較してエネルギーは55％減，CO_2排出は53％減になる[4,7]。

再生地金を60％混入しても技術的に，あるいは供給面でも大きな問題なく継続的に生産されていることから，マグネシウム合金を使う製品を企画する場合には参考にしていただきたい。

文　　献

1）　日本マグネシウム協会，'93マグネシウムマニュアル（1993）
2）　日本マグネシウム協会，'94マグネシウムマニュアル（1994）
3）　日本マグネシウム協会編，マグネシウム便覧，p401-410，カロス出版㈱（2000）
4）　E. Aghion, S. C. Bartos, IMA 65th Annual World Magnesium Conference, Proceedings Warsaw Poland (2008)
5）　K. Higuchi, K. Nakajima, 1996 IEEE International Symposium on Electronics & Environment, Health Hands out p102-108 (1996)
6）　立石浩規，井上　誠，鎌土重晴，小島　陽，井藤忠男，菅間光雄，軽金属，**48**(1)，p19-24（1998）
7）　日本マグネシウム協会著，現場で生かす金属材料シリーズ　マグネシウム，p297-307，㈱工業調査会（2009）

第18章　電子機器（主に携帯機器）への応用

日野　実*

1　はじめに

マグネシウム合金の構造材への適用は，1990年代初期まで主に軽量化を目的とした航空機やレーシングカーなど，一部の製品に限定されていた。しかし，その頃，ダイカスト法（コールドタイプ）によって作製されたAZ91Dマグネシウム合金製筐体が，日本IBMのA4サイズノートパソコンに採用され，以後，プラスチックに代わる新材料としてノートパソコン，携帯電話，デジタルカメラなどの情報通信機器をはじめとする様々な電子機器の筐体に適用されてきた。

ここでは，携帯電話などの携帯機器へのマグネシウム合金の適用例をはじめ，製造方法やその問題点ならびに携帯機器筐体への新しい製造技術を紹介する。

2　携帯機器へのマグネシウム適用の経緯[1)]

携帯する電子機器の代表的な製品例として，モバイルノートパソコン・携帯電話・デジタルカメラを挙げることができる。モバイルノートパソコンやデジタルカメラは，いつでもどこにでも持ち運び使用されるため，軽く，頑丈なことが要求される。また，携帯電話では，通話時の操作性と携帯性の両立した薄型軽量化が要求され，いずれの機器も「軽くて頑丈」が必要不可欠となっている。この要求に対して，マグネシウム合金がプラスチックでは実現できない薄肉・軽量化が可能な材料として，1990年初頭から電子機器の筐体に採用され始めた。

一方，1997年に射出成形機によって作製された，肉厚が0.7 mmの筐体が東芝のA5サイズモバイルパソコンに適用され，それまでダイカスト法のみであった筐体の製造方法が一変した。その後，ダイカスト法も高度化し，1997年秋に販売されたソニーのノートパソコン“VAIO”にはダイカスト法による薄肉筐体が採用され，それ以後，携帯電話をはじめとする様々な電子機器にマグネシウム合金が適用されるようになった。

ところで，図1には携帯電話に適用されてきた代表的なマグネシウム製品を左から年代順に示したが，国内での携帯電話へのマグネシウム筐体の採用は，1990年代中頃，液晶部とボタン部が一体のストレートタイプに始まり，液晶側とボタン操作側に分かれた二つ折りタイプの多くに適用された。その後，液晶パネルの大型化に伴い，液晶パネルの変形防止のため，液晶側のみにマグネシウム筐体が用いられ，最近では，内蔵シャーシ部品や液晶パネルのフレームに適用され

*　Makoto Hino　岡山県工業技術センター　技術支援部　部長

図1　携帯電話に適用されたマグネシウム製品の一例

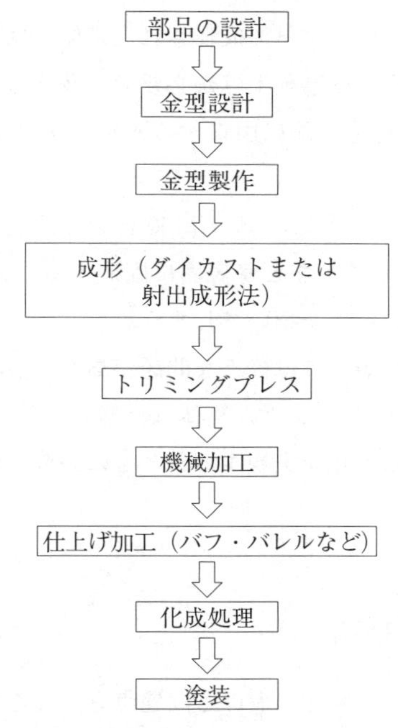

図2　ダイカスト法および射出成形法によるマグネシウム筐体の製造工程

ている。なお，国内では携帯電話へのマグネシウム筐体の適用は減少傾向にある。

3　製造方法および問題点

携帯電話などの電子機器の筐体には，主にAZ91D，AZ31B，AM60などのマグネシウム合金が用いられており，製造方法によって適用される合金がそれぞれ異なっている。ダイカスト法および射出成形法には，主にAZ91D合金が使用され，現状，肉厚が0.5 mmよりも薄い複雑な形状の筐体が製品化されている。それらの製造工程を図2に示す[2)]。

一方，AZ31B および AM60 合金は，温間プレスフォーミングによって主に内部シャーシや外装カバーなど比較的単純な形状の製品に適用されており，現在，AM60 合金を用いた肉厚が 0.3 mm の携帯電話内蔵部品も製品化されている。いずれの製造法も一長一短があり，以下に示す問題点を抱えている。

マグネシウム合金は腐食しやすく，実用に際しては防錆処理が必要で，現状，リン酸マンガン系化成処理が適用されている[3]。電子回路が内蔵される電子機器筐体には，帯電防止の観点から処理皮膜に対して導通性が要求されるが，化成処理では仕様を満足する十分な防食性と導通性を両立することが難しい。特にアルミニウム含有量が 3％と少ない AZ31B 合金は，AZ91D や AM60 合金よりも素材での耐食性が劣るため，化成処理後の防食性能も AZ91D や AM60 より劣ってしまう。

また，射出成形法やダイカスト法によって成形された筐体では，湯じわなどの表面欠陥が生じやすく，塗装前にあらかじめ修正・研磨仕上げが必要で，多くの手間とコストを必要とする。さらに塗装後，ピンホールなどの鋳造欠陥に由来する膨れやブツなどの塗装不良の発生も問題となっている。

一方，プレスフォーミングされた AZ31B や AM60 合金では，湯じわなどの表面欠陥はないものの，プレス成形時の離型剤やオイルなどが表面に固着するため，表面処理性が著しく阻害され，結果的に防食性能や導通性の低下を招いてしまう。

このようにマグネシウム筐体の製造には様々な問題があり，現状，これらの問題が歩留まりの低下とコスト増を招いている。マグネシウム筐体は「軽くて頑丈」というメリットはあるものの，製造工程を高度化し，低コスト化を実現するとともに高機能化を図ることが，今後の需要拡大のために必須条件と言える。

4　携帯機器筐体への新技術

前節では電子機器用マグネシウム筐体における問題点を示したが，ここでは，これらの問題点を解決する新しい製造技術を紹介する。

4.1　表面仕上げ加工

携帯電話外装部品では厳しい意匠性が要求されるため，射出成形法やダイカスト法によって成形されたマグネシウム筐体は，塗装前にあらかじめ表面の修正・研磨仕上げが必要で，多くの手間とコスト負担を強いられてきた。この表面仕上げ加工について，振動バレル研磨による自動化技術を開発し，省人化が可能になっている[4]。バレル研磨では，マグネシウム筐体の腐食を防止しつつ，表面を平滑に仕上げる技術が要求される。マグネシウムがアルカリ領域で安定な水酸化物を形成することに着目し，マグネシウムの腐食を抑制するバレル研磨用潤滑剤を開発し，研磨条件を最適化することによって平滑で金属光沢を有する表面仕上げ加工技術を確立した。その結果，従来の手作業による仕上げ加工に比べ，50 %以上の工数低減が可能となり，大幅なコストダウンを達成することができている[5)]。

4.2　導電性陽極酸化処理[6)]

電子機器筐体には，帯電防止の観点から処理皮膜に導通性が要求され，現状，低抵抗化成処理（リン酸マンガン系）が行われているが，その性能は腐食しやすいマグネシウム筐体に対して十分とは言い難い。一方，Dow17 法をはじめとする陽極酸化処理[7)]の耐食性は，化成処理のそれよりも遙かに優れているものの，皮膜が絶縁性のため，電子機器筐体に適用できない。

著者らは，リン酸塩をベースとした陽極酸化処理から導電性を有する陽極酸化皮膜が得られることを見い出した[8)]。皮膜の電子顕微鏡写真を図 3 に示したが，この処理によって化成処理では

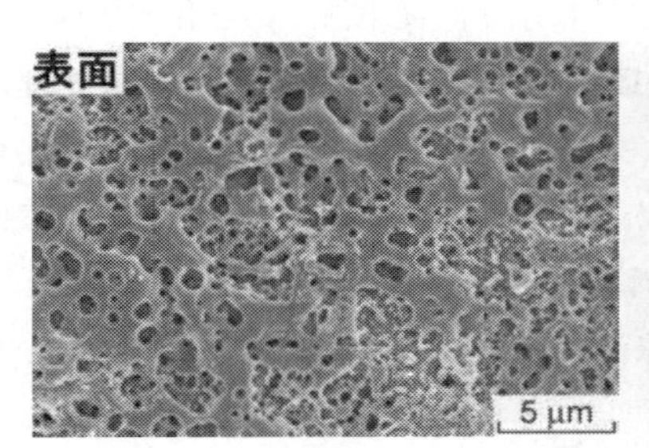

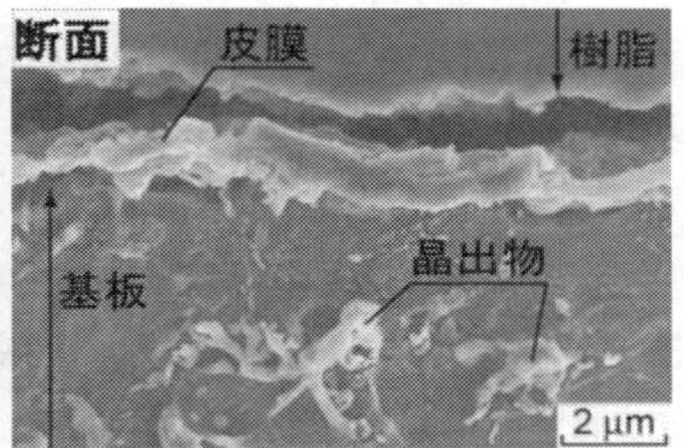

図 3　導電性陽極酸化皮膜の SEM 像

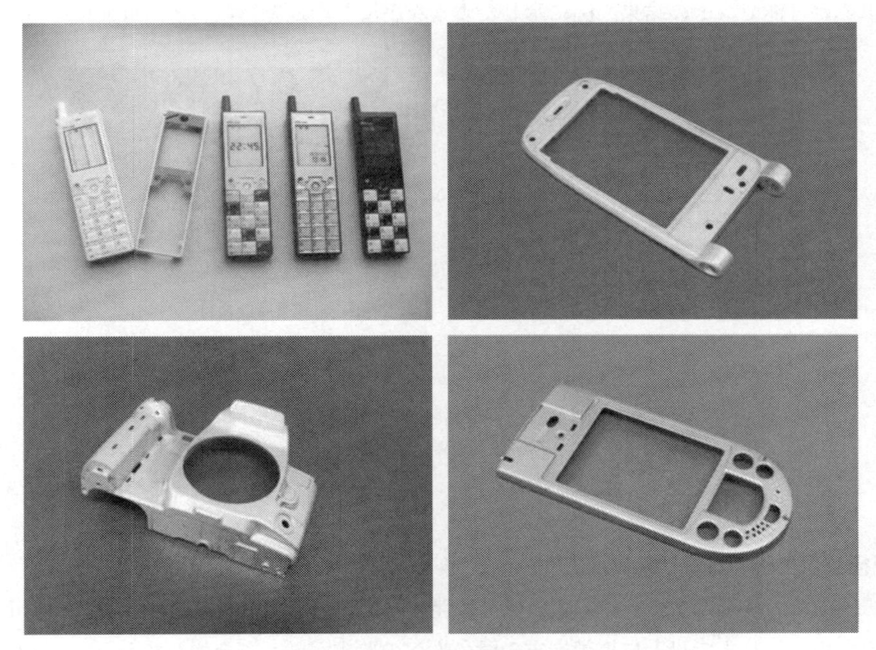

図 4　電子機器筐体への導電性陽極酸化処理の適用例
（アーク岡山㈱提供）

困難であった耐食性と導通性の両立が可能になった。また，既存の陽極酸化処理のようなクロムやマンガンなどの重金属およびフッ化物などの有害物を使用しておらず，地球環境に優しい処理であり，リサイクル性に悪影響を及ぼすこともない。さらに陽極酸化処理は，電解初期に発生する酸素ガスが処理表面での離型剤などの不純物に対してクリーニング作用を発揮し，化成処理で発生する塗膜の膨れなどの塗装不良を抑制することができる。

図4に，導電性陽極酸化処理を適用した製品の一例を示したが，前述のように塗装後の不良率の改善により，コストダウンが可能になる。また，皮膜自身の耐食性が化成処理のそれよりも優れていることから，塗装工程でのプライマーを省略することもできる。この導電性陽極酸化処理と前述のバレル研磨技術に新たに開発したアクリル系塗装を用いることにより，これまでにないデザイン性および耐久性に優れた筐体製造も可能になった[9,10]。

具体的な例として携帯電話筐体の断面写真を図5に示す。従来法である化成処理に塗装を行った場合（図5（a)），マグネシウム素地の表面が荒れていることがわかる。化成処理の前にはバレル研磨による表面仕上げを施しているものの，電気化学的な反応を利用する化成処理では，バレル研磨後に酸洗などの前処理が必要で，せっかくバレル加工によって平滑化した表面は，前処理でのエッチングによって表面が荒れ，塗装の輝度を低下させてしまう。

一方，図5（b）に示した新規開発法は，従来法と比較し，平滑な素地表面が得られ，塗装の高輝度化を実現しているが，この素地の平滑化には，陽極酸化処理が必須である。なぜなら陽極酸化処理では，前述したようにクリーニング効果を有するため，化成処理のような前処理なしでも皮膜形成が可能で，その結果，図に示したような平滑な素地を得ることが可能になる。

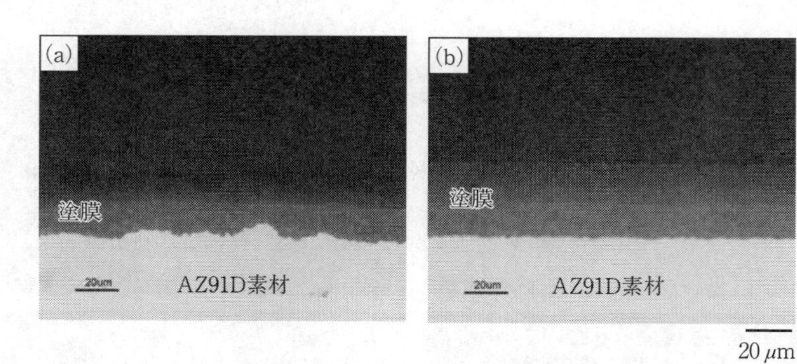

図5　携帯電話筐体の断面写真
(a)従来法　(b)開発法

4.3　陽極酸化皮膜のレーザ除去加工[11]

最近，国内での携帯電話の契約方式の変更に伴い，携帯端末の保有期間は大幅に長期化している。そのため，これまで以上に携帯端末の耐久性への要求が厳しさを増しており，4.2項で紹介した導通性を有する陽極酸化処理よりもさらに防食性能の向上が求められている。

著者らは，リン酸塩をベースとした有害物を使用しない環境に調和した陽極酸化処理の開発を行い[12]，その優れた防食性能[13]から，現在，輸送機器やレジャー関連製品を中心とした多くのマグネシウム部材に適用されている[13]。しかし，この皮膜も他の陽極酸化皮膜と同様に絶縁性のため，電子機器筐体への適用が困難であった。

この問題を解決する方法として，リン酸陽極酸化皮膜をYVO_4レーザによって部分的に除去することを試み，導通性を付与することに成功した[14]。YVO_4レーザによる加工の様子を図6に示しているが，レーザ照射部では白い閃光が発生し，皮膜が加工されていることがわかる。

図7に陽極酸化皮膜のレーザ除去部での表面および断面SEM写真を示したが，皮膜が除去され，基材のマグネシウム合金が表面に露出しており，それによって導通性が得られる。しかし，リン酸陽極酸化皮膜が除去された部分では表面が露出しており，耐食性の低下が懸念される。

図8に各種表面処理を施したAZ31Bマグネシウム合金について，皮膜をYVO_4レーザによって除去した試料を塩水噴霧試験120時間実施した外観を示すが，未処理および化成処理は全面に渡って腐食が発生する。また，Dow17処理では，皮膜部から腐食は発生しないが，皮膜除去部では腐食の発生が認められる。これは，Dow17処理によって生成する酸化皮膜がバリヤタイプのため，レーザによって皮膜が除去された部分では，未処理と同じ表面になることによって腐食が発生する。

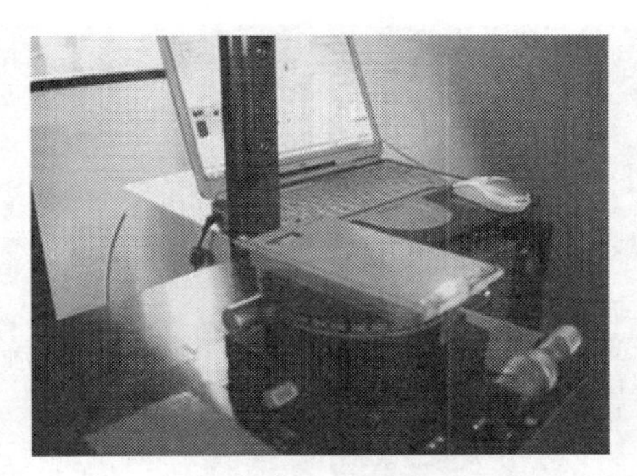

図6　YVO_4レーザによる陽極酸化皮膜の除去加工の様子

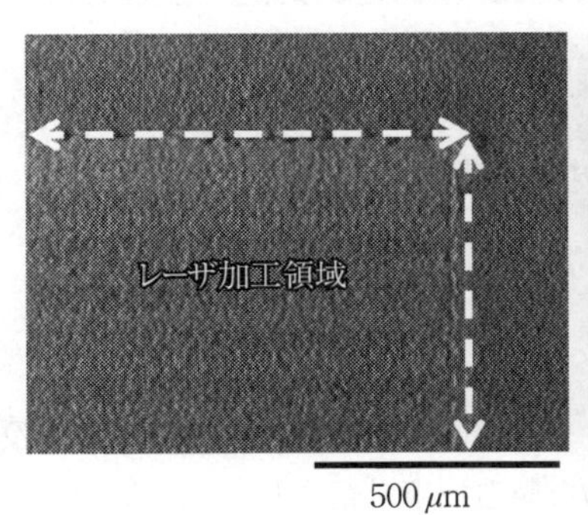

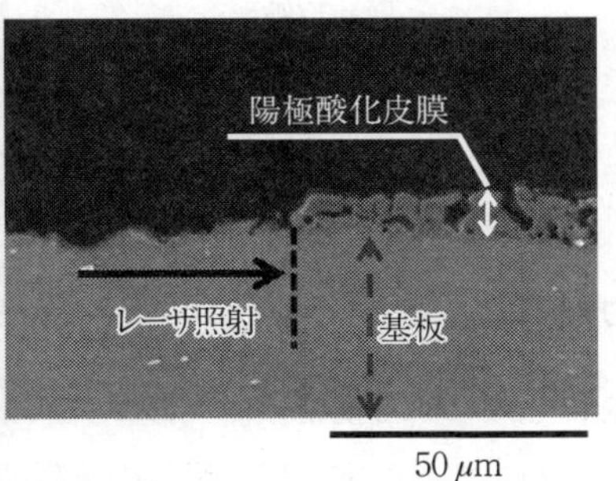

図7　リン酸塩陽極酸化皮膜のレーザ除去加工部の表面および断面SEM観察結果

一方，リン酸塩陽極酸化皮膜では，皮膜部および皮膜除去部とも腐食は発生せず，また，皮膜除去部では塩水噴霧試験後においても導通性が失われない。リン酸塩陽極酸化皮膜は腐食環境において，皮膜が優先的に溶解し，マグネシウムの腐食を抑制する犠牲防食能とともに欠陥部での皮膜再生という既存の陽極酸化皮膜にはない特別な防食メカニズム[13]を有しており，これらの特性によって優れた耐食性と安定した導電性がもたらされる。なお，本技術は，電子機器用マグネシウム筐体の長期信頼性を向上させる技術として注目されている[15]。

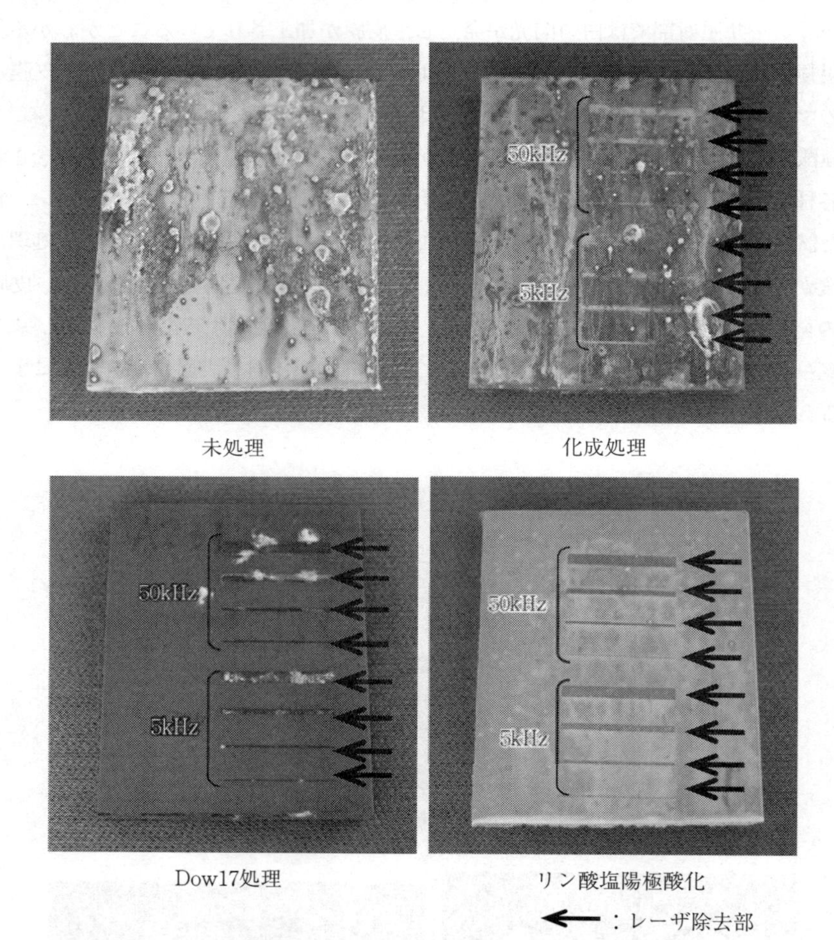

図8　レーザ除去加工した各試料での塩水噴霧試験120時間後の外観状況

5　おわりに

携帯電話をはじめとする携帯機器へのマグネシウム合金の適用例，製造方法やその問題点ならびに著者らが携わってきた電子機器筐体の革新的な製造技術を紹介した。現状，マグネシウム合金製筐体の製造には様々な問題があり，それゆえ，歩留まりの低下とコスト増を招いている。マグネシウム筐体は「軽くて頑丈」というメリットはあるものの，これらの問題点が解決できなければ，プラスチックや他の金属に置き換わっていくものと思われる。今後，マグネシウム筐体が電子機器筐体に適用され続けるためには，ここで紹介したような製造工程の高度化ならびに高機能化を図ることが重要であろう。

文　献

1）芹田一夫，表面技術，**53**(3)，176（2002）
2）日本マグネシウム協会編，現場で生かす金属材料シリーズ マグネシウム，p.69，丸善出版（2011）
3）特願平10-265566，松村健樹
4）日野　実，村上浩二，平松　実，西本克治，前田利啓，金谷輝人，軽金属，**54**(11)，499（2004）
5）日野　実，村上浩二，西本克治，西條充司，尾崎公一，金谷輝人，軽金属，**58**(7)，339（2008）
6）日野　実，村上浩二，西條充司，金谷輝人，表面技術，**58**(12)，767（2007）
7）日野　実，平松　実，マテリアルステージ，**4**(10)，33（2004）
8）特許第4367838号，酒井宏司，奥田保廣，日野　実，平松　実
9）特許第4418985号，日野　実，村上浩二，平松　実，西本克治，酒井宏司，西條充司
10）特許第4616573号，日野　実，平松　実，西本克治，尾崎修二，高橋直樹，貝田　博
11）日野　実，水戸岡豊，村上浩二，金谷輝人，軽金属，**61**(3)，112（2011）
12）特許第4686728号，酒井宏司，奥田保廣，日野　実，平松　実
13）日野　実，村上浩二，西條充司，金谷輝人，溶融塩および高温化学，**52**(3)，103（2009）
14）特願2009-126698，日野　実，水戸岡豊，村上浩二，西本克治
15）M. Hino, Y. Mitooka, K. Murakami, K. Nishimoto and T. Kanadani, *Materials Transactions*, **52**, 1116（2011）

第19章　スピーカ振動板およびヘッドホン筐体への応用

三戸部邦男[*1]，佐藤政敏[*2]，朝倉美智仁[*3]，富山博之[*4]，高橋宣章[*5]

1　はじめに

オーディオ製品の中で，記録媒体やその再生装置は，レコードからCDなどと，時代とともに大きく変化しているが，電気信号（音楽信号）を音に変換する装置であるスピーカやヘッドホンは，古くから基本構造は変化していない。しかし，再生装置の変化や，その時代の音質志向にあわせて，最適な音を提供するためにいろいろな手法で進化させてきた。その中でも，振動板や筐体にどのような素材を使うかによって，音質や性能は大きく変化する。部品の機能に応じた理想の素材特性とは何か，その素材にマグネシウムを使用した実例とその特徴を説明する。

2　スピーカ振動板への応用

最初に，スピーカの動作原理について簡単に説明する。スピーカに入力された電気信号（音楽信号）は，磁場中に配置されたコイルに流され，コイルが振動する。そのコイルの振動を振動板という部品に伝え，そこに触れている空気を動かすことにより，音に変換する（図1）。

コイルの振動を忠実に伝達し，その振動を空気に伝える振動板は，スピーカにとって最も重要

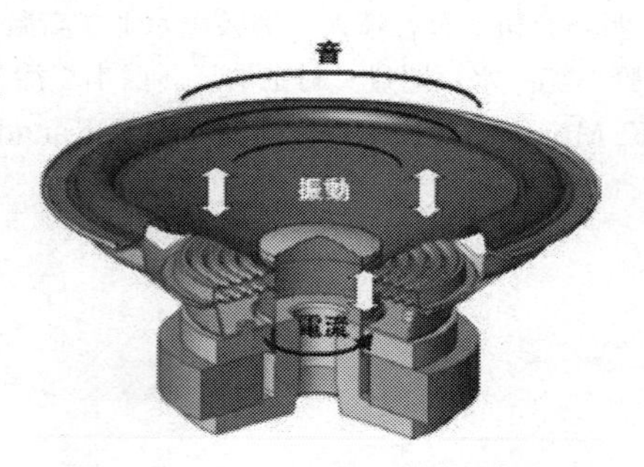

図1　スピーカの構造と音への変換

＊1　Kunio Mitobe　東北パイオニア㈱
＊2　Masatoshi Sato　東北パイオニア㈱
＊3　Michihito Asakura　東北パイオニア㈱
＊4　Hiroyuki Tomiyama　東北パイオニア㈱
＊5　Nobuaki Takahashi　東北パイオニア㈱

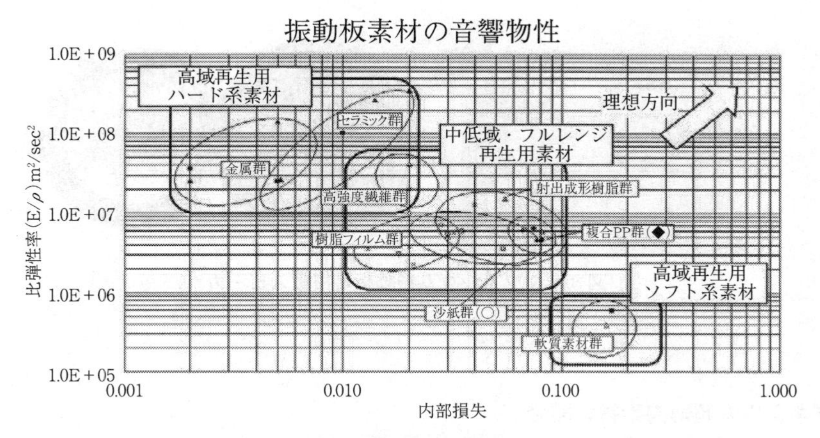

図2　各種振動板素材と音響物性

な部品であり，どのような素材を使うかによって，スピーカの音質は大きく左右される。

コイルの動きを正確に伝える振動板は，できるだけ軽く，曲がらず，構造上発生する特定周波数の共振を抑えてくれる構造体であることが理想である。

つまり，素材に求められる物性としては，軽くて（低比重），硬くて（高ヤング率），響きにくい（高内部損失）素材ということになる。

ところが，これらの物性は一般的に相反するものであり，少しでも理想に近いものを求め，あらゆる素材が常に訴求されてきた。

実際には，各種素材が持つ特徴を生かし再生帯域毎に使い分けられている。中低域再生のユニットには，硬さと内部損失のバランスが取れた素材，高音域再生のユニットには，硬さを追求した素材（ハード系）か，柔らかく内部損失が非常に高い素材（ソフト系）が使用されている（図2）。

2.1　高音域再生用振動板素材の理想追求

硬さを追求した素材（ハード系）には金属系やセラミック系がある。これらハード系振動板は，音速（振動板中を音が伝搬する速度）が速いという素材の特徴から，音の反応性がよく，緻密で繊細な音が表現できるため，幅広く使われてきた。

さらに高音質を追求するため，高ヤング率を求めた素材研究から，最先端の素材や加工技術を使った全結晶質ダイアモンド，ベリリウム，ボロン，カーボングラファイトなどの超高剛性素材が振動板形状に作り上げられ実用化されてきた。しかし，音質に対する評価は高いが，生産加工が非常に高度で高コストであるため，一部の高級スピーカに採用されている程度である。

そのため，一般的に普及しているハード系振動板は，チタンやアルミニウム（ジュラルミンなど）を薄肉にしてプレス加工した金属振動板である。

図3　マグネシウム振動板と搭載スピーカ

2.2　マグネシウム超薄肉素材の開発

ハード系振動板の主流となっているチタン，アルミニウムに比べて軽く，内部損失の高い金属として昔から注目されていたのがマグネシウムであった。しかし，その加工の難しさから，薄肉成形する手法がなかったことと，非常に錆びやすい金属であり，実用的な防錆処理技術がなかったことが金属振動板としての実用化を妨げてきた。

しかし，薄肉への圧延工程における温間圧延と冷間圧延の組み合わせ，最適圧下率と熱処理条件の設定，さらには温間プレス成形と自動車用スピーカの信頼性に耐えられる薄膜防錆処理の開発により，2004年に厚さ50 μm の超薄肉マグネシウム振動板の量産化に成功した（図3）。

2004年の量産化以降は，スピーカの音質向上に向けてさらなる薄肉化に取り組んだ。

2.3　圧延材のミクロ組織と正極点図

さらなる薄肉化として厚さ50から40 μm の振動板作りに取り組んだところ，20％の薄肉化ではあるものの，音質向上効果は非常に高く期待が大きかった。しかし，プレス成形に対する難易度も非常に高くなり，安定生産を行うには，より詳細な材料制御とプレス技術が必要であることが分かった。

一般的に利用されている展伸用マグネシウム合金 AZ31 の箔には，温間圧延材と冷間圧延材が存在している。どちらもミクロ組織は異なるものの最適な熱処理条件を設定することで成形性は飛躍的に向上する。

図4に各圧延材のミクロ組織と正極点図を示す。成形性の評価は温間プレス成形による振動板形状への成形実験結果により決定した（○は成形可，△は一部成形可，×は成形不可）。温間圧延材の場合は as-rolled 材が最も成形性がよく，冷間圧延材の場合は280℃熱処理材がよいという全く違った性質がある。これは，温間圧延の as-rolled 材は底面が圧延面にほぼ平行な底面集合組織を形成し，板厚方向へのすべり変形は難しいものの結晶粒径が非常に微細であるため，温間プレス成形での加工性が高くなっていると考えられる。一方，冷間圧延材は集合組織の強度は弱く一部底面が圧延面に対して大きく傾いた結晶粒が存在していることから，板厚方向への変形がおこり局所的なひずみを取り除いた280℃熱処理材の成形性がよいと推測される。このこと

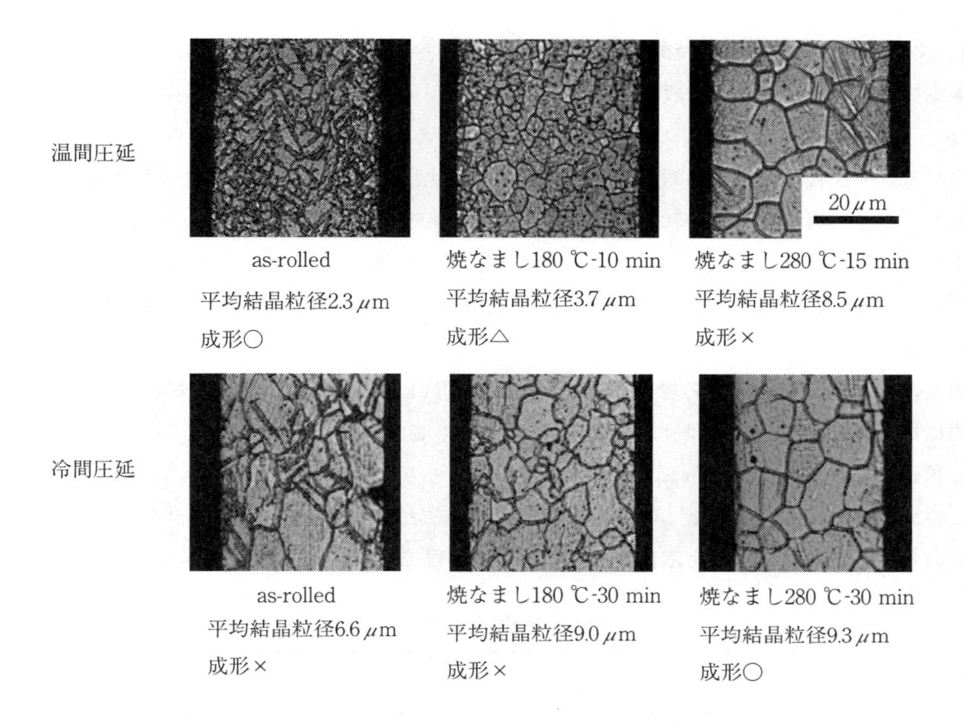

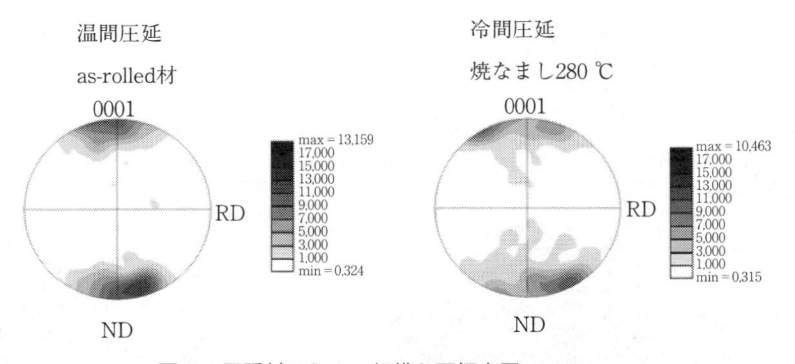

図4　圧延材のミクロ組織と正極点図

は，どちらの圧延材料も成形温度200℃付近での高温引張伸びが大きくなる点で一致している。また，成形中におこる動的再結晶による局所的な板厚減少を防ぐために結晶粒径を均一化することも重要である（結晶粒径が不均一な場合，粒径が微細な部分で局所的にネッキングを生じ破断に至る)。なお，ひずみ速度によって伸びが変化することも分かっており，プレス速度の設定も大切な因子である。

このような材料組織の解析により，厚さ40μm程度の超薄肉素材に対しても安定した成形が可能となり，多くの機種に超薄肉マグネシウム振動板を展開することができた。

2.4 マグネシウム振動板の特徴

振動板に使用されている一般的なチタンおよびアルミ合金と比較した音響物性を説明する（表1）。

同じ重量で比較した場合の剛性の違いを表す剛性比はチタン，アルミに比べ圧倒的に高い。さらに，不要な共振を抑えてくれる内部損失は2倍以上となる。

この特徴は，図5，6に示したスピーカの減衰特性で明らかに違いが示されている。これは，スピーカに入力した信号を切ってから，どの周波数で，何秒間余分な音が残るかということを測定したものである。

図5のマグネシウム合金の場合は，使用帯域（約4 kHz 以上）の周波数は約0.03秒で収束するのに対し，アルミ合金では，約0.06秒を要する。さらに，一部の周波数では0.1秒以上継続する音が出ていることが分かる。

このようにマグネシウムは，理想の振動板材料のひとつであり，先述の高級スピーカに使用されている高価な素材に匹敵する音質を，低価格で実現できる素性を持っている。

表1　金属の音響物性比較

		マグネシウム	チタン	アルミニウム
比重　ρ	kg/m^3	1.7　E3	4.5　E3	2.7　E3
ヤング率　E	N/m^2	4.5　E10	12.0　E10	7.1　E10
比弾性率 E/ρ	m^2/sec^2	2.6　E7	2.7　E7	2.6　E7
音速 $\sqrt{(E/\rho)}$	m/sec	5140	5160	5130
剛性比　E/ρ^3		9.15	1.31	3.61
内部損失		0.0045	0.002	0.002

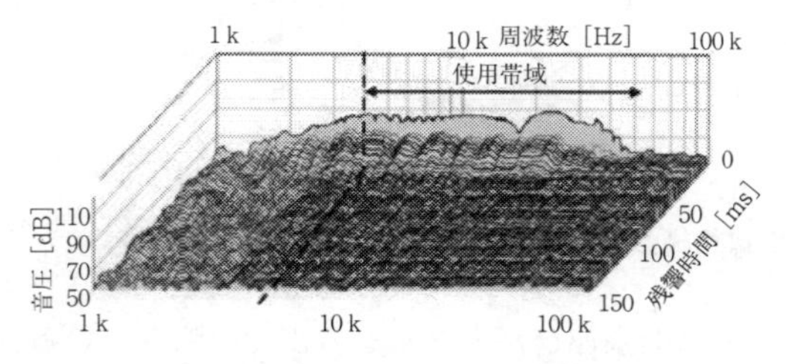

図5　マグネシウム合金を用いたスピーカの減衰特性

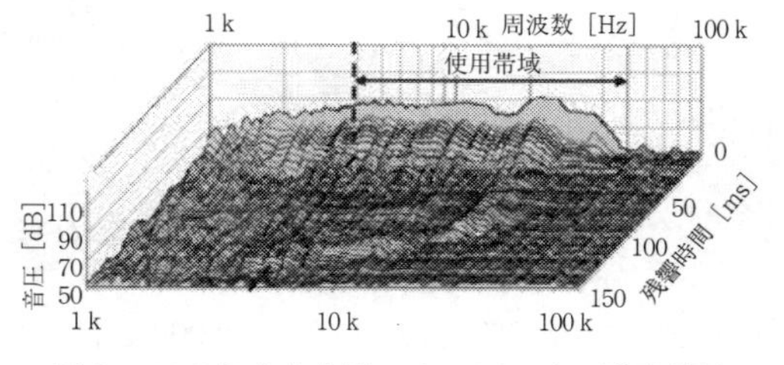

図6　アルミ合金を用いたスピーカの減衰特性

3　ヘッドホン筐体への応用

音響機器の中で，最も手に触れる機会が多く，堅牢性を要求される機器が，ヘッドホンであると言える。特に，DJ 用途で使用されるヘッドホンは使用頻度が高く，DJ のパフォーマンスを満足させるための様々な機構が搭載されている。

DJフロアから流れている音楽を聴きながら，次に演奏する曲をミキサーを使って作る（リミックス操作）際に，片耳のハウジングを耳からはずすために必要な「スイベル機構」，現場までヘッドホンを持ち運ぶ際に，コンパクトに収納させるための「折りたたみ機構」，頭に掛けずに，簡単に音楽をモニターすることを可能にする「ハウジング反転機構」などの機能の搭載要求がある。

また，ヘッドホンは，長時間，頭に装着するものなので軽量化の要求もある。

これら二つの要求は相反するもので，必要な強度を確保しつつ，製品全体の軽量化を図るには，比重の軽い樹脂を採用するのが一般的とされている。しかし，堅牢性を保持するためには，相当の肉厚が必要となり，全体的に大型化してしまい，デザインの自由度がなくなってしまうという欠点がある。

そこで，着目した材料がマグネシウムである。

マグネシウムが持つ下記の特徴に着目した。

① 実用金属中，最も軽い
② 構造体としての強度が強い
③ 寸法安定性・機械加工性に優れる
④ 様々な表面処理が可能
⑤ 目的・用途に応じた成形方法の選択が可能

3.1　成形方法と材料の選定

今回，製品に採用したマグネシウム部品の成形方法は，ダイカスト成形（ホットチャンバー方式）としている。部品を成形後，CNC加工，化成処理，塗装により，部品を作製している。

材料は，ダイカスト成形方法に最も適した「AZ91D」を選定した。

表2は，マグネシウムとその他材料の物性値の違いを表したものである。

マグネシウム合金「AZ91D」は，比重1.81，引張強さ250 MPa，耐力160 MPaと，アルミニ

表2　マグネシウム合金の物性

材料名		比重	融点(℃)	熱伝導率(W/mk)	引張強さ(MPa)	耐力(Mpa)	伸び(%)	比強度(σ/ρ)	ヤング率(GPa)
マグネシウム合金	AZ91D	1.81	598	54	250	160	7	138	45
	AM60B	1.8	615	61	240	130	13	133	45
アルミニウム合金	A380	2.70	595	100	315	160	3	116	71
鉄鋼	炭素鋼	7.86	1520	42	517	400	22	80	200
プラスチック	ABS	1.03	*	0.9	96	*	60	93	*
	PC	1.23	*	*	118	*	2.7	95	*

日本マグネシウム協会　MagnesiumGuide2000より

ウム合金「A380」と比べ，比重が約 2/3 軽く，強度はほぼ同等である。ABS 樹脂と比べると，約 2.3 倍の強度がある。

3.2　具体的実施例

マグネシウム部品を採用して製品化を行ったモデルにパイオニアの DJ ヘッドホン「HDJ-2000」がある（図 7）。

世界中のトップ DJ の方々に使用して頂き，高い評価を得ているモデルである。

評価のポイントとしては，DJ に必要な機能が網羅されていることもさることながら，マグネシウム材料を使用したことによる高い堅牢性を実現している点である。

この製品には，12 点のマグネシウム部品が使用されており，最小肉厚 1.2 mm で構成される。樹脂部品にて，同等強度を確保しようとした場合，マグネシウムの約 2.5 倍の肉厚（3 mm）が必要となる。

また，「AZ91D」の比重は 1.81 と樹脂より大きいものの，薄肉にて部品を構成できることにより，トータル約 33 %の部品質量軽減が可能となる。

さらに，ダイカスト成形部品のため，CAE 解析に基づいた細かな補強リブを追加し，強度を

図 7　HDJ-2000（パイオニア）

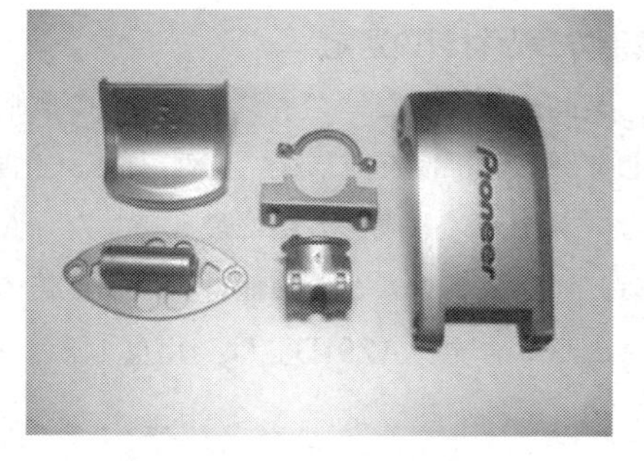

図 8　マグネシウム使用部品

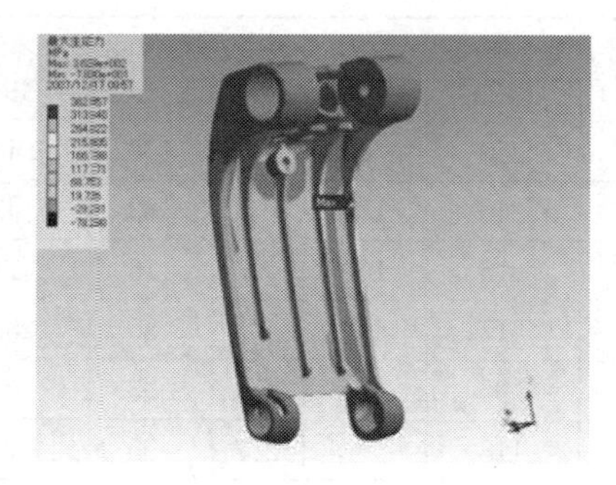

図 9　基本形状

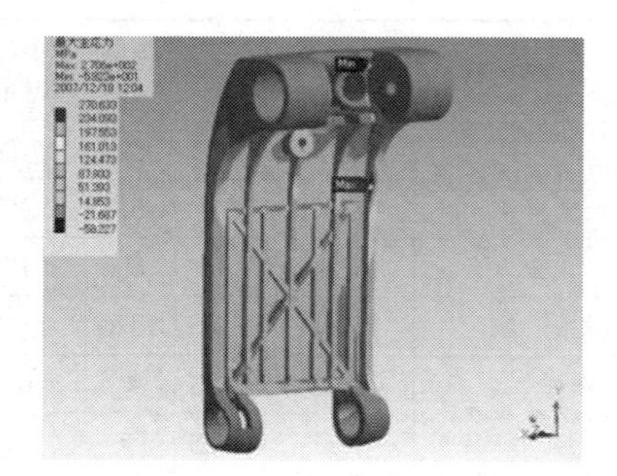

図 10　リブ追加による補強形状

確保した軽量化設計が可能となる。

この製品で最も重要部品とされているハンガー（図8右端）に関するCAE解析の一例を紹介する。

図9の基本形状をベースに，CAE解析によって応力の集中する部分を策定し，材厚の薄肉化，補強リブの効果的な形状策定を行った。結果として，強度10％アップ，質量10％ダウンを実現している（図10)。

4　おわりに

マグネシウム振動板の今後の展開としては，さらなる薄膜化と薄膜防錆処理の開発が挙げられる。そのことによって，さらに音質の向上が見込まれる。

マグネシウムは，振動板および筐体などの音響部品にとって理想的な材料のひとつではあるが，普及価格帯の製品に使用し，用途拡大ができるかどうかは，表面処理を含めたコストダウン技術にかかっている。

第20章　国内市場動向

小原　久*

1　はじめに

我が国のマグネシウム産業は，1927年に初めて年産20トンのマグネシウム製錬工場が建設されてから85年である。また，戦後の1945年に我が国マグネシウム製錬の操業が停止となったがマグネシウムは貴重な産業資材の一つであることから1952年に再びマグネシウム製錬研究が開始され，1955年にマグネシウム製錬工場が完成・営業生産を始め現在に至って60年の歴史である。

戦後のマグネシウム需要量が公開されている1952年の200トンから，アルミニウムなどのような他の材料と比べれば遅い足並みではあるが，着実な市場の成長を示し直近の2011年では，2008年のリーマンショックなどの落ち込みから回復を示し40,320トンまで200倍に成長している。日本のマグネシウム需要の推移を図1に示す。

マグネシウムの市場は，その特性から大きく二分野に分類され，一方はマグネシウムの持つ特性を生かし他の金属成分を添加しマグネシウム合金として活用する分野であり，他方は化学特性を利用した純マグネシウムを使用するものである。我が国では，マグネシウム合金の市場は加工

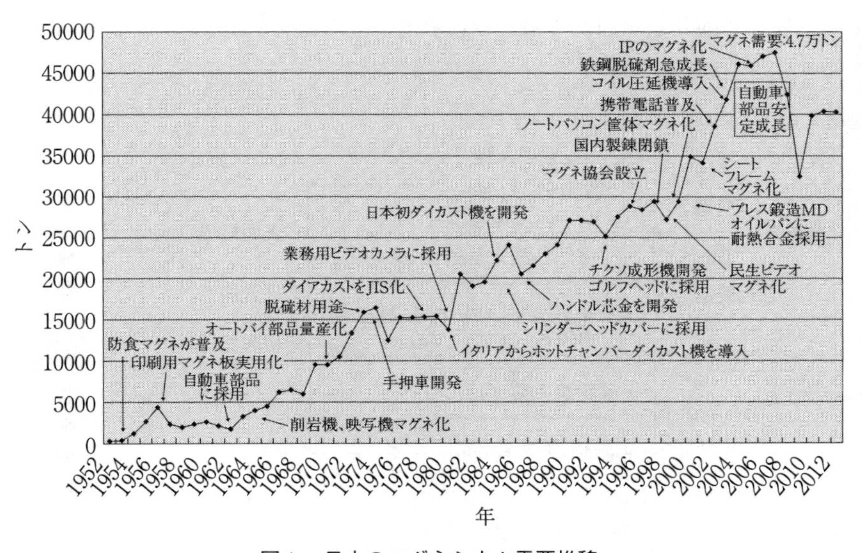

図1　日本のマグネシウム需要推移

＊ Hisashi Ohara　（一社）日本マグネシウム協会　専務理事

や取り扱いの難しさから成長が遅れ長期にわたり全体需要の十数%程度にとどまっていた。そして，2001 年以降軽量化の必要性も高まり 30 %近い需要割合まで成長したが，2008 年のリーマンショックとともに 20 %弱に低迷している。これまでは自動車や携帯機器向けのダイカストやマグネ射出成型加工で国内市場の成長を担ってきたが，最近では圧延や押出加工などの市場も着実に成長を遂げている。純マグネシウムの市場はアルミニウム合金や鉄鋼脱硫，チタン製錬の普及から依然として 70～80 %の市場シェアを占めており，今後の急速な拡大は見込めない可能性はあるものの安定した市場として着実な成長が期待される。

2　マグネシウムの需給動向

マグネシウム市場の動向をわかり易く紹介するために，最近の国内におけるマグネシウム産業構造を図 2 に示す。国内で流通するマグネシウム原材料はリサイクル材を除き全量海外からの輸入となっており，図に示した数値は 2011 年における各分野へのマグネシウム地金出荷量である。

海外からの輸入は，純マグネシウム地金，マグネシウム合金地金，マグネシウム粉，マグネシウム粒並びに一部の展伸材製品などであり，国内においては輸入原材料をもとに圧延，押出，粉末製造，ダイカスト，マグネ射出成型，鋳造，鍛造などを行っている。

日本のマグネシウム産業の基となるマグネシウム地金，粉・粒，製品などの輸出入による需給状況を表 1 に示す。2011 年では供給が 41,444 トンであり需要が 40,320 トンとなった。各分野ともに順調な回復を示している。また，マグネシウムの需要も力強い回復基調とは言えないが，マグネシウム合金地金の輸出が寄与してプラス成長となっている。マグネシウム地金の輸入を国別に見ると，表 2 の通り 8 ヶ国から輸入され中国からの輸入が 98.3 %と大半を占めることと

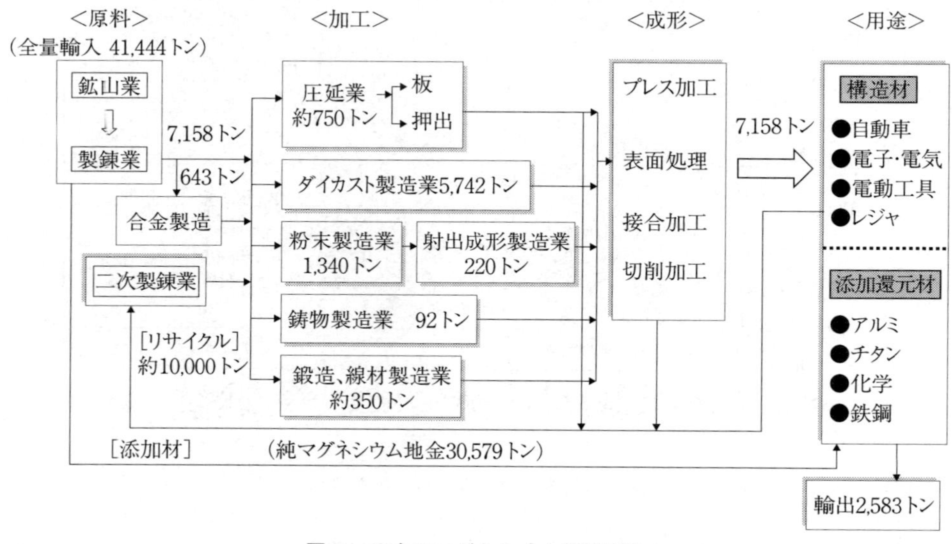

図 2　日本のマグネシウム産業構造

表1　日本のマグネシウム需給統計

（単位：トン）

	2007	2008	2009	2010	2011	11/10（%）
供給						
地金	38,837	36,857	23,680	33,998	35,115	103.3
粉・粒	9,808	8,181	4,075	5,734	5,884	102.6
製品	396	421	342	401	445	111.0
合計	49,041	45,459	28,097	40,133	41,444	103.3
需要						
内需	46,576	42,121	31,989	37,941	37,737	99.5
輸出	859	891	567	1,956	2,583	132.1
合計	47,435	43,012	32,556	39,897	40,320	101.1

表2　日本のマグネシウム地金の輸入推移

（単位：トン）

	2007	2008	2009	2010	2011	11/10（%）	平均単価（円/kg）
韓国	462	40	−	−	21	−	277.2
中国	37,713	35,564	23,259	33,708	34,501	102.4	261.3
台湾	−	7	−	−	0	−	2,800.0
タイ	−	−	−	−	1	−	418.2
マレーシア	−	−	−	−	77	−	250.2
イスラエル	30	59	20	25	209	836.0	318.3
オランダ	−	−	−	−	40	−	318.2
イギリス	58	56	35	41	24	58.5	2,770.6
ドイツ	−	3	−	−	−	−	−
ポーランド	−	0	0	−	0	−	−
ロシア	20	1,023	366	223	242	108.5	289.6
チェコ	−	−	0	0	−	−	−
カナダ	546	94	−	−	−	−	−
アメリカ	−	11	−	0	0	−	3,486.9
メキシコ	−	−	−	−	−	−	−
ブラジル	8	−	−	1	−	−	−
オーストラリア	−	0	−	−	−	−	−
合計	38,837	36,857	23,680	33,998	35,115	103.3	263.7

なっている。ただ，マレーシアから初めて77トンの地金輸入が行われ，新たな地金供給先になった。マレーシアは，2010年に年産能力15,000トンのマグネシウム製錬工場が操業を開始したが，エネルギー供給の未整備により本格的なフル生産が可能になるのは2012年央からとのことである。

2.1　マグネシウムの需要推移

日本のマグネシウム需要は，軽量化の必要性とともに2003年頃より好調に推移し，携帯電話やノートパソコン筐体などへの採用とともに各企業の加工取り扱いも増加し好調な成長を示し2007年には国内需要としては最高の46,576トンを実現した。しかし，2008年の北京オリンピックを要因としたマグネシウム地金の1トン当たり6,000ドルを超す急激で大幅な高騰並びにプライムローンの破たんを契機としたリーマンショックによる世界経済の混乱と極度の不振，さらには携帯機器の国際競争力維持のため大量生産拠点が中国へ移転するなどの影響を受け，表3に示すように2009年には32,556トンと2年前の2007年に比べ14,879トン，31.4％減の極度な不振に陥ることとなった。

さらにその後，欧米の経済不安もありドル・ユーロに対する円高推移から自動車部品の生産拠点も海外進出が増加し，少なからず国内におけるマグネシウム需要の不振に拍車をかけることとなったが，高強度，高耐熱マグネシウム合金の開発や品質性能に優れたマグネシウム合金展伸材の製造により，今後の明るいマグネシウム需要の展望が開かれることとなっている。

表3　日本のマグネシウム地金需要推移

（単位：トン）

項目	2007	2008	2009	2010	2011	11/10（%）
マグネダイカスト	9,640	7,684	5,493	6,878	5,742	83.5
マグネ鋳物	109	92	120	76	92	121.1
マグネ射出成形（チクソ）	1,030	587	328	168	220	131.0
その他マグネ合金	1,116	905	342	1,165	1,104	94.8
アルミ合金	20,237	20,124	17,552	20,185	19,616	97.2
鉄鋼脱硫	9,048	7,859	4,075	5,814	6,124	105.3
ノジュラー鋳鉄	2,526	2,352	2,238	2,358	2,306	97.8
ジルコニウム・チタン製錬	584	724	600	400	1,193	298.3
粉末・防食マグネ・その他	2,286	1,795	1,241	897	1,340	149.4
内　需　小　計	46,576	42,122	31,989	37,941	37,737	99.5
輸　　出	859	891	567	1,956	2,583	132.1
総　需　要　計	47,435	43,013	32,556	39,897	40,320	101.1

2.2　マグネシウムの供給

日本におけるマグネシウム材料の供給は，先にも紹介したが純マグネシウムは全量が輸入であり，マグネシウム合金も一般材として使用される合金種については大半が輸入となっているが，高強度，耐熱合金やCaを添加した難燃合金，品質を管理した合金などは国内で製造され，圧延板材や押出材，化学反応用のマグネ粉末なども国内で製造され供給されている。表3の「その他マグネ合金」には，圧延や押出，鍛造向けなどに出荷されたマグネシウム合金が含まれ，「粉末・防食マグネ・その他」には粉末製造向けの出荷量も含まれている。

2.2.1　マグネシウム素材供給メーカー

表4に，日本マグネシウム協会に所属している国内におけるマグネシウム素材の供給企業を紹介する。

日本国内では純マグネシウムの生産は行っていないが，アドバンストマテリアルジャパン，アルコニックス，タックトレーディング，豊田通商，日本金属，阪和興業，三井物産メタルズ，森村商事などの企業が海外から純マグネシウムやマグネシウム合金の輸入供給を実施している。また，最近ではユーザーが独自で海外に投資を行い輸入しているケースもある。

マグネシウムの輸入先もこれまでの中国，ロシア，イスラエルなどから徐々に拡大しつつあり，2011年にはマレーシアが加わり，2012年には韓国からも輸入されることになるものと見られる。

さらに，中国以外のカナダ，アメリカ，ロシア，ノルウェーなどでもマグネシウム製錬計画が

表4　素材供給メーカー

素材部門	会社名
地金	アドバンストマテリアルジャパン アルコニックス タックトレーディング 豊田通商 日本金属 阪和興業 三井物産メタルズ 森村商事
合金加工	三徳 戸畑製作所 中央工産
素材加工	栗本鐵工所 トピー工業
マグネ粉加工	STU 中央工産

表5　日本のマグネシウム二次製錬メーカー

会社名	工場所在地	生産能力（トン）
小野田商店	岩槻	4,000
日本金属	二島	2,400
	北上	3,000
中央工産	結城	5,400
矢花商店	小山	0
日本磁力選鉱	小山	2,400
小野田森村	土岐	1,800
合計		19,000

進められており，将来的には幅広い安定供給先の確保が期待される。

マグネシウムは用途に応じて他の金属成分を添加して必要な特性を発揮しているが，国内においてもマグネシウム合金製造メーカーがあり，例えば三徳では Mg-Li 合金，戸畑製作所ではマグネシウム合金への Ca 添加，中央工産では各種の高品質マグネシウム合金などを製造している。

また，栗本鐵工所やトピー工業では独自に開発した特殊加工法を用いて高強度化した素材の供給を行い，STU や中央工産では切削加工によりマグネ粉末を製造し，化学工業向けやマグネ射出成型向けなどに供給を行っている。

圧延，押出，ダイカストなどの工場では製造工程から大量の工場内発生屑が発生することから，外部のマグネシウム溶解工場に依頼してマグネシウム合金の再生処理を行い，再利用している。国内の当会関連マグネシウム再生工場は表5に示す通りである。

2.2.2 マグネシウム展伸材メーカー

マグネシウム展伸材の生産は，マグネシウムの基本的な特性である稠密六方格子の結晶構造となっていることから塑性加工が難しいとされあまり普及してこなかったが，従来からのスラブを用いた熱間圧延→温間圧延の製造工程に加えて双ロール鋳造法を用いた圧延板製造技術も研究開発され，圧延材の普及を促進することとなっている。

日本において実操業を行っている圧延企業としては，温間4段圧延機により操業を行っている日本金属，双ロール鋳造法を行う権田金属工業，箔圧延を行うフジ総業などがあり，日立金属，住友電気工業，不二越などがマグネシウム圧延の試験研究操業を行っている。製造可能なマグネシウム合金圧延材は，合金種が AZ31，AZ61，AZ91，各合金の Ca 添加材，板厚が 0.02～3.0 mm，板幅が 150～600 mm の寸法となっている。表面精度や加工性などは世界最先端の性能となっている。

押出材では，三協立山の三協マテリアル，不二ライトメタル，フジ総業，和伸工業などが製造を行っており，棒材，管材，異形形材，線材などが供給されている。また，押出による線材を活用して木ノ本伸線で精線され，溶接用やボルト用などに供給されることとなっている。

この他，マグネシウム合金の圧延材に利用可能なプレス成形機も開発されていることからノートパソコンの筐体用などにプレス成形が採用され，カサタニ，日本金属，ツバメックスなどが成形を行い，ツツミ産業では曲げ加工により成形品製造の試作を行っている。また，鍛造加工は神戸製鋼所，TAN-EI-SYA，菊水フォージングなどが実施している。

国内におけるマグネシウム合金展伸材の供給を賄うため米国，メキシコ，中国，英国などから製品の輸入が行われ今後は韓国からの輸入も予想されており，多数の企業が素材の供給を実施している。（表6）

日本国内では徐々にではあるがマグネシウム合金展伸材の利用も増加傾向にあり，今後の増産に向けた生産体制の構築が課題となっている。

表6　圧延・押出・プレス成形メーカー

加工部門	会社名
圧延	日本金属 権田金属工業 三徳 住友電気工業 日立金属 不二越 フジ総業
押出材	三協立山 不二ライトメタル フジ総業 和伸工業 トーヨーメタル
伸線	木ノ本伸線
成形加工	カサタニ 日本金属 ツバメックス ツツミ産業
鍛造	神戸製鋼所 TAN-EI-SYA 菊水フォージング
輸入商社	森村商事 ファクト 東京サプライ マグスペシャリティーズ 東京マグネシウム

2.2.3　マグネシウム鋳造・射出成形メーカー，各種加工メーカー

マグネシウムは，比較的低い温度で溶解でき，早い時間で固まるなどの優れた特性があり，他の金属素材と比べて十分に競争可能な力を有している。表7に，マグネシウムの主要な加工法であるダイカスト・マグネ射出成形並びに鋳物の供給メーカーを示す。また，最終製品の製造に必要な機械加工，接合，表面処理の各企業を併せて紹介する。

ダイカストは，古くから利用されている成形技術でありアルミニウムと同様のコールドチャンバー法や，亜鉛に利用されているホットチャンバー法の両方のシステムが使用可能である。日本におけるマグネシウムダイカストメーカーは，当会に所属するメーカーは17社であるがハンドルやキーロックハウジングなどの自動車部品メーカーやアルミダイカストメーカーが参入しており，実質的には30社を超す企業が従事している。最近ではマグネシウムダイカストの歩留まりを向上するためランナーレスの技術や強度アップを目的とした真空鋳造技術も導入されるようになっている。また，燃焼防止用カバーガスの種類も，従来はSF6ガスが大半を占めていたが最

表7　ダイカスト・鋳物メーカー

製造部門	会社名	所在地
ダイカスト	アーレスティ	栃木
	アイシン精機	愛知
	岩機ダイカスト工業	宮城
	江口ダイカスト	兵庫
	NNH	静岡
	三晶技研	富山
	サンキャスト	茨城
	やまびこ	神奈川
	筑波ダイカスト工業	宮城，岩手
	東海理化	愛知
	TOSEI	静岡
	日金マグキャスト	福岡
	ホンダロック	宮崎
	三井金属鉱業	埼玉，神奈川
	メッツ	山梨
	ヤマハ発動機	静岡
	リョービ	広島
マグネ射出成形	三峰	埼玉
	日本製鋼所	広島
	ミツワ電機	大阪
	富士通化成	神奈川
	富士テック	静岡
鋳物	神戸製鋼所	三重
	関東特殊軽金属	神奈川
	杉谷金属工業	千葉
	所沢軽合金	埼玉
	橋場鐵工	栃木
	前橋橋本合金	群馬
	レーシングサービスワタナベ	神奈川
機械加工	三輝ブラスト	大阪
	榛葉鉄工所	静岡
	タマチ工業	東京
	富士工業	静岡
接合	アジア技研	福岡
	木ノ本伸線	大阪
	東京チタニウム	埼玉
	ノチダ	滋賀
表面処理	軽銀	神奈川
	K-Tech	神奈川
	新技術研究所	静岡
	大日本塗料	大阪
	高砂鍍金工業	東京
	電化皮膜工業	神奈川
	東海理化クリエイト	東京
	日本表面化学	神奈川
	堀金属表面処理工業	静岡，岡山
	マグニック	愛知
	ミリオン化学	大阪

近では環境対策のため大陽日酸の Mg シールドやセントラル硝子のゼムスクリーンなどが代替ガスとして採用されるようになっている。今後は，大型自動車部品のマグネ化も予想されることから，型締力 3,000 トン程度の大型ダイカスト機の導入も期待される。

マグネ射出成形は，主要な用途分野であったノートパソコンや携帯電話の筐体が中国において大量に成形されることとなり国内における成形メーカーの撤退があり，従事する企業が減少することとなった。丸棒を用いて射出成形するソデックの Mg-plus 成形機は，他の射出成型機と同様に着実な普及を示しているとみられている。

鋳物は，以前から試作用や電動工具ケースの製造などに用いられている成形方法であり，経済不況などの影響による自動車や二輪車のレーシング競技からの撤退などが続き厳しい状況にある。

機械加工や接合，表面処理の産業については，軽量化効果や加工技術の向上などにより加工製品市場分野も着実に広がりつつあり，さらなる加工設備の充実と普及が期待される。

3　主要な市場分野の動向

3.1　自動車部品マグネ化の現状

国内で本格的に自動車部品としてマグネシウム合金が採用されて以来ほぼ 25 年を経過し，これまでに各種の自動車部品としてマグネシウム合金が使用されてきたが，マグネ化率の高い部品はハンドル芯金，ステアリングコラムアッパブラケット，エアーバックケース，シリンダーヘッドカバーなどであり，シートフレームやインスツルメントパネル，インテークマニホールド，トランスミッションケースなどは重量の大きい大型部品ではあるが多くの車種に使用されることなく 1～2 車種にとどまっているのが現状である。

最近の自動車生産においては，従来のガソリンエンジン車からガソリンエンジンと電気モーター駆動の両方を備えたハイブリッド車や電気自動車が注目されており，2009 年にはホンダのハイブリッド車のパワーコントロールケースがマグネ化され，他の車種への波及も検討されている。また，従来のガソリンエンジン車においても軽量化が必要なことから，2007 年には日産自動車のオイルパンに耐熱マグネシウム合金が採用され，順次採用車種が拡大されている。二輪車においてもマグネシウム合金の採用が始まり 2009 年にはヤマハの二輪車のシートフレームに真空ダイカストによるマグネ部品が採用されることとなった。

我が国においては，優れた高強度，高耐熱性を有するマグネシウム合金が多数開発されていることから，より一層燃費の向上を図るためピストンやターボチャージャーフィンなどに採用されることが期待されている。

図 3 に，これまでの我が国における自動車部品のマグネ化の推移について年表形式で紹介する。また，自動車部品のマグネ化を推進するための改善すべき技術課題を明確にしたロードマップを図 4 に示す。

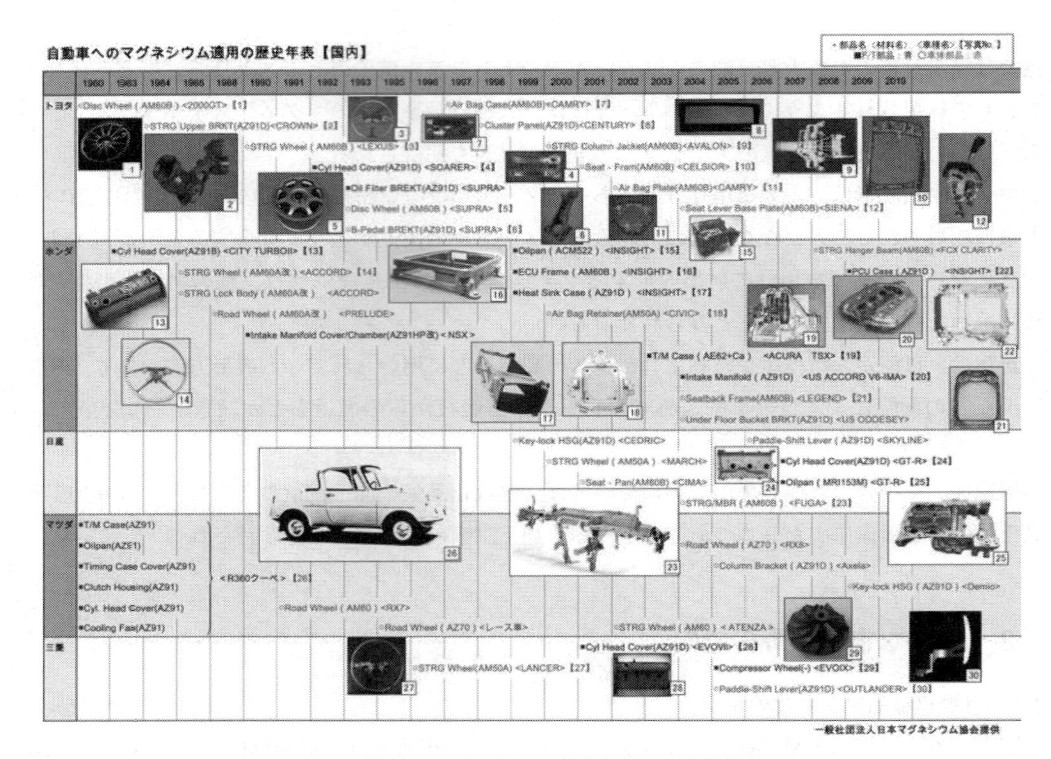

図3　日本のマグネシウム自動車部品の開発推移

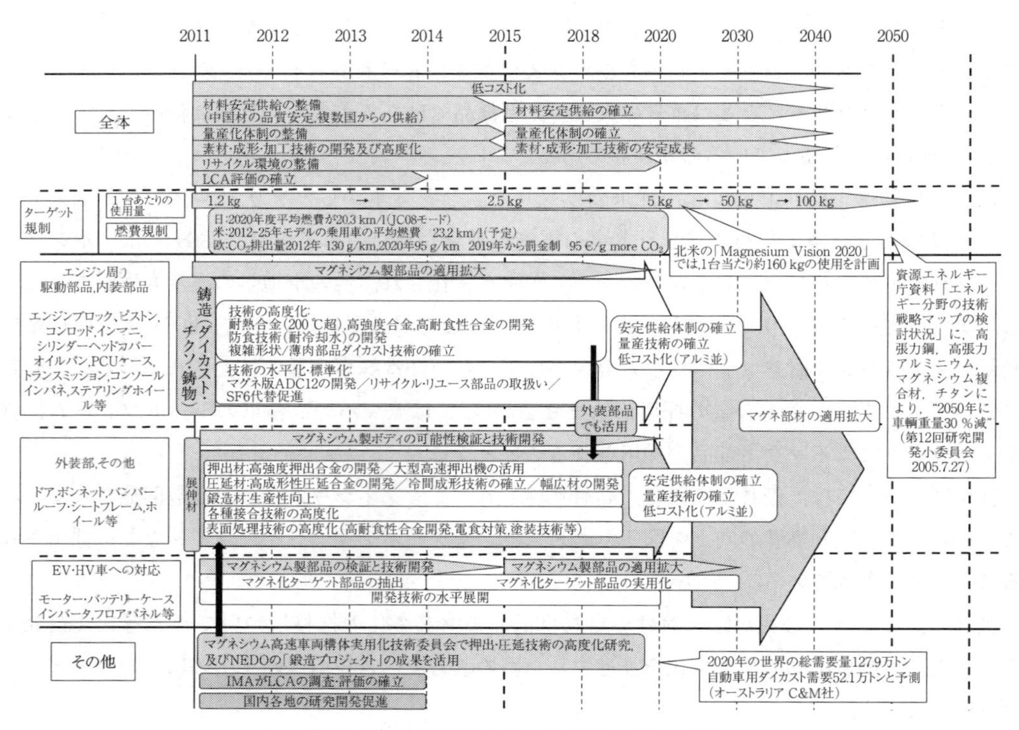

図4　自動車部品マグネ化のロードマップ

3.2　携帯機器マグネ化の現状

携帯電子機器の普及とともにマグネシウム合金の活用は大きな変化を見せている。携帯電子機器部品へのマグネシウム合金の使用は，1996年に業務用デジタルカメラのマグネ化が契機となり，MDケース，最軽量ノートパソコンの開発，携帯電話の筐体・機構部品・液晶用フレームなどのマグネ化へと進んだが，電子情報のグローバル化により大量生産と低コスト化が必要となり，大量生産設備への積極投資を行い市場の要求に応えた中国に生産拠点が移行されるのに伴い優れた生産技術を有する日本国内での生産が縮小することとなった。

現在の日本における携帯電子機器の生産では，高品質・高性能化が要求されるデジタル一眼レフカメラが主体となり，ノートパソコンの超軽量化への対応のためのマグネシウム合金圧延材の採用が進められ，さらには携帯電話やタブレット筐体の薄肉化，高意匠化への対応が検討されている。また，マグネシウムの振動特性を生かしたマグネシウム箔を用いたスピーカー振動板なども広く採用されつつある。日本においては中国のように大量生産への対応が難しいことから，先端的な技術開発の成果や開発スピード，高品質を生かした新規製品開発への対応が期待されている。

将来の新しい製品分野として，マグネシウムの流電特性を活用した電池用電極板へのマグネシウム合金圧延板または箔材の利用が期待されている。

3.3　構造部品マグネ化の現状

従来の鋳造やマグネ射出成型に加え，マグネシウムの圧延板材，箔材，棒，管，形材，線材などの素材供給体制が整い始めたことから，構造用金属材料として最も軽量な性質を生かした可動部品や携帯製品などへのマグネシウム材料の本格的な採用が期待されている。

現在では，健康福祉機器として杖，車いすなどに採用され始めている。また将来の新たな用途として，義足や介護補助機器などへの普及や，自転車フレーム，LEDランプ放熱体，高速鉄道車両精体，トラック部品，さらには建築部品などへの応用も期待されている。

4　さいごに

マグネシウムは，金属材料の中で最も軽量な素材としてダイカストやマグネ射出成型技術により市場を形成してきたが，最近では圧延・押出材も安定的に供給される状況になったことから，圧延材や押出材を有効に活用するためのプレスや曲げ成形技術，接合技術，さらには意匠性や耐久性を向上するための表面処理技術の開発が必要となっている。また，これらの技術を活用してマグネシウム製品を製造する多数の企業の進出が期待されることとなっている。

マグネシウム合金としては，各種の市場で活用できる安全性の高い難燃マグネシウム材料の開発と普及を進め，信頼性の高いマグネシウム供給を目指している。

第21章　アジア市場動向

小原　久*

1　はじめに

産業の低価格化に対応するため人件費や生産コストの安価な地域に生産拠点が移転されつつあり，従来から発展途上地域とされていたBRICsの経済発展などグローバルな市場の展開を見せている。同時に，自動車や家電製品などの最終製品の生産拠点もこれら地域に建設され，経済成長の推進役となっている。

マグネシウム市場においては，生産拠点が従来の欧米からほぼ完全に中国に移り，2000年当時世界の約40％強であった中国のマグネシウム生産量が2010年には80％を超す規模に拡大するなど大いなる変化を遂げている。さらに，マグネシウム生産にとどまらずマグネシウムの利用も大幅な拡大を示し，現在においても積極的なマグネシウム市場に対する投資が続けられており，この動きは少なからず中国周辺のアジアの各国にも影響を与えている。本章では，中国，韓国を主体に，アジアにおけるマグネシウム市場の動向を紹介する。

2　中国の動向

中国のマグネシウム市場は，過去20年間において驚異的な成長を遂げ，中国国内では鉄鋼，アルミニウムに次ぐ第3の汎用金属材料に成長するものと期待されるまでになっている。その契機となったのは，勿論中国における経済政策の転換によるところが大きいが，マグネシウム市場においては日本からの熱還元法によるマグネシウム製錬技術の移転による製錬技術の大幅な向上と，純マグネシウムの日本への輸出であろうと考えられる。

表1に，1990年からの中国におけるマグネシウム生産の推移を紹介する。この表からも明らかなように，1990年当時の中国はマグネシウムの輸入国であり，国内生産の不足分を輸入により賄っていた。この動きが変わるのは1995年であり，日本国内のマグネシウム製錬が完全に休止され，中国にとっては大きなマグネシウム輸出市場が出現することとなった。この年に，中国のマグネシウム生産は急拡大を示し，それ以降着実に規模の拡大が続いている。

2011年には，中国の生産能力は158万トンに達し，実際の生産量は66万トンとなり世界生産の8割強を占めるまでに成長を遂げた。この純マグネ生産を基にして約24万トンの合金生産，12万トンの粉末生産が行われ，これらの生産量が中国国内消費と輸出に当てられている。ちな

---

* Hisashi Ohara　（一社）日本マグネシウム協会　専務理事

みに2011年の輸出は40万トンと生産量の60.6％に上っている。最近の中国においては，マグネシウム製錬への投資が急拡大していることから徐々に規制を図っており，新規マグネシウム製錬工場の建設は5万トン以上の大規模計画しか認可しない方針を明確にしている。ただ，これまでの予測では国内生産能力200万トンまでは生産規模の拡大を続けるものと見られる。

表2に，2011年における中国マグネシウム生産企業の上位10社を示す。この10社合計で約30万トンの生産量となっており，全生産量の45.9％を占めている。ただ，中国のマグネシウム製錬の操業は運営が厳しく，最近のエネルギーコストの上昇により生産拠点地域がこれまでの山西省太原市地域から陝西省方面に変わりつつあり，既存の上位生産企業はいずれも生産量が前年比マイナスとなっている。

表1　中国のマグネシウム生産推移　（単位：トン）

年	製錬能力	純マグネ生産	合金生産	粉末生産	国内消費	輸出
1990	−	5,300	−	−	6,600	600
1991	−	7,800	−	−	6,200	20
1992	−	10,500	−	−	7,800	6,000
1993	−	11,800	−	−	9,100	8,300
1994	−	25,300	−	−	14,700	15,600
1995	−	93,500	−	−	12,700	46,900
1996	−	73,000	−	−	17,900	49,100
1997	−	92,000	−	−	19,500	78,100
1998	−	123,000	−	−	21,500	99,900
1999	−	157,000	−	−	23,200	137,000
2000	−	195,000	39,300	45,600	25,500	165,700
2001	−	216,000	−	−	34,000	172,500
2002	438,800	268,000	67,000	67,800	40,100	209,194
2003	600,000	354,000	98,800	68,500	51,000	298,000
2004	762,000	450,000	135,800	91,300	70,500	383,700
2005	815,700	467,600	175,100	86,200	105,500	353,100
2006	902,400	525,600	211,000	120,400	156,500	349,803
2007	977,200	659,300	226,200	110,800	263,000	408,048
2008	1,161,500	558,000	211,100	138,800	158,000	396,380
2009	1,318,500	500,800	163,600	111,300	172,500	233,523
2010	1,388,700	653,800	209,600	142,800	232,000	383,900
2011	1,583,000	660,600	239,200	124,200	276,800	400,215
前年比	114.0％	101.0％	114.1％	87.0％	119.3％	104.2％

出典：中国マグネシウム協会

表3に，中国国内の部門別マグネシウム消費の推移を示す。中国と日本のマグネシウム消費の大きな差は，中国においては鋳物・ダイカストの消費が約9万トンとアルミ合金添加の約8万トンを上回り第1位を占めており，さらに日本には消費のない希土類合金向けが6千トンあることであろう。中国ではマグネシウムの特性を活用し，日本におけるアルミニウムと同じような使用

表2　2011年中国一次マグネシウム生産のトップ10

順位	生産企業	生産能力量	生産量	前年比%
1	山西闻喜银光镁业集团有限公司	80,000	58,376	−7.49
2	宁夏惠冶镁业有限公司	70,000	49,866	−18.39
3	太原市同翔金属镁有限公司	60,000	40,000	−45.5
4	太原易威镁业有限公司	60,000	34,000	−15
5	山西闻喜县瑞格镁业有限公司	50,000	32,000	113
6	山西闻喜县八达镁业有限公司	50,000	28,000	7.69
7	山西五台云海镁业有限公司	30,000	21,000	10.53
8	山西美錦镁合金科技有限公司	25,000	18,300	−2.8
9	陕西神木東風镁业有限公司	20,000	18,000	50
10	山西闻喜宏富镁业有限公司	25,000	15,600	−21.93
合計		477,000	303,276	−15.08

表3　中国国内の部門別マグネシウム消費推移　（単位：トン）

年	アルミ合金	鋳物・ダイカスト	金属精錬	鉄鋼脱硫	希土類合金	ノジュラー鋳鉄	その他	合計
2000	10,100	4,000	3,700	1,100	3,500		3,100	25,500
2001	13,500	4,700	4,000	4,500	3,700		7,300	37,700
2002	17,400	6,100	3,700	5,000	3,800		7,900	43,900
2003	21,000	10,100	3,900	8,000			8,000	51,000
2004	23,000	18,000	5,000	15,000	4,500		9,500	75,000
2005	30,100	25,900	6,500	19,200	6,000	9,500	8,300	105,500
2006	41,000	51,000	7,500	28,000	7,000	11,000	11,000	156,500
2007	65,000	92,000	40,000	30,000	10,000	13,000	13,000	263,000
2008	45,000	68,500	25,000	10,000	2,000	4,000	3,500	158,000
2009	46,800	57,700	21,000	21,000	2,000	20,500	3,000	172,000
2010	57,400	76,600	35,000	28,000	5,000	25,000	5,000	232,000
2011	78,000	91,800	38,000	30,000	6,000	27,000	6,000	276,800
前年比	135.9 %	119.8 %	108.6 %	107.1 %	120.0 %	108.0 %	120.0 %	119.3 %

出典：中国マグネシウム協会

の仕方をしているように見られる。

表4に，マグネシウム製品別輸出の推移を示す。中国では，政府の政策として純マグネシウム地金のような加工度の低い素材の輸出を規制し，中国国内で加工度を上げた高付加価値製品の輸出を奨励している。例えば，加工材は圧延板材や押出材を示しているが，この分野の輸出を増加するため政府補助金を支出し各大学や企業と協力して積極的な研究開発や設備投資を進めている。将来的には純マグネシウムの輸出比率を下げ，輸出量を生産量の50％以下に抑えたいと計画している。

中国の最近の発表では，2015年に国内でマグネシウムを150万トン生産し，この内国内で75万トンを消費し，輸出を70万トンとする目標を示している。この時におけるマグネシウム生産工程でのCO_2排出量は10～14 CO_2トン/Mgトンとしている。

表4　中国の製品別輸出　（単位：トン）

年	純地金	合金地金	粒・粉末	スクラップ	加工材	その他製品	合計
2000	94,900	18,800	42,700	3,800	4,800	400	165,400
2001	92,200	25,100	44,500	5,100	5,100	400	172,400
2002	115,435	42,725	43,211	3,074	3,731	1,018	209,194
2003	162,585	70,400	59,986	2,400	1,700	1,500	298,571
2004	228,357	80,500	69,383	3,430	704	1,432	383,806
2005	181,900	92,900	71,400	3,300	1,600	2,000	353,100
2006	173,200	85,700	79,800	1,900	4,600	4,600	349,800
2007	207,700	106,600	79,900	1,100	5,500	7,200	408,000
2008	197,100	100,800	85,900	280	6,000	6,300	396,380
2009	117,429	63,620	40,748	240	2,820	8,666	233,523
2010	190,200	85,900	85,000	680	7,200	14,900	383,880
2011	185,900	99,400	87,800	615	15,100	11,400	400,215
前年比	97.7%	115.7%	103.3%	90.4%	209.7%	76.5%	104.3%

出典：中国マグネシウム協会

3　韓国の動向

韓国においてもマグネシウムは重要な戦略素材として位置付けられており，活発な研究開発と設備投資が行われている。

表5に，韓国のマグネシウム輸入推移を示す。韓国は，現在は日本と同様に消費量の全てを輸入に依存しており，輸入量が徐々に増加する傾向にある。2010年では合計で20,464トンの輸入量となっている。このため，韓国においては必要なマグネシウム量を国内生産で確保するため

2011年6月よりPOSCO社が江陵市において当初年産能力1万トンのマグネシウム製錬工場建設に着手し，2012年7月から試験操業に入ることを発表した。将来的には2018年に10万トンまで年産能力を拡大する計画となっている。

表6に，韓国の用途部門別マグネシウム需要の推移を示す。この表では，2010年の電子機器向けのマグネシウム需要が約1万トン，自動車向けが約5千トンとなったが，同年のマグネシウム合金輸入量が約6千トンとなっており，この差はリサイクル材使用の可能性がある。ただ，日本の需要量を大幅に上回っており，日本の厳しい競争相手国になるものと考えられる。

表7に，韓国の将来におけるマグネシウム需要予測を示す。2020年には6万トンを超えるマグネシウム需要量が予測されており，韓国におけるマグネシウム使用は大きな成長を遂げるものと期待されている。この予測では，2015年にはマグネシウム合金の需要が3万トン超となっており，韓国国内においても自動車や携帯電子機器に使用されることが期待されているようである。このマグネシウム需要を実現するため，韓国ではマグネシウムを戦略的重要素材として2010年よりPOSCO社を幹事として政府拠出152百万ドルの支援を受けた「自動車のための超

表5　韓国のマグネシウム輸入推移

	2004	2005	2006	2007	2008	2009	2010
純マグネシウム	6,730	8,536	7,477	8,200	7,406	9,123	9,493
マグネシウム合金	1,084	3,380	7,413	7,371	6,481	4,780	6,306
マグネ粉・粒	2,695	3,606	2,172	2,420	3,553	3,106	2,655
合計	12,513	17,527	19,068	19,998	19,448	19,018	20,464

表6　韓国の用途部門別需要動向

（単位：トン）

	2004	2008	2010
電子機器部品	704	2,506	10,335
自動車	1,296	10,990	5,247
展伸材	0	504	318
合計	4,004	14,000	15,900

表7　韓国のマグネシウム需要予測

（単位：トン）

	2010	2015	2020
純マグネシウム	9,493	14,606	22,473
マグネシウム合金	6,306	12,684	31,562
マグネ粉・粒	2,655	4,085	6,285
合計	20,464	33,390	62,340

軽量マグネシウム材料の開発」が実施され，2018年には成果が得られるものと期待されている。さらに，POSCO社では独自に板幅2mの鋳造圧延機を導入し実用化試験を行っていることから，近い将来においては自動車車体へのマグネシウム合金圧延材の応用が実現する可能性もある。

4　その他のアジア各国の動向

アジア各国の中では日本，中国，韓国のマグネシウム市場が活発に動いているようではあるが，3か国以外でもマグネシウムの利用は広がりを見せ始めている。

台湾においては，以前から携帯電子機器へのマグネシウムの利用を積極的に進めてきたが，生産拠点が中国本土に移転したことから市場が縮小しているようである。

ベトナムは，日本からのダイカスト企業などが進出しマグネシウム合金ダイカストの生産を開始したことから，徐々にマグネシウムの市場が構築されるものと期待される。

マレーシアでは，香港企業により年産1.5万トン能力のマグネシウム製錬工場が建設され2012年から本格可動を開始すると発表されており，当面は純マグネシウム輸出国となる。

タイでは，自動車企業の進出に伴い部品メーカーも工場建設を進め，マグネシウム合金ダイカストなどの現地生産を開始している。このため，タイにマグネシウム再生工場が建設されるなど本格的なマグネシウム市場の構築が始まっており，今後の市場の拡大が見込まれている。

5　さいごに

アジア各国では，自動車や家電製品の現地生産が始まり各種の素材が使用されるようになってきた。マグネシウムの利用も同様に進むとみられ，将来の新たな生産拠点や加工製品需要市場として期待できる。

今以上に，アジア各国の動きに注目し，日本の経験がアジア各国で生かされマグネシウム市場の成長につながることを期待したい。

第22章　欧米市場動向

虫明守行*

1　欧米でのマグネシウム精錬

2010年度の世界のマグネシウムの生産量を図1に示す。欧米では，米国で1社のみマグネシウムの精錬を実施しており，その年間生産量は43,000トンである。過去は欧州で2社，米国で2社，カナダで3社が精錬を実施していたが，中国産マグネシウム増加の影響により全て閉鎖された。Dow Chemicalが1998年，Northwest AlloysとPechineyが2001年，Norsk Porsgrunnが2002年，Norandaが2003年，Norsk Becancourが2007年，Timmincoが2008年に製錬撤退に追い込まれた。

米国市場では中国産マグネシウムに対してアンチダンピング税を課しており，中国産マグネシウムの輸入量は非常に少ない。欧州市場では中国産マグネシウムが大量に輸入使用されている。

2　欧州でのマグネシウム価格動向

欧州でのマグネシウム地金の価格動向をアルミニウム地金の価格動向とともに図2に示す。マグネシウム地金とアルミニウム地金の国際価格を比較すると，長期間両者の価格差はあまりないか，むしろマグネシウム地金の価格の方が安い時期もあったが，2008年にはマグネシウム地金の方がかなり高くなった。これは西側の電解工場の多くが閉鎖され，供給を中国に大きく依存す

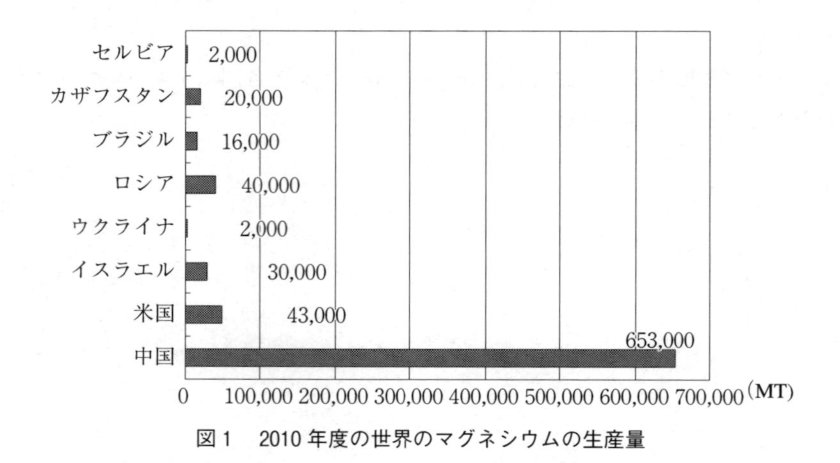

図1　2010年度の世界のマグネシウムの生産量

*　Moriyuki Mushiake　森村商事㈱　金属事業部　テクニカルマネージャ

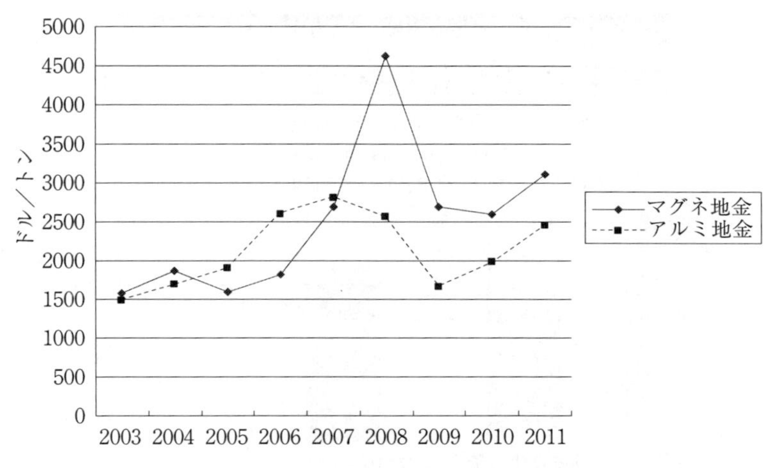

図2　マグネシウム地金とアルミニウム地金の価格推移（Metal Bulletin）

るようになった影響と，北京オリンピック開催のための公害規制強化による生産減少の影響のためと考えられる。その後2009年，2010年と価格は下落した。2011年はアルミニウム地金価格，マグネシウム地金価格が共に上昇したが，両者の価格差に大きな変化はなかった。

3　米国の需要動向

米国の2010年における需要量は55,700トンで，その内訳はアルミニウム合金添加用が43％，ダイカスト，鋳物，展伸材，鍛造用が40％，溶銑脱硫用が11％，その他が6％となっている。

4　米国での開発動向

①　自動車分野

ビッグ3が中心となり，USCARプロジェクトの一部として，マグネシウム関連メーカと共同でマグネシウムを使用して軽量化を実現する開発が行われている。

2020年を目標に，車一台当りの使用量を0.3％から12％に増加させ，軽量化により燃費を改善することを目的としている（図3）。車両重量1,524 kgの乗用車の場合，マグネシウムを155 kg使用することにより車両重量は1,297 kgとなり，燃費は2 km/l改善されると見込まれる（図4）。

②　航空機分野

民間機の内装部品にマグネシウムを使用することは，長年FAA（アメリカ連邦航空局）により禁止されてきたが，機体軽量化のニーズが高まりマグネシウム禁止の見直しが最近進められている。

海外の研究開発動向　－Magnesium Vision 2020－

■車１台あたりの使用量は，現在の0.3％から12.2％に増加

マグネシウムに関する北米の自動車戦略ビジョン
Magnesium Vision 2020
2004年7月に採択（USCAR）2006年11月に公表

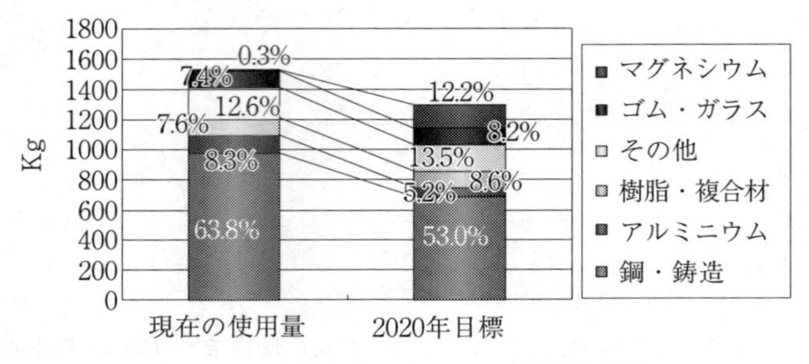

図３　USCARプロジェクトの軽量化目標

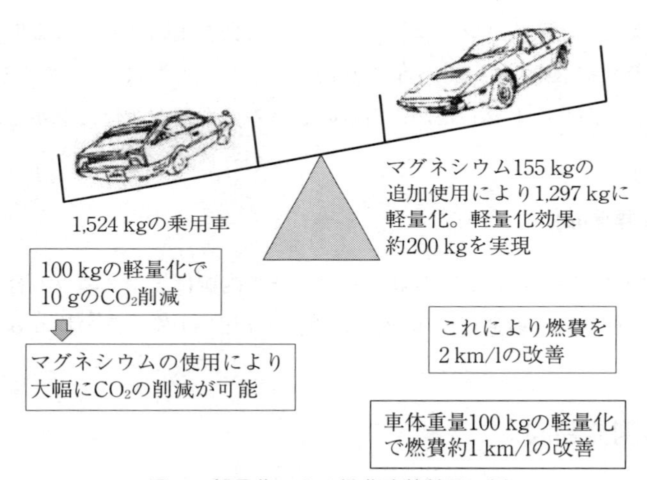

図４　軽量化による燃費改善効果の例

マグネシウム合金の耐火性を評価するため，シートのクッション材料用の耐火性試験により，各種マグネシウム合金の耐火性を評価した。その結果，ある種のマグネシウム合金は着火せず，そのまま溶解することが判明した（図５）。この結果を受けて，FAAは現在マグネシウム合金用の耐火試験方法を新たに制定し，マグネシウム合金の耐熱性の評価をさらに進めている。

マグネシウム合金の民間航空機の内装部品へ最初の適用例として考えられているのは，シートフレームである（図６）。

図5　マグネシウム合金耐火試験結果の例

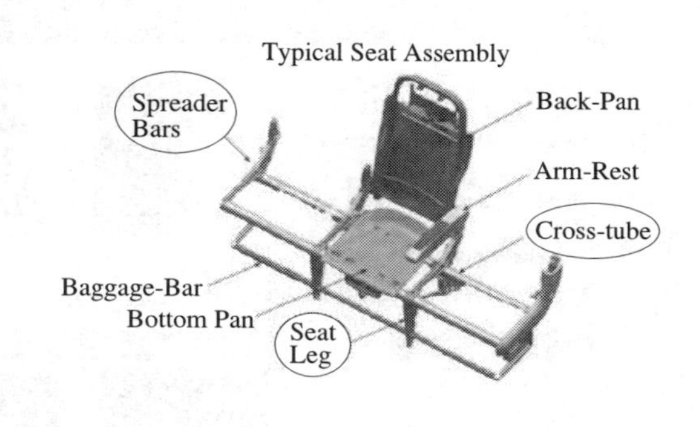

図6　マグネシウム合金のシートへの適用例（丸の部品）

5　欧州の開発動向

欧州での開発は自動車分野が中心となっている。欧州では2020年までにCO_2の発生量を95 g/km以下にするという規制があり，このためマグネシウム使用により軽量化し，燃費を改善する狙いがある。

欧州のダイカスト市場は2009年に減少した後，毎年少しずつ増加している。これは自動車向けの生産量が増えているためである（図7）。エンジン部品やトランスミッション部品の耐熱性が要求される部品への適用が増えている。ドイツでは展伸材の自動車への適用の開発も行われており，プレス品を使用したフロントウォールが試作されている（図8）。

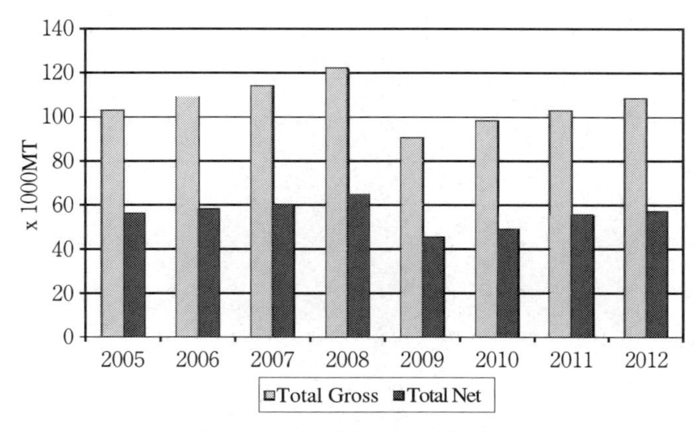

図7　欧州におけるマグネシウムダイカスト生産量

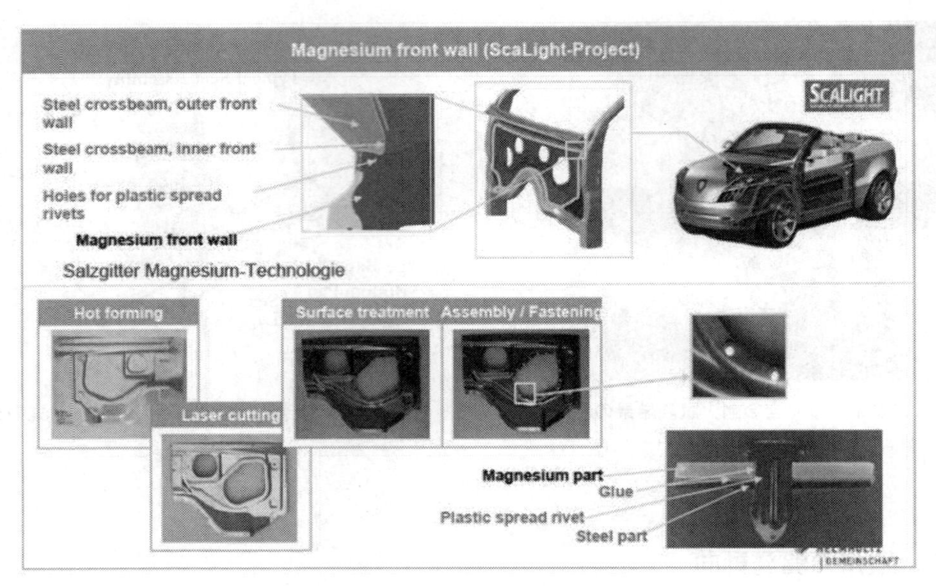

図８　ドイツの展伸材プロジェクト

マグネシウム合金の先端的基盤技術とその応用展開《普及版》 (B1261)

2012年9月3日 初　版 第1刷発行
2018年11月9日 普及版 第1刷発行

監　修　鎌土重晴，小原　久　Printed in Japan
発行者　辻　賢司
発行所　株式会社シーエムシー出版
東京都千代田区神田錦町 1-17-1
電話 03(3293)7066
大阪市中央区内平野町 1-3-12
電話 06(4794)8234
http://www.cmcbooks.co.jp/

〔印刷　あさひ高速印刷株式会社〕

ISBN 978-4-7813-1298-9 C3057 ¥5400E